21世纪高等学校规划教材 | 计算机应用

Java语言及其应用

(第二版)

董佑平 夏冰冰 主编

清华大学出版社

北 京

内 容 简 介

本书详细介绍了 Java 语言的语法、面向对象特性及其应用。全书共分为 14 章，主要内容包括：Java 语言基础知识、面向对象程序特性、图形用户界面、输入输出、多线程、Client/Server 程序设计、JDBC、Servlet、分布式编程等，每章都配有例题，有助于读者在掌握 Java 语言及应用的基础上拓展解题思路和提升编程能力。

本书以编者十余年的 Java 语言教学经验为基础，内容安排环环相扣，例题充分，便于初学者学习，适合作为计算机专业本科教学、企事业单位 Java 语言培训的教材，也可以作为程序员自学 Java 语言的参考资料。

图书在版编目（CIP）数据

Java 语言及其应用/董佑平，夏冰冰主编. —2 版. —北京：清华大学出版社，2016（2019.1 重印）
21 世纪高等学校规划教材·计算机应用
ISBN 978-7-302-43653-9

Ⅰ. ①J…　Ⅱ. ①董…　②夏…　Ⅲ. ①JAVA 语言－程序设计－高等学校－教材　Ⅳ. ①TP312

中国版本图书馆 CIP 数据核字（2016）第 083603 号

责任编辑：刘向威
封面设计：常雪影
责任校对：白　蕾
责任印制：宋　林

出版发行：清华大学出版社
网　　址：http://www.tup.com.cn，http://www.wqbook.com
地　　址：北京清华大学学研大厦 A 座　　**邮　　编**：100084
社 总 机：010-62770175　　**邮　　购**：010-62786544
投稿与读者服务：010-62776969，c-service@tup.tsinghua.edu.cn
质量反馈：010-62772015，zhiliang@tup.tsinghua.edu.cn
课件下载：http://www.tup.com.cn，010-62795954
印 装 者：清华大学印刷厂
经　　销：全国新华书店
开　　本：185mm×260mm　　**印　张**：19.25　　**字　　数**：469 千字
版　　次：2012 年 5 月第 1 版　2016 年 7 月第 2 版　　**印　　次**：2019 年 1 月第 5 次印刷
印　　数：2801～3800
定　　价：49.00 元

产品编号：065138-02

出版说明

随着我国改革开放的进一步深化，高等教育也得到了快速发展，各地高校紧密结合地方经济建设发展需要，科学运用市场调节机制，加大了使用信息科学等现代科学技术提升、改造传统学科专业的投入力度，通过教育改革合理调整和配置了教育资源，优化了传统学科专业，积极为地方经济建设输送人才，为我国经济社会的快速、健康和可持续发展以及高等教育自身的改革发展做出了巨大贡献。但是，高等教育质量还需要进一步提高以适应经济社会发展的需要，不少高校的专业设置和结构不尽合理，教师队伍整体素质亟待提高，人才培养模式、教学内容和方法需要进一步转变，学生的实践能力和创新精神亟待加强。

教育部一直十分重视高等教育质量工作。2007 年 1 月，教育部下发了《关于实施高等学校本科教学质量与教学改革工程的意见》，计划实施“高等学校本科教学质量与教学改革工程(简称‘质量工程’)”，通过专业结构调整、课程教材建设、实践教学改革、教学团队建设等多项内容，进一步深化高等学校教学改革，提高人才培养的能力和水平，更好地满足经济社会发展对高素质人才的需要。在贯彻和落实教育部“质量工程”的过程中，各地高校发挥师资力量强、办学经验丰富、教学资源充裕等优势，对其特色专业及特色课程(群)加以规划、整理和总结，更新教学内容、改革课程体系，建设了一大批内容新、体系新、方法新、手段新的特色课程。在此基础上，经教育部相关教学指导委员会专家的指导和建议，清华大学出版社在多个领域精选各高校的特色课程，分别规划出版系列教材，以配合“质量工程”的实施，满足各高校教学质量和教学改革的需要。

为了深入贯彻落实教育部《关于加强高等学校本科教学工作，提高教学质量的若干意见》精神，紧密配合教育部已经启动的“高等学校教学质量与教学改革工程精品课程建设工作”，在有关专家、教授的倡议和有关部门的大力支持下，我们组织并成立了“清华大学出版社教材编审委员会”(以下简称“编委会”)，旨在配合教育部制定精品课程教材的出版规划，讨论并实施精品课程教材的编写与出版工作。“编委会”成员皆来自全国各类高等学校教学与科研第一线的骨干教师，其中许多教师为各校相关院、系主管教学的院长或系主任。

按照教育部的要求，“编委会”一致认为，精品课程的建设工作从开始就要坚持高标准、严要求，处于一个比较高的起点上；精品课程教材应该能够反映各高校教学改革与课程建设的需要，要有特色风格、有创新性(新体系、新内容、新手段、新思路，教材的内容体系有较高的科学创新、技术创新和理念创新的含量)、先进性(对原有的学科体系有实质性的改革和发展，顺应并符合 21 世纪教学发展的规律，代表并引领课程发展的趋势和方向)、示范性(教材所体现的课程体系具有较广泛的辐射性和示范性)和一定的前瞻性。教材由个人申报或各校推荐(通过所在高校的“编委会”成员推荐)，经“编委会”认真评审，最后由清华大学出版社审定出版。

目前，针对计算机类和电子信息类相关专业成立了两个“编委会”，即“清华大学出版社计算机教材编审委员会”和“清华大学出版社电子信息教材编审委员会”。推出的特色精品教材包括：

（1）21世纪高等学校规划教材·计算机应用——高等学校各类专业，特别是非计算机专业的计算机应用类教材。

（2）21世纪高等学校规划教材·计算机科学与技术——高等学校计算机相关专业的教材。

（3）21世纪高等学校规划教材·电子信息——高等学校电子信息相关专业的教材。

（4）21世纪高等学校规划教材·软件工程——高等学校软件工程相关专业的教材。

（5）21世纪高等学校规划教材·信息管理与信息系统。

（6）21世纪高等学校规划教材·财经管理与应用。

（7）21世纪高等学校规划教材·电子商务。

（8）21世纪高等学校规划教材·物联网。

清华大学出版社经过三十多年的努力，在教材尤其是计算机和电子信息类专业教材出版方面树立了权威品牌，为我国的高等教育事业做出了重要贡献。清华版教材形成了技术准确、内容严谨的独特风格，这种风格将延续并反映在特色精品教材的建设中。

清华大学出版社教材编审委员会
联系人：魏江江
E-mail:weijj@tup.tsinghua.edu.cn

前言

从暑假到现在历经了六个多月，我们的教材终于完稿了。这段时间写书成了生活中的主要内容，既充实，又愉快。也没有为了某种利益出书而赶稿的焦灼，整个过程很令人享受。

这本书是我十余年对 Java 语言教学的总结。九几年的时候，为了学生的就业问题我去调研了一些软件企业，得到的反馈信息是在 Java 语言这种新型的高级程序语言方面急需人才。既然社会有这样的需求，学校就开设了 Java 语言课。刚开始的教学比较困难，教材大部分是翻译过来的参考资料。几年后，市面上关于 Java 的教材越来越多，但是总感觉适合我们学生的很少。因为我们是应用型本科院校，要培养学生的动手编程能力，所选教材需要很好地把理论和实践结合起来。促使我下决心写书是一年前的事，有一次在讲课的间隙，我到学生中间巡视，发现几乎是人手一本我教案的打印版（为了便于学生复习，我把所有教案的电子版都发给了学生）。我当时就有些吃惊，随口问了句：你们为什么要打印这些教案？不是有教材吗？学生回答：看起来方便，教案比教材更清楚。这简短的回答触动了我——编写教材的时机成熟了。夏冰冰老师教这门课也已多年，我们经常在一起探讨教学问题，设计教学案例，于是我们合作，顺利完成了本书的编写。

本教材共分为 14 章。第 1、2 章讲述 Java 语言和语法的基本知识；第 3～6 章讲述面向对象程序设计基础、数组、面向对象高级特性，并介绍了几种常用类；第 7～10 章讲解异常、输入输出系统、图形用户界面和多线程。第 11～14 章主要讲述 Java 语言的应用，分为 Client/Server 程序设计、数据库程序设计、Servlet 和分布式编程四部分。

综合起来本教材有这样几个特点。

(1) 风格统一。由于编者只有两个人，而且我们平时在教学中经常就一些知识点和例题在一起讨论，两个人的合作贯穿整本教材，因此，整本书读下来感觉浑然一体。

(2) 内容连贯，环环相扣。由于编者在平时的教学中就很注意知识点的前后连贯性，而且历经了多年的实践检验，章节安排合理。例如，在第 3 章末讲继承；在第 4 章讲数组；在第 5.1 节讲变量多态，因变量多态是以继承为基础的，又结合数组进行应用；而在第 5.3 节的接口的例题中又对变量多态进行了应用。

(3) 不急于求成。首先从内容的形成来说，是先有多年教学经验的积累，并形成了内容充分、结构合理的教案，而且对内容把握有了自己的感悟后才准备写教材；再就教材编写的整个过程而言，对每个知识点的内容都进行了仔细推敲，保证质量。

(4) 注重实践。每个知识点都有精心编写的例题，例题本身不仅为了说明知识点的含义，而且力求说明知识点如何应用。例如，为了说明封装的应用而设计了一个存折的例子；为了说明多线程的死锁问题，设计了一个给两个对象加锁的例子以说明死锁的原因，并且修改这个例子说明如何避免死锁。

(5) 采用新技术。本教材中的例题是在 JDK 1.6.0_12 的环境中调试的；在第 12 章数据库程序设计中用的数据库系统是 SQL Server 2005 和 MySQL 5.7；在第 13 章 Servlet 中用的 Web 服务器是目前流行的 Tomcat。在这两章中，不仅配合知识点设计了例题，而且还讲解了环境配置，以及环境配置中出现问题的解决办法。环境配置是初学者在实际应用中必须用到且经常感到困惑的内容，本教材完善了这些方面，力求给初学者一些帮助。

（6）每章后面都配有习题，可供学生测试所学知识。习题与所讲内容紧密结合，部分习题是直接对例题的修改和完善。

编　者

2016 年 4 月

目 录

第1章 Java编程基础

本章主要介绍Java语言的背景知识，语言特点，Java开发环境的配置，Java程序编写、编辑、运行的过程，Java虚拟机等内容。

1.1 Java语言介绍

1.1.1 Java语言的历史

Java语言是一种单纯的面向对象的高级程序设计语言，是在1995年由Sun公司正式推出的。在此之前，Sun公司有一个名为Green的项目，该项目的主要目的是开发嵌入式家电的软件。Green项目初期准备采用C++语言，但C++太复杂，于是决定基于C++的语法开发一种新的语言，命名为Oak。最终这个项目没有成功，但是Oak这个语言却发展壮大了起来。原因是在同时期，Internet迅速发展起来，需要大量的软件运行在互联网上，而Oak本身具有与硬件无关的特性，适合于Internet编程。后来，他们用Oak语言编写了一个早期的Web浏览器，名为HotJava，展示了Oak适合开发网络软件的能力。

1995年，Oak语言更名为Java语言，Java这个名字来自于一个有趣的故事。有一天，几个Java研发组的成员正在一边喝咖啡一边讨论着给Oak语言起个新名字，当时他们正喝着Java咖啡（“爪哇”是印度尼西亚的一个重要岛屿，岛上盛产咖啡），忽然有个成员说，就叫Java怎么样？这个提议得到了其他人的一致同意。从那时起Java就借着Internet的东风，飘香于世了。

Java语言推出后，各大软件厂商相继宣布支持Java。首先是Netscape公司在其Web浏览器（Netscape Navigator 2.0）中支持Java，不久，Sun、SGI和Macromedia三家公司制定了基于Java的开放式多媒体标准。后来许多公司，如IBM、Microsoft、Oracle等，都宣布支持Java。Netscape公司进一步与Sun公司合作，推出了类似于Java的JavaScript语言。

1.1.2 Java程序分类

Java语言编写的程序分为两种不同的类型。一种是可以独立运行的程序，通常称为Application程序。另一种是非独立运行的程序，又细分为两类。一类是Java Applet程序，俗称Java小程序，是运行在客户端的程序，借助于支持Applet的浏览器运行。Applet程序在互联网发展的早期起了很重要的作用，它成了当时做动态网页的主流技术。随着网页制作工具越来越丰富，Applet 程序渐渐退出了历史的舞台。另一类非独立运行的程序是 Servlet 程序，它是运行在服务器端的程序，可以扩展服务器的功能。

1.1.3 Java 平台

Java 拥有三个不同的应用平台，分别是 J2SE、J2EE 和 J2ME。它们应用在不同的情况下。

(1) J2SE(Java 2 Platform Standard Edition)：Java 的标准版，是基础，常用来做桌面程序开发。

(2) J2EE(Java 2 Platform Enterprise Edition)：Java 的企业版，定义一系列的服务、API、协议等，包含多个组件，可以简化和规范应用系统的开发和部署，主要用于网络和服务器程序的开发设计，如分布式数据库、动态网站等。企业项目一般用这个版本。

(3) J2ME(Java 2 Platform Micro Edition)：Java 的微型版，一般用于手机等微型消费类电子设备开发，如嵌入式系统等。

1.1.4 Java 的主要特点

Java 之所以在诞生之后迅速成长起来并一直深受程序员的欢迎，是因为 Java 具有独到之处。

(1) 简单。Java 是一种简单的面向对象程序设计语言。与大家熟知的 C++ 语言相比，两者同样是面向对象的，但由于 C++ 对 C 语言的兼容，使得 C++ 不能脱离面向过程的痕迹。而 Java 是一种全新的语言，从一开始就把它设计成面向对象的，所以说它是纯粹的面向对象的语言。而且 Java 与 C 和 C++ 的语法类似，并且剔除了 C 和 C++ 中的一些复杂的成分，例如去掉了指针变量、结构体、运算符重载、多重继承等复杂特性。这样就减少了编程的复杂性。其实对于初学者来讲，在学习面向对象程序设计时，以 Java 作为入门语言要比用 C++ 容易得多。Java 语言虽然简单，却很高效，它可以用面向对象的方法来描述用户的每一个动作。

(2) 面向对象。Java 是一种纯粹的面向对象程序设计语言，它除了几种基本的数据类型外，其他的类型都是类。类是构成 Java 源代码的基本组成单位，所有的数据和方法都封装在类中，并通过类的继承实现代码的复用。

(3) 平台无关性。Java 语言经编译后生成与计算机硬件结构无关的字节码(Bytecode)，字节码是被运行时系统解释执行的，是不依赖任何硬件平台和操作系统的。当 Java 程序在运行时，需要由一个解释程序对生成的字节代码解释执行。不同的系统平台有相对应的运行时系统，只要在一个操作系统上安装了对应的 Java 运行时系统，就可以由解释程序对 Java 的字节码进行解释执行了，这使得 Java 程序可以在任何平台上运行，如 MS-DOS，Windows，UNIX，Linux 等，因此具有很强的移植性，这就是 Java 语言的平台无关性。

(4) 适合网络编程。Java 是一种面向对象的网络编程语言，由于它支持 TCP/IP 协议，可以通过浏览器访问到 Internet 上的各种动态对象，并且在网络上用户可以交互式地进行各种动作；另外 Java 的应用程序编程接口(Application Programming Interface，API)提供了大量的用于网络编程的类以及丰富的方法，在进行网络编程时不用考虑底层的问题，使得网络编程变得容易。

(5) 多线程机制。Java 支持多线程机制，多线程机制使得 Java 程序能够并行处理多项任务。Java 程序可以设计成具有多个线程，应用程序可以同时进行不同的操作，处理不同的事件，例如让一个线程负责数据的检索、查询，另一个线程与用户进行交互，这样，两个线程得以并行执行，不会由于某一个任务处于等待状态而影响了其他任务的执行。多线程机制可以很容易地实现网络上的实时交互式操作。

(6) 自动垃圾回收机制。Java 语言采用了自动垃圾回收机制进行内存的管理。在 C++语言中，程序员在编写程序时要仔细地处理内存的使用，例如当动态申请的内存空间使用完毕，要及时释放，以供其他程序使用，一旦内存管理不当，就有可能造成内存空间浪费或程序运行故障。在 Java 系统中包括了一个自动垃圾回收程序，可以自动、安全地回收不再使用的内存空间，这样，程序员在编程时就不必担心内存的管理问题，从而使 Java 程序的编写变得简单，同时也减少了内存管理方面出错的可能性。

(7) 安全性。Java 不支持“指针”，一切对内存的访问都必须通过对象实例来实现，从而防止了程序对内存有意或无意的随意访问和改动，有效防止了恶意程序的入侵，因此 Java 具有很好的安全性，这样也为它在网络编程方面的广泛应用奠定了基础。

Java 除了具有上述特性外，还有丰富的类库，运行 Java 的软件和 API 文档都可以在网上免费下载。由于 Java 的以上特点，Java 至今仍然是企业和教学中很受欢迎的语言。

1.2 最简单的 Java 程序及运行步骤

1.2.1 环境设置

若在 Windows 7 操作系统上安装 JDK(Java Development Kit，Java 开发工具集)。首先下载安装程序，如 jdk-6u12-windows-i586-p. exe，这是 JDK6. 0 的版本，若将程序安装在目录 E:\java 中，安装完毕后，这个目录中有一个子目录 bin，是在安装过程自动生成的，我们主要是使用 bin 中的 javac. exe 和 java. exe。javac. exe 用于编译 Java 源程序，java. exe 用于运行编译后的字节码文件。

为了在任何目录下都能使用这两个程序，需要进行配置。首先在计算机“属性”中选择“高级系统设置”，然后选择“高级”，再选“环境变量”，在“系统变量”中找到 path 并对其进行编辑，在编辑窗口只要添加上路径 E:\java\bin，然后单击“确定”按钮就可以了。在这个过程中要注意，要先确定 path 原有的路径最后是否有分号，若没有，需要先加上分号，再添加新的路径。

在设置完成后需要进行检测，可以打开 CMD 窗口，设置当前目录为 E:\(注意，这里只要不是 bin 目录就行)，在命令提示符下输入 javac 并回车，如果出现了一系列参数，则配置成功；如果显示 Bad command or file name，则表示不识别 javac 命令，这时要去确认 path 参数是否设置正确。要注意是在设置结束后新打开的 CMD 窗口中进行测试。

1.2.2 编辑源程序

编辑源程序可以用很多编辑工具进行，在没有专业集成工具的情况下，可以用记事本(Notepad)完成源程序编辑。

例 1-1 最简单的 Java 程序

```
public class first {
  public static void main (String argsp[ ]) {
    System.out.print("This is the first java program");
    }
}
```

输入完毕后，在记事本中将这段源代码保存到文件 first.java 中。在保存该文件之前，要先建立一个自己的文件夹，例如 E:\javaexample，然后就可以把源文件保存到这个目录下了。注意保存文件时，扩展名一定是.java。有的软件会自动在文件名后面加上.txt，即文件名变为 first.java.txt 了，可以在资源管理器里将名字改为 first.java。这样就编辑完成了第一个 Java 源程序。

1.2.3 编译

在 CMD 窗口中，先将源文件所在目录改为当前目录，然后输入命令 javac first.java，例如：

```
E:\javaexample>javac first.java
```

javac.exe 文件是 Java 语言的编译器，上述命令的功能就是对文件 first.java 进行编译。执行完毕后，没有提示，并且在当前目录下(E:\javaexample)生成了一个新文件，名为 first.class，这样就说明编译成功。如果编译时出现了一些提示，说明源程序中有错，提示信息为错误出现的位置以及错误的原因等，可以根据提示信息更改源程序。

1.2.4 运行

仍然是在 CMD 窗口中，在当前目录下，执行命令 java first，例如：

```
E:\javaexample>java first
```

执行后屏幕上显示：

This is the first java program

这是程序的执行结果，这说明程序正常执行了。java.exe 文件是 Java 语言的解释器。这里是用 Java 执行编译后生成的字节码文件 first.class，在执行前要先确认该文件在当前目录下存在，还要注意 java 后面只跟 first，不跟扩展名.class。

1.2.5 程序分析

从上面这个简单的 Java 源程序 first.java 可以看到，Java 的源程序是由类构成的，这个程序中只有一个类。

(1) public class first

first 是类名,是程序员起的一个名字,public class 是关键字,不能改变,public 可以省略。但是由于在 class 前面有 public 存在,那么该源文件的名字只能是 first.java,也就是说文件的主名要与类同名。

(2) public static void main (String args[])

这是固定用法,是该程序执行的入口,也是 Java Application 程序执行的入口,这里可以改变的是 args,其他都不能改变。

(3) System.out.print("This is my first program");

这是输出语句,可以变化的是引号中的内容,要注意的是 System 的首字符是大写的,如果小写就错了。

1.2.6 Java 开发工具

Java 常用的开发工具有 JBuilder、JCreator、Eclipse 等,这里以 Eclipse 为例。Eclipse 是一个开放源代码的、基于 Java 的可扩展开发平台,是由 IBM 公司推出的。用 Eclipse 建立一个 Java 源文件的过程如下。

在 Eclipse 窗口菜单中选择 File→New→Java Project 命令,在打开的 new Java Project 窗口中输入项目名,如 java1,单击 Finish 按钮,则画面如图 1-1 所示。

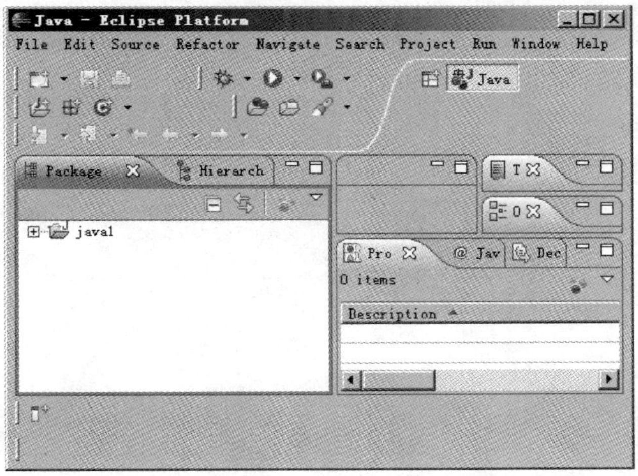

图 1-1 建立项目 java1

单击项目名 java1 前面的+号,在出现的树状结构中右击 src,然后依次选择 New→File 命令,在出现的窗口 New File 中输入文件名,如 first.java,单击 Finish 按钮,接下来就可以在编辑区编辑 Java 源文件了,如图 1-2 所示。

源程序创建后就可以编译执行了。在菜单 Project(项目)→Build automatically(自动构建)这一项被选中(打钩)的情况下,保存源代码,系统就会自动编译。然后单击工具栏的运行按钮 ,就可以运行了,如图 1-3 所示。

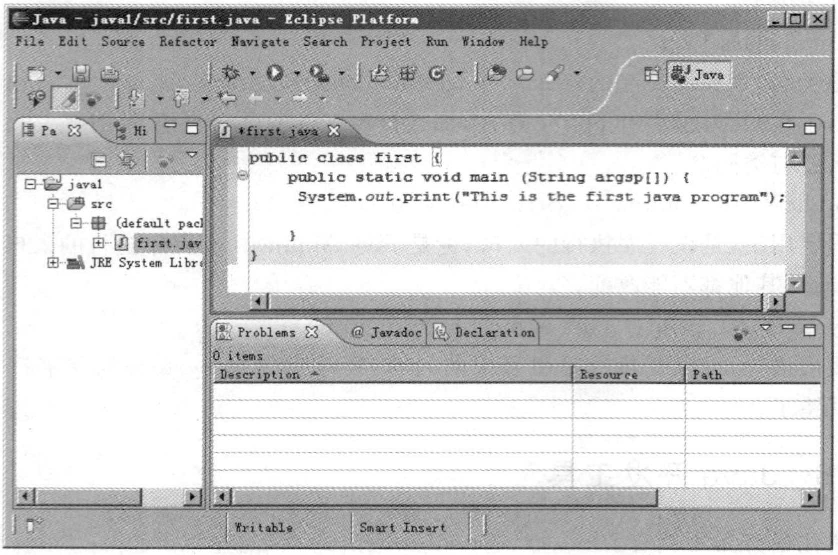

图 1-2 编辑源程序 first. java

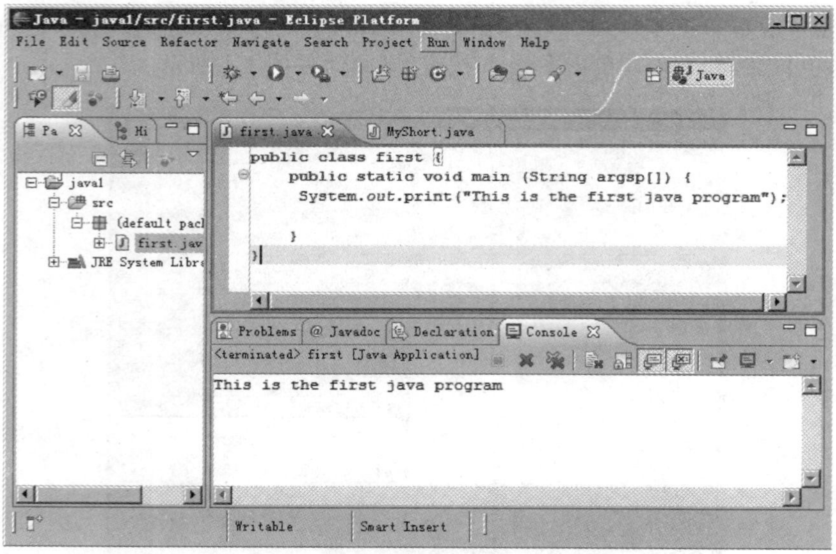

图 1-3 运行 first 程序

1.2.7 图形化的 Java 程序举例

例 1-1 是以字符的输出方式把运行结果输出到显示器上。目前常用的操作系统都已经采用了图形化的操作界面，为了实现更友好的交互性，应用程序也通常是图形化的。采用 Java 语言也可以开发图形化界面的应用程序，具体的图形化的知识在第 9 章会专门介绍，这里先给一个简单的例子，让读者对图形化界面有一个感性的认识，也可以在练习中根据个人喜好选择不同的输出方式。

例 1-2 简单的图形化操作界面

```
import javax.swing.JOptionPane;
public class fistGui {
    public static void main (String argsp[ ]) {
     String output;
     output = "Java 语言";
     JOptionPane.showMessageDialog(null, output);
    }
}
```

图 1-4 例 1-2 运行结果

在这个例题中,用了图形界面的方式进行输出,主要是用到了 Swing 组件,具体内容参见第 9 章,执行结果如图 1-4 所示。

1.3 Java 运行原理

Java 源程序经编译后生成字节码,它类似于汇编指令,但不是任何一种具体处理器的汇编指令。字节码是由 Java 虚拟机(Java Virtual Machine,JVM)解释执行的,Java 虚拟机是一项技术规范,是一台可以执行 Java 字节码的"机器",也是一个能规范地运行 Java 字节码的操作平台。Java 虚拟机的实现方案有两种方式,既可以用软件实现,也可以用硬件实现,目前大多是用软件实现的。

Java 虚拟机处于 Java 编译程序和硬件平台之间,只要每一种平台建立了相应版本的虚拟机,就可以解释执行字节码,虚拟机将每一条要执行的字节码翻译成特定机器平台上的机器码,然后在特定的机器上运行。这样采用 Java 编写的程序,在一种硬件平台上经编译生成的字节码,换到另一种硬件平台上,只要这个硬件平台建立了相应版本的虚拟机,则该字节码就能通过这台机器的虚拟机解释执行,不需要重新编译。这就是 Java 语言具有平台无关性和可移植性的关键,也是 Java 语言的魅力所在。原理如图 1-5 所示。

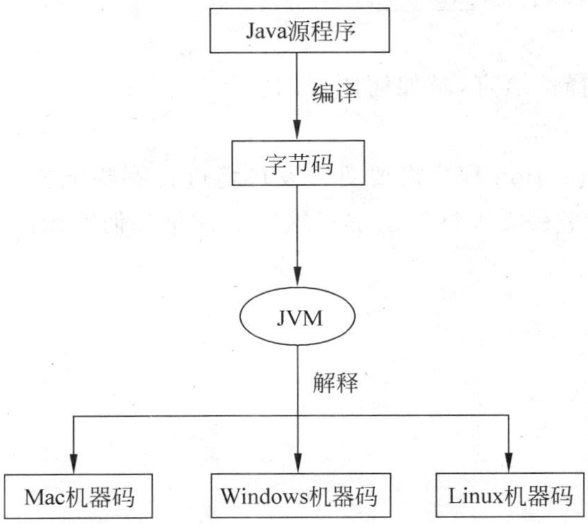

图 1-5 Java 运行原理

如图 1-5 所示，Java 语言使用虚拟机屏蔽了与具体平台相关的信息，使得 Java 语言编译程序只需生成在 Java 虚拟机上运行的目标代码(字节码)，就可以在多种平台上不加修改地运行。Java 虚拟机在执行时，把字节码解释成具体平台上的机器指令执行。而对于一般高级语言而言，至少要经过重新编译生成不同的目标代码才能在不同的平台上运行。

习题 1

1. 选择题

(1) 以下对 Java 语言的描述不正确的是(　　)。

A. Java 是一种编译性语言

B. Java 是一种解释性语言

C. Java 是结构中立与平台无关的语言

D. Java 语言是一个完全面向对象的语言

(2) Java 语言不具备的特点是(　　)。

A. 自动垃圾回收机制

B. 解释性

C. 平台无关性

D. 面向过程

(3) Java Application 源程序的主类是指包含(　　)方法的类。

A. main　　B. toString

C. init　　D. actionPerformed

(4) Java Application 程序的入口 main()方法的返回类型是(　　)。

A. int　　B. void　　C. boolean　　D. static

2. 填空题

一个 Java 源程序文件名为 A.java，在该文件中定义了一个类 A，那么编译该源程序文件之后得到的字节码文件名为________。

3. 简答题

(1) Java 是一种解释性语言，是如何体现的？

(2) JDK 是什么？

(3) 开发 Java Application 程序需要对开发环境进行哪些配置？

(4) 什么是 Java 的平台无关性？请解释这一特性是如何实现的。

第2章 Java语言基础

本章介绍Java语言的基础内容,包括数据类型、常量、变量、运算符、表达式以及选择和循环结构。

2.1 标识符和数据类型

为了说明本节中标识符和数据类型等内容,先来看一个简单的例子。

例 2-1 认识标识符

```
//BirthDay.java,一个简单的例子
public class BirthDay {
    public static void main (String argsp[]) {
        int year,month,day;
        year = 2011;                //给变量 year 赋值
        month = 8;
        day = 10;
        System.out.println("生日是 " + year + "年" + month + "月" + day + "日");      //输出生日
    }
}
```

2.1.1 注释语句

在这个例子中,由"//"标记的部分是注释语句,注释语句是不可执行语句,是帮助程序员阅读和理解程序的。"//"是单行注释,即自"//"起至本行末为注释内容。Java还支持多行注释,基本格式为

```
/*
  注释内容
 */
```

多行注释一般用在需要成段注释的部分,如用于解释整个源程序的目的和某个方法的作用。符号/*和*/成对出现,不可以套用。

2.1.2 常量和变量

1. 常量

常量是在程序运行中其值保持不变的量。Java 中的常量分为两种：文字常量(literal constant)和字符常量(symbolic constant)。文字常量是在程序中直接写出量值的常量，如例 2-1 的“2011”、“8”、“生日是”等都是常量。字符串常量的内容到 6.1 节再介绍。

2. 变量

相对于常量，变量就是程序运行中其值可以变化的量。每个变量对应着内存中的一小块存储空间，它用来存储一个数据。在程序运行中，可以向这块空间放一个数据进去，也可以从中读出数据。内存中可以有许多个这样的小块空间，为了以示区别，而将它们命名为不同的名字，这个名字就叫变量名。变量中的数据可以是编程者赋予的，也可以是程序运行过程中临时存储的运算中间结果。一个变量在一个时刻只可以保存一个数据。变量在使用前必须对其定义，定义时应指定对应的数据类型。其中定义变量的格式为

```
变量类型  变量名;
```

如果同时有多个相同类型的变量要定义，可以用逗号隔开。例如，int year，month，day;，该语句就定义了 3 个 int 型的变量，变量名分别为 year、month、day。在定义变量时给出变量的类型，当程序执行时就可以根据类型为该变量分配相应大小的内存了。

在变量定义以后就可以对其赋值了。赋值语句的格式为

```
变量名 = 表达式;
```

这里的＝是赋值号，这是个有方向性的操作，即取＝右边的值，把它赋值给左边的变量。＝右边可以是常量、变量和表达式，但左边的变量必须是已经定义过的。例如：“year＝2011;”就是把 2011 这样一个整数常量赋值给左边的变量 year。

Java 允许将变量的定义和赋值写在一个语句中，如 int a＝3;是正确的。

2.1.3 标识符

在 Java 语言使用的符号集是 Unicode 字符集，它包括汉字在内的许多非英语字符。在这个字符集中，每个字符都对应着一个 16 位二进制数，即 Unicode 码，不同的 CPU、不同的操作系统或者不同的计算机，它们的 Unicode 码都一样。

在编写程序时，对程序中的各个元素(如变量、类、方法等)进行命名时使用的命名记号为标识符。标识符也是这些元素能被编译器识别的唯一的名字。因此，高级程序设计语言对标识符的命名都要遵循一定的规则。Java 中标识符的命名规则如下：

(1) 第一个字符只能是 A～Z(或 a～z)、“$”或“_”，不能是数字。

(2) 后面的字母可以是 A～Z(或 a～z)、“$”、“_”或数字。

(3) 不能使用 Java 关键字。

注意：区分大小写。

关键字是程序设计语言里事先定义的有特别意义的标识符，又称为保留字。Java 的关键字对 Java 的编译器有特殊的意义，它们用来表示一种数据类型，或者表示程序的结构等，关键字不能用作变量名、方法名、类名、包名，如表 2-1 所示。

表 2-1　Java 关键字

abstract	default	if	private	this
boolean	do	implements	protected	throw
break	double	import	public	throws
byte	else	instanceof	return	transient
case	extends	int	short	true
catch	final	interface	static	try
char	finally	long	strictfp	void
class	float	native	super	volatile
const	for	new	switch	while
continue	goto	package	synchronized	

该表中大部分关键字在 Java 中被赋予了特定的含义，但也有些在 Java 中并没有使用，如 const 和 goto，它们依然是 Java 的关键字，不能作为变量名、方法名、类名、包名等标识符的名字。

2.1.4　基本数据类型

Java 中的数据类型分为基本数据类型和参考数据类型两大类。其中，基本数据类型是 Java 预先定义好的，每一种基本数据类型由一个关键字命名。Java 中预定义的基本数据类型分为八种，它们之间的关系如图 2-1 所示。

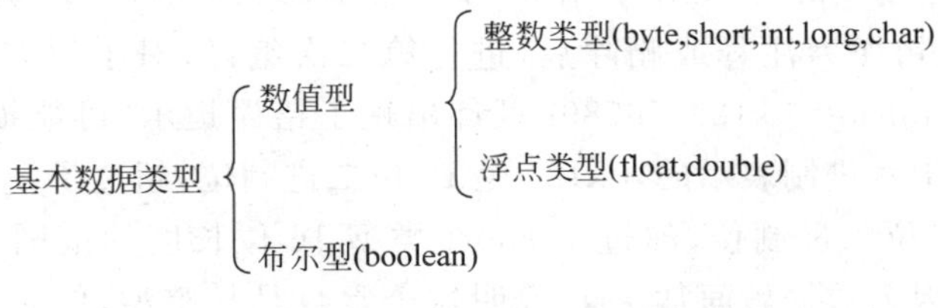

图 2-1　基本数据类型分类

对于面向对象的程序设计语言来说，数据类型应该都是参考数据类型，但是为了符合程序员的编程习惯以及使得常用数据类型变得简单，Java 中仍然保留了八种基本数据类型，这些基本数据类型分别对应着一个参考数据类型，具体将在第 6 章介绍。

1. 整数类型

不含小数点的数字为整数类型数据，整数类型又根据数据所占内存的容量和表达数字的范围分为四种类型：字节型(byte)、短整型(short)、整型(int)和长整型(long)。其二进制数据长度分别为 8 位、16 位、32 位和 64 位，这四种类型的数据都是有符号数，相应的表示范围为：$-2^{n-1}\sim2^{n-1}-1$，n 代表二进制数据位数。由于字符型(char)的数据是无符号的 16 位二进制整数表示的 Unicode 码值，因此也可以把 char 型归到整数类型中，不过本书中仍然按照习惯对字符型变量单独进行讲解。每一种类型的整数都可以用八进制、十进制或者十六进制格式表示，其中，八进制数以 0 开头，十六进制数以 0x 开头。例如整数 6 分别用不同的进制表示为

6（十进制）

0x6（十六进制）

06（八进制）

说明：

（1）一个整数常量，例如 6，默认为 int 型。但是 int 型的整数最多有 32 位二进制位。当整数值超过了 int 型的表示范围（$-2^{31}\sim2^{31}-1$）时，该常数值后面就要加上 L 或 l，以此说明这个常数是 long 型。

（2）在向整型或字符型变量赋值时可自动转换成相应的变量类型。如果实际的数值比变量类型长，系统提示可能存在精度损失。

例 2-2 整数类型数据

```
public class IntTest {
    public static void main (String argsp[]) {
        byte b1 = 0x12;
        byte b2 = 0x123;          //精度损失
        short s1 = 0x1234;
        short s2 = 0x12345;       //精度损失
        int i1 = 0x12345678;
        int i2 = 0x123456789;     //整型数太大
        int i3 = 0x123456789L;    //精度损失
    }
}
```

这个程序在第一遍编译时，对于语句“int i2＝0x123456789;”提示“过大的整数：123456789”；把该语句加为注释或删除后，进行第二次编译，对于语句“byte b2＝0x123; short s2＝0x12345; int i3＝0x123456789L;”都出现了错误提示“可能损失精度”。在这个例子中，常量都是用十六进制表示的，0x123 是 12 位二进制位，超过了 byte 类型 8 位长度的范围；0x12345 是 20 位二进制位，超过了 short 类型 16 位长度的范围；而 0x123456789L 数据本身没有错误，因为数据后面加了 L 说明这个常数是长整型，但它是 36 位二进制位，超过了 int 类型 32 位长度的范围。

2. 字符类型

Java 采用 Unicode 字符集，用无符号的 16 位二进制位或 4 位十六进制位整数表示一个字符，其表示范围是 0～65 535。用单引号引起来的一个能被 Java 识别的值都是字符型的数据。以字母 A 为例，它的 Unicode 码值与 ASCII 码值都是 65，转换为十六进制是 0x41，作为 char 型数值，可以分别用如下的方式表示。

（1）普通字符：'A'。

（2）Unicode：'\u0041'。

另外，由于 Unicode 码值是一个整数，可以直接用字符的码值给字符型的变量赋值，这样使得字符类型和整数类型可以自动互换，也是基于这个原因，字符型被归到整数类型里。

例如：char y=65 这样的赋值是允许的，这里的 65 会自动转换为字符 A。这是因为每个字符在内存中存储时都是保存码值，在 Java 中是它的 Unicode 码值。

例 2-3 字符型数据

```
public class CharTest {
    public static void main(String argsp[ ]) {
        char ch1 = 'A';
        char ch2 = '\u0041';
        char ch3 = 0X41;
        char ch4 = 65;
        int x = 'A';
        System.out.println(ch1);
        System.out.println(ch2);
        System.out.println(ch3);
        System.out.println(ch4);
        System.out.println(x);
    }
}
```

运行结果：

```
A
A
A
A
65
```

通过这个例题可以看出，在给字符型变量赋值时既可以用单引号引起来的字符常量，也可以用字符的码值；而且由“int x='A';”可以看到字符常量还可以给整型变量赋值。由此证明字符类型和整数类型是可以自动互换的。

在 Java 中，还有一些特殊的字符，这就是转义符。转义符用‘\’作为开头并加上其他符号来表示一些具有特殊意义的符号。如‘\n’表示换行，‘\r’表示回车，‘\’’表示单引号，‘\\’表示反斜杠等。

3. 浮点类型

浮点类型数据用来表示带有小数点的数据，浮点类型的常数可以用 E 表示 10 的次方，如 2.3E5，相当于 2.3×10^5。

浮点类型分为 float 和 double 两种类型，它们的长度分别为 32 位二进制位和 64 位二进制位。一个浮点类型的数据默认为 double 型，如 2.3，这样的一个数据在内存中要占 64 位空间，如果要强调它是 float 型，需要在这个常数后面加上 f 或 F，如 2.3F，这个数在内存中占 32 位空间。这一点在对 float 型变量进行赋值时要特别注意，如有下列赋值语句：“float f=2.3;”，在编译时会给出“可能损失精度”的提示。

4. 布尔类型

布尔类型即 boolean 型，只有两个常量值：true，false。这里要注意的是在 Java 中

boolean 型是不能跟整数类型进行互换的，这点不同于 C 语言。例如“boolean b=true;”，这里的布尔类型的变量 b 的值为 true，不能写成 b=1。

2.1.5 参考数据类型

在 Java 中，除了上述八种基本数据类型外，其他的数据类型都是参考数据类型。参考数据类型有三种形式，分别是类、接口和数组。

Java 具有丰富的类库，程序员在写程序时可以使用这些类，从而实现代码的复用，节省了开发程序的成本。作为初学者在学习 Java 时，一方面要学习 Java 语言的基本知识，另一方面就是要尽可能多地学习和了解 Java 的类库，对于类库中的类掌握越多，写出的程序就会越简洁，也就越节约写程序的成本。

在例 2-1 中用到了 Java 类库中的一个类 System，并通过这个类用到了 out 中的方法 println()完成向屏幕输出的功能。System. out. println()是 Java 中的输出语句，可以把要输出的内容写在 println()的括号中，而且当输出多项内容时可以将这些内容进行连接，这些内容可以是不同数据类型的，也可以分别是变量或常量表示的，都可以进行连接后一起输出。如，“System. out. println("生日是"+year+"年"+month+"月"+day+"日");”这里用双引号括起来的，如，"生日是"、"年"等都是常量，而且是字符串常量，而 year、month、day 都是 int 型的变量。注意 Java 中的字符串是用""引起来的，在 Java 中有一个专门的类 String 表示字符串常量，关于 String 的具体用法将在第 6 章讲解。

Java 类库中的类名有一个共同的特点是首字母大写，而且类名由多个单词构成时，每个单词首字母都是大写的，这不是必须的，只是一种风格。但是因为 Java 是严格区分大小写的，所以在用到类库中的类时要注意大小写的问题，如果把 System 写成 system，程序编译时就会报错。

2.2 表达式与运算符

2.2.1 表达式

表达式是运算符和运算数遵循运算规则的组合。Java 中的表达式可以出现在赋值语句、条件测试以及方法的调用参数等场合，有些表达式甚至可以作为语句单独出现。

2.2.2 运算符

Java 中的运算符基本上继承了 C/C++语言的运算符体系，从形式到功能，包括优先级和结合性都与 C/C++语言的运算符非常相似。Java 中大部分运算符与 C/C++语言的运算符相同，保持了原有的定义，但也有不同之处，如，Java 取消了 C/C++语言中结构体成员运算符(—>)、指针运算符(*)、地址运算符(&)以及长度运算符(sizeof)，并新增了对象类型运算符(instanceof)和无符号右移位运算符(>>>)。由于 Java 中的运算符与 C/C++语言的运算符的极大相似性，在本书中对于这一部分不做详细的说明，只是分类加以解释。

1. 算术运算符

算术运算符分为二元算术运算符和一元算术运算符。

1) 二元算术运算符

二元算术运算符包括加号(+)、减号(-)、乘号(*)、除号(/)和取模(%,从整数除法中获得余数)。通常参加运算的两个运算数是同一种数据类型,其运算结果的数据类型与运算数的数据类型一致。当两个整数进行除运算时,即使不能整除,该运算的结果也会直接丢弃小数,而且不四舍五入。例如:

```
int x = 11, y = 3;
int z;
z = x/y;
```

z 的值是 3。

Java 在进行赋值操作时支持简写形式的算术运算。例如,x = x + 2;可以简写为x + = 2;。

2) 一元算术运算符

一元算术运算符包括自增 1 运算符(++)、自减 1 运算符(--)、一元加运算符(+)和一元减运算符(-)。例如:

```
int a,b,c,d;
a = -3;
b = +a;  //一元加运算符(+),将运算数的绝对值保持不变,而将其符号取为与原来相同。b 的值
           为 -3
b = -a;  //一元减运算符(-),将运算数的绝对值保持不变,而将其符号取为与原来相反。b 的值
           为 3
```

自增 1 运算符(++):该运算符用来给变量值增加 1,其有两种形式,以 a=5;为例:

a++表示在使用变量 a 之后,其值增加 1。执行 b=(a++) * 10;语句后,变量 a 的值为 6,变量 b 的值为 50。

++a 表示在使用变量 a 之前,其值增加 1。执行 b=(++a) * 10;语句后,变量 a 的值为 6,变量 b 的值为 60。

自减 1 运算符(--):该符号用来给变量值减少 1,也分为两种形式,a--表示在使用变量 a 之后,其值减少 1;--a 表示在使用变量 a 之前,其值减少 1。与自增 1 运算符(++)的情况类似,在此就不再赘述,读者自己可以设计例子证实。

++(自增)和--(自减)运算符的目的是使程序变得更加简单明了,如果自增或自减运算符在一个表达式中出现过多反而会使程序变得复杂,难理解。初学者要反复练习后方可运用自如。

2. 关系运算符

关系运算符的运算结果是逻辑值,当关系成立时结果为 true,否则为 false。关系运算符有以下六种。

(1) 等于(==):表示两个数据相等关系。如果两个数据值相等,表达式值为 true;如

果两个数据值不相等，表达式值为 false。

(2) 不等于(!=)：表示两个数据不相等关系。如果两个数据值不相等，表达式值为 true，而如果两个数据值相等，表达式值为 false。例如，表达式 5!=5 的值为 false。

(3) 大于(>)：如果大于号左边的数据值大于右边的数据值，结果为 true；否则为 false。

(4) 小于(<)：如果小于号左边的数据值小于右边的数据值，结果为 true；否则为 false。

(5) 大于等于(>=)：如果大于等于号左边的数据值大于或等于右边的数据值，结果为 true；否则为 false。

(6) 小于等于(<=)：如果小于等于号左边的数据值小于或等于其右边的数据值，结果为 true；否则为 false。

3. 逻辑运算符

逻辑运算符只对逻辑型数据进行运算，运算结果值也只有 true 或 false 两种情况。逻辑运算符有以下四种。

(1) 非运算符(!)：表示“相反”的意思。例如，boolean A=true;则! A 的值为 false。

(2) 与运算符(&)：只有当 & 左右两边的数值都为 true 时，结果才为 true，其他情况下，结果都为 false。例如，表达式 20==20 & 20>10 的值为 true。

(3) 或运算符(|)：只有当|左右两边的数值都为 false 时，结果才为 false，其他情况下，结果都为 true。例如，表达式 20>20 | 20>10 的值为 true。

(4) 异或运算符(^)：当运算符^左右两边数值同为 true 或者同为 false 时，结果为 false，当一个为 true 另一个为 false 时，表达式的值为 true。

除了上面这四种逻辑运算符外，Java 中还有两个运算符分别与 &、|对应，它们是简洁与(&&)和简洁或(||)。通常情况下，进行逻辑运算时，先将运算符左右两边的表达式先计算出来，再进行逻辑运算。而如果是简洁与(&&)，则当其左边的表达式的值为 false 时，因为这时已经确定与运算的结果为 false，故简洁与(&&)右边的表达式将不再进行运算。对于简洁或(||)而言，当其左边的表达式的值为 true 时，右边的表达式将不再进行运算。

例 2-4 逻辑运算符的使用

```
public class AndOrTest {
    public static void main (String argsp[]) {
        int x = 66;
        int a;
        boolean t;
        a = 0;
        t = (x == 66)||(a++ == 1);   //简洁或,左边表达式结果为 ture,则右边表达式(a++ == 1)
                                        没有做运算
        System.out.println(a);
        a = 0;
        t = (x == 66)|(a++ == 1);
        System.out.println(a);
        a = 0;
        t = (x!= 66)||(a++ == 1);    //简洁或,左边表达式结果为 false,则右边表达式(a++ ==
                                        1)做运算
```

```
        System.out.println(a);
    }
}
```

运行结果：

```
0
1
1
```

读者在写程序时一定要注意简洁与和简洁或，一旦出错，则隐藏的逻辑错误很难查找。

4. 对象类型判定运算符

Java 中对象类型判定运算符为 instanceof，其格式为

```
对象 instanceof 类名
```

其功能是判定 instanceof 左边的“对象”是否为右边的“类”的对象实例，如果是，则结果为 true，否则为 false。

5. 位运算符

Java 中的位运算符包括一个一元运算符和六个二元运算符。Java 语言的位运算符只适用于整数类型数据。

(1) 左移运算符(<<)：用来将一个数的各个二进制位左移若干位，右边补 0，高位左移后溢出，舍弃不起作用。例如，4<<2，4 的二进制数为 00000100，左移两位后得到 00010000，即十进制数 16。每左移一位相当于原数值乘 2，在该例中相当于原数两次乘以 2。

(2) 右移运算符(>>)：用来将一个数的各个二进制位右移若干位，移到右端的低位被舍弃，左边填充符号位。例如，10>>1，10 的二进制数为 00001010，右移一位后得到 00000101，即十进制数 5，相当于 10 除以 2。

(3) 无符号右移(逻辑右移)运算符(>>>)：用来将一个数的各个二进制位无符号右移若干位。移出的低位被舍弃，高位补 0。例如，若 a 的二进制数为 11001010，则 a >>> 2 的值为 00110010。

(4) 按位与运算符(&)：参加运算的两个二进制数据按位进行“与”运算。如果两个相应的位都为 1，则该位的结果值为 1，否则为 0。例如，11111011 & 10111110，其结果为 10111010。这样就把 11111011 的第一位和第七位置为了 0。

(5) 按位或运算符(|)：参加运算的两个二进制数据按位进行“或”运算。如果两个相应的位都为 0，则该位的结果值为 0，否则为 1。例如，00010011 | 00001010 的值为 00011011。

(6) 按位异或运算符(^)：参加运算的两个二进制数据按位进行“异或”运算。如果两个相应的位相同，则该位的结果值为 0，否则为 1。例如，11000011 ^ 00001010 的值为 11001001。

(7) 按位取反运算符(~)：用来对一个二进制数按位取反，即将 0 变为 1，将 1 变为 0。

例如，～11011001 的值为 00100110。

例 2-5 位运算符

```
public class BitAndOrTest {
    public static void main(String argsp[])
    {
        int a,b;
        a = 4;
        b = a << 2;
        System.out.println("按位左移 b = " + b);

        a = 10;
        b = a >> 2;
        System.out.println("按位右移 b = " + b);

        a = -1;                  //-1 的二进制表示是 1111 1111 1111 1111 1111 1111 1111 1111
        b = a >>> 30;           //无符号右移 30 位后为 0000 0000 0000 0000 0000 0000 0000 0011
        System.out.println("按位无符号右移 b = " + b);
    }
}
```

程序运行结果：

```
按位左移 b = 16
按位右移 b = 2
按位无符号右移 b = 3
```

其他位运算符的使用请读者自己设计程序测试。

6. 运算符优先级

在实际的开发中，可能在一个表达式中出现多个运算符，那么计算时，就按照运算符的优先级的高低进行计算，优先级高的运算符先计算，优先级低的运算符后计算，运算符的具体优先级见表 2-2。

表 2-2 运算符优先级

优先级	运算符
1	() [] .
2	! +（正） -（负） ～ ++ --
3	* / %
4	+（加） -（减）
5	<< >> >>>
6	< <= > >= instanceof
7	== !=
8	&（按位与）
9	^
10	|
11	&&
12	||

该表中优先级按照从高到低的顺序排列，也就是 1 为最高优先级。

2.2.3 基本数据类型转换

在 Java 中整数类型、浮点类型和字符类型数据可以混合运算，运算时不同类型的数据先转换为同一类型，然后再运算。基本数据类型转换分为自动转换和强制类型转换两种。

1. 自动转换

当低存储位数据类型向高存储位数据类型转换时，这样的数据类型转换是安全的，是可以自动完成的。Java 中可以自动进行转换而不会导致信息丢失的是

byte→short→char→int→long→float→double

例 2-6 数据类型的自动转换

```
public class IntToLong {
    public static void main (String argsp[ ]) {
        int x = 5;
        long y, z;
        y = 10L;
        float f = y;
        z = x + y;
        System.out.println(x);
        System.out.println(y);
        System.out.println(f);
        System.out.println(z);

    }
}
```

在上面的例子中，x 的类型自动转换为 long，即 x 的值会自动扩展为 long 的长度。y 的类型自动转换为 float。

2. 强制类型转换

当高存储位数据类型向低存储位数据类型转换时，可能会导致数据精度的损失，最好不要使用。当必须转换时，要强制类型转换。

例 2-7 强制类型转换

```
public class LongToInt {
    public static void main (String argsp[]) {
        int x;
        long y, z;
        y = 10L;
        z = 20L;
        x = y + z;
        System.out.println(x);
        System.out.println(y);
```

```
            System.out.println(z);

        }
    }
```

这个例子在编译时会对语句“x=y+z;”提示错误信息“可能损失精度”。其原因就是 y 和 z 都是 long 型的，其结果也是 long 型，宽度为 64 位，但是结果要保存到一个 int 型的变量中，int 型的变量只有 32 位，编译器认为这样存可能会损失精度。其实上面例子结果的实际有效位数在 32 位的空间中足以存下，为了编译通过，可以对 y+z 的结果进行强制类型转换，该语句写为：“x=(int)(y+z);”。

2.3 语句与流程控制

与大多数高级语言一样，Java 程序结构按照结构化程序的思想也分为顺序结构、选择结构、循环结构三种。顺序结构较为简单，就是程序中的各操作按照它们出现的先后顺序依次执行。选择结构和循环结构分别由相应的语句控制完成。选择结构表示程序的执行流程出现了多种可能，要根据一定的条件选择其中之一。循环结构是程序中有一部分代码要根据需要被执行多次，所要执行的次数可能是事先已经知道的，也可能事先不知道而只能在执行过程中根据运行情况来确定，需要重复执行的那部分代码是循环体。

2.3.1 选择结构

选择结构分为单选择、双选择和多选择三种结构形式。双选择是标准的选择结构，单选择可以看成是双选择的简化形式，多选择结构是双选择结构的嵌套形式。

1. 单选择结构

```
if(条件){
    语句块
}
```

执行时先判定条件是否成立，成立时就执行“{”和“}”括起来的语句块，执行完语句块，再执行“}”后面的语句。这里的条件是一个结果为布尔型值的表达式，一般为关系表达式或逻辑表达式，也可以是布尔类型的常量或者变量，所谓条件成立就是表达式的结果为 true。当条件不成立时则跳转到“}”后面并执行其语句。语句块是一条或多条 Java 的合法语句，当只有一条语句时，“语句块”外面的“{”和“}”是可以省略的。执行流程如图 2-2 所示。

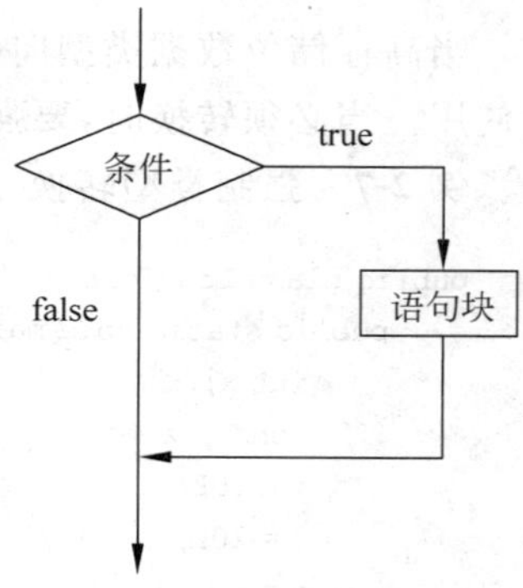

图 2-2 单选择结构

例 2-8 单选择结构

```
public class IfTest {
    public static void main (String argsp[ ]) {
        int a = 18;
        if(a % 3 == 0){
```

```
            System.out.println("a 能被 3 整除");
        }
    }
}
```

2. 双选择结构

```
if (条件)
{
    语句块 A;
}
else
{
    语句块 B;
}
```

执行时先判定条件是否成立，如果条件表达式的结果为true，则执行语句块A，然后跳过else语句执行else"}"后面的语句；如果条件表达式的结果为false，则不执行if语句中的语句块A，而执行else语句中的语句块B，再继续向下执行else"}"后面的语句。执行流程如图2-3所示。

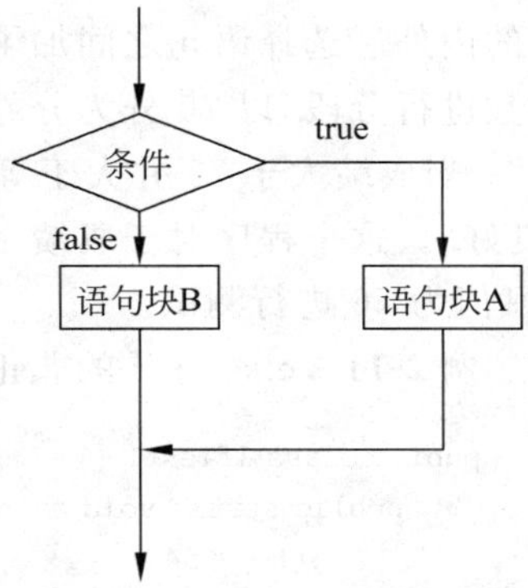

图 2-3 双选择结构

例 2-9 双选择结构

```
public class IfElseTest {
    public static void main (String argsp[ ]) {
     int a = 17;
     if(a % 3 == 0){
         System.out.println("a 能被 3 整除");
     }
     else{
         System.out.println("a 不能被 3 整除");
        }
    }
}
```

上面的例子中，if语句和else语句后面的大括号中只有一条语句，因此大括号是可以省略的，读者可以自行实验。

3. 选择结构嵌套

如果在程序中只用一个单选择结构或双选择结构，是比较简单的。但是很多时候情况比较复杂，需要用到选择结构的嵌套，在嵌套时要注意用大括号分清楚嵌套的层次，否则会引起逻辑混乱，因为编译器将else与距离它最近的if配对。对比下面的两个例题。

例 2-10 else 与 if 的正常搭配

```
public class IfTest {
    public static void main (String argsp[ ]) {
        int s = 76;
```

```
            if(s<=75)
            {
                if(s>=60)
                System.out.println("及格");
            }                                          //注意大括号
            else
            {
                if(s>=90)
                    System.out.println("优秀");
                else
                    System.out.println("良好");
            }                                          //注意大括号

        }
    }
```

这个例子中用到了选择语句嵌套，各个层次之间除了采用缩排结构进行书写外，还在嵌套的内外层选择语句之间加了大括号，使得程序的逻辑结构很清楚。该例完成的功能是对分数进行分段，以 75 分为分界线，当成绩在小于等于 75 并大于等于 60 的情况下，输出“及格”；当成绩大于 75 并大于等于 90 分时输出“优秀”，当成绩大于 75 并小于 90 分则输出“良好”。这个程序对于成绩小于 60 分的没有做处理，即不输出任何信息。读者可以将变量 s 赋值为 56 进行测试。

例 2-11 else 与 if 的非正常搭配

```
public class IfTest1 {
    public static void main (String argsp[]) {
        int s=54;
        if(s<=75)
          if(s>=60)
            System.out.println("及格");
        else//与 if(s>=60)配对
          if(s>=90)
            System.out.println("优秀");
          else
            System.out.println("良好");
    }
}
```

这个例题的结构与上面的例题基本一致，只是将外重选择结构的括号去掉了。由于编译器将 else 与距离它最近的 if 配对，这使得整个程序的逻辑结构发生了很大变化。该程序的执行结果为“良好”，54 分不是良好，程序的结果与目标相去甚远。

从上面两个例子的对比可以看出，当选择结构的语句块只有一条语句时，语句块外面的大括号是可以省略的，但是在选择结构嵌套时，省略大括号要慎重，不恰当的省略会带来很严重的逻辑错误。这一点对于初学者尤其重要。

4. switch 语句

switch 语句是多分支语句，即可以从多个分支中选择一个执行，在结构上比 if 语句嵌套要清晰得多。

switch 语句的格式：

```
switch( 表达式 )
{
  case 值 1: 语句块 1;break;
  case 值 2: 语句块 2;break;
  case 值 3: 语句块 3;break;
  ⋮
  default: 语句块;
}
```

说明：

(1) 表达式的值必须是整型或者字符型数据，并且要与各个语句中 case 之后的常量值类型相同。表达式的值只与 case 之后的常量值做相等比较。

(2) 一个 switch 语句中，可以有任意多个 case 语句，但是每个 case 之后的常量值不能相同。

(3) 当执行到 switch 语句时，首先计算表达式的值，然后依次与下面大括号中 case 语句中的常量值作比较。当找到和表达式值相同的常量值后，将不再继续查找，并以此处作为进入大括号中 case 语句的语句块的入口。

(4) 一般情况下，每个 case 语句的最后是 break 语句，用来从整个 switch 语句中跳出，继续执行 switch 语句后面的语句。如果没有使用 break 语句，则继续执行下面的 case 语句中的语句块，直到遇到 break 语句，或者整个 switch 语句结束。

(5) 当所有 case 语句中的常量值都与表达式的值不相同时，则执行 default 语句中的语句块，如果没有 default 语句，则不执行任何内容。

例 2-12 用 switch 语句实现多分支结构

```
public class SwitchTest {
    public static void main (String argsp[]) {
        char ch = 'B';
        switch (ch) {
          case 'A': System.out.println("85 - 100\n");break;
          case 'B': System.out.println("70 - 84\n");break;
          case 'C': System.out.println("60 - 69\n");break;
          default: System.out.println("0 - 59\n");

        }
    }
}
```

上例中，若去掉第二个 break 语句会有怎样的结果？请读者自行测试。

2.3.2 循环语句

Java 中支持三种循环语句，分别是 for 语句、while 语句和 do-while 语句。

1. for 语句

for 语句的格式：

```
for (exp1; exp2; exp3)
{
    循环体;
}
```

循环体可以是一条或者多条语句。有多条语句时，要用大括号括起来。

exp1：exp1 是循环控制变量初始化的表达式。exp1 可以是多个语句，它们之间要用逗号隔开。exp1 只在循环开始前执行一次。

exp2：是循环控制条件，其结果为布尔型，exp2 可以是布尔类型的常量或者变量、关系表达式或者逻辑表达式。当 exp2 的值为 true 时，继续执行循环体；当 exp2 的值为 false 时，结束循环，执行 for 语句后面的程序。

exp3：作为循环的调整，每次执行完循环体后，都要执行 exp3 改变循环控制变量的值。exp3 可以是多个语句，它们之间要用逗号隔开。

执行 for 语句时，首先执行 exp1，然后判定条件 exp2 是否为 true，若为 true 则执行循环体，执行完后执行 exp3，再检查 exp2 是否为 true，如此反复，直到 exp2 为 false 则跳出循环。执行流程如图 2-4 所示。

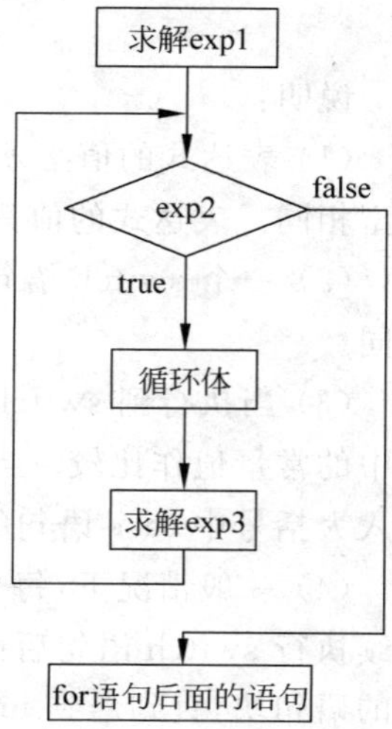

图 2-4 for 语句流程

例 2-13 用 for 语句实现循环

```
public class ForTest {
    public static void main (String argsp[]) {
        for(int i = 1;i < 100;i++){
          if(i % 7 == 0)
          System.out.print(i + " ");
        }
    }
}
```

该程序输出：

```
7 14 21 28 35 42 49 56 63 70 77 84 91 98
```

2. while 语句

while 语句的格式：

```
while ( 表达式 )
{
    循环体;
}
```

表达式是循环控制条件，可以是布尔类型的常量、变量、关系表达式或者逻辑表达式，其结果为布尔型。执行 while 循环时，先判断表达式的值，当表达式的值为 true 时，执行循环体，执行完再检查表达式的值是否为 true；当表达式的值为 false 时，结束循环，执行 while 语句后面的语句。如果 while 语句中表达式的值始终为 true，则循环体会被无数次执行，进入到无休止的“死循环”状态中。执行流程如图 2-5 所示。

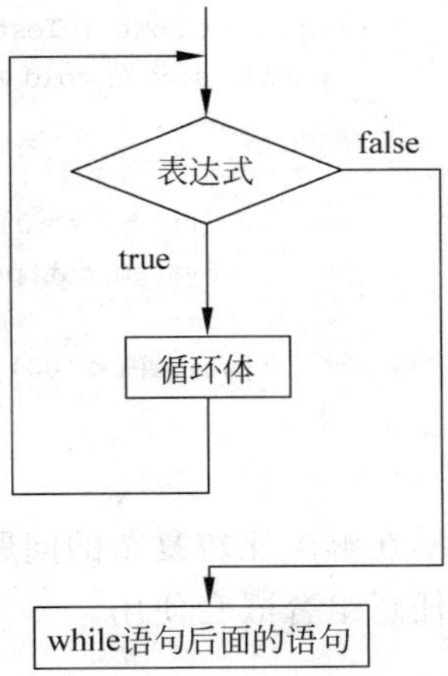

图 2-5 while 语句流程

例 2-14 用 while 语句实现循环

```
public class WhileTest {
    public static void main (String argsp[]) {
        int i = 1;
        while(i<100){
          if(i%7 == 0)
          System.out.print(i+" ");
          i++;

        }
    }
}
```

这个例子是对例 2-10 的改写，也就是用 while 语句可以构造出与 for 语句的执行流程完全等效的结构。所不同的是 int i=1 在 for 语句中作为 exp1 出现，而使用 while 语句，它要放在 while 循环语句的前面。还有 i++要作为 while 循环体中的语句。

3. do-while 语句

do-while 语句的格式：

```
do
{
  循环体;
}
while (表达式);
```

其中表达式及循环体同 while 语句中的表达式和循环体。要注意，在 do-while 形式中，while(表达式)后边要有分号，而在 while 形式中，则不需要分号。

执行 do-while 语句时，先执行 do-while 语句的循环体，然后判断表达式的值。如果值为 true，则再次执行循环体，然后再次计算表达式的值，如果值是 true，则继续执行循环体，如此反复循环下去。当表达式的值为 false 时，则不再执行循环体，循环结束，执行 do-while 语句后面的语句。执行流程如图 2-6 所示。

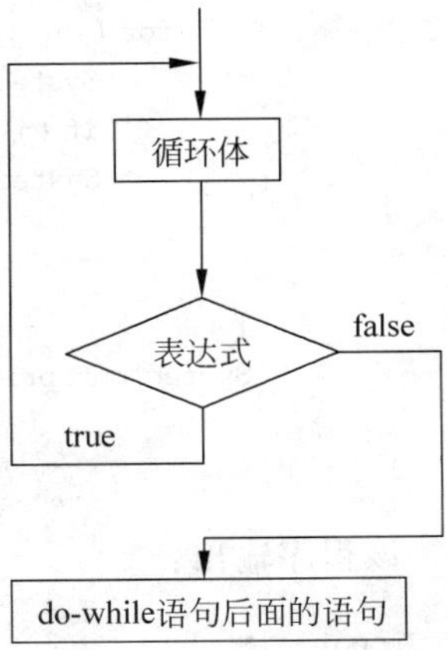

图 2-6 do-while 语句流程

由于 do-while 语句先执行循环体再判断条件，所以循环体至少执行一次。其他方面 do-while 语句和 while 语句没有本质的区别，在大多数情况下可以互相代替。

例 2-15 用 do-while 语句实现循环

```
public class DoWhileTest {
    public static void main (String argsp[ ]) {
        int i = 1;
        do{
          if(i % 7 == 0)
          System.out.print(i + " ");
          i++;
        }while(i < 100);
    }
}
```

在解决比较复杂的问题时，往往需要用到多重循环的嵌套。三种循环语句可以根据需要任意组合嵌套使用。

2.3.3 跳转语句

1. break 语句

break 语句的格式：

```
break 标号;
```

break 语句通常用在循环语句和 switch 语句中，后面可以跟标号，也可以不跟。如果没有标号，它的作用是使程序跳出当前循环或 switch 语句；如果有标号，则跳出标号所代表的程序段。如多重循环嵌套时，可以通过带标号的 break 语句跳出标号所代表的循环。在循环语句中，break 语句一般与 if 语句一起使用，满足一定条件时跳出循环。

例 2-16 未带标号的 break 语句

```
public class BreakTest0 {
    public static void main (String argsp[ ]) {
        for(int i = 0;i < 4;i++) {
            System.out.println("Loop1");
            for (int j = 0;j < 4;j++) {
                System.out.println(" " + i + " " + j);
                if (j == 1) break;
                System.out.println("Loop2");
            }

        }
        System.out.println("Out of all loops");
    }
}
```

该程序输出：

```
Loop1
0 0
Loop2
```

```
0 1
Loop1
1 0
Loop2
1 1
Loop1
2 0
Loop2
2 1
Loop1
3 0
Loop2
3 1
Out of all loops
```

在本例中，因为 break 语句在内循环中，因此当执行 break 语句时只是跳出内层循环。另外，break 语句与 if 语句配合使用，当条件成立时才执行 break 语句。

例 2-17 带标号的 break 语句

```
public class BreakTest {
    public static void main (String argsp[ ]) {
L2:     for(int i = 0;i < 4;i++) {
            System.out.println("Loop1");
            for (int j = 0;j < 4;j++) {
               System.out.println(" " + i + " " + j);
               if (j == 1) break L2;
               System.out.println("Loop2");
               }


        }
        System.out.println("Out of all loops");
    }
}
```

该程序输出：

```
Loop1
0 0
Loop2
0 1
Out of all loops
```

通过这个例子说明，在加了标号以后，很容易将程序从嵌套循环的最内层跳转出来，即可以将程序从 break 语句处跳转到标号标记的循环外。

2. continue 语句

continue 语句的格式：

```
continue 标号;
```

continue 语句只是用在循环体内。后面可以跟标号，也可以不跟。如果没有标号，它的作用是使程序结束 continue 语句所在的循环中的本次循环，并立即开始下一次循环；如果有标号，则结束由标号所标记的那一层循环中的本次循环，并立即开始下一次循环。

例 2-18 带标号的 continue 语句

```
public class ContinueTest {
    public static void main (String argsp[]) {
L2:   for(int i = 0;i < 4;i++) {
          System.out.println("Loop1");
          for (int j = 0;j < 4;j++) {
              System.out.println(" " + i + " " + j);
              if (j == 1) continue L2;
              System.out.println("Loop2");
              }

          }
          System.out.println("Out of all loops");
    }
}
```

该程序输出结果：

```
Loop1
0 0
Loop2
0 1
Loop1
1 0
Loop2
1 1
Loop1
2 0
Loop2
2 1
Loop1
3 0
Loop2
3 1
Out of all loops
```

该例中使用了带标号的 continue 语句，使程序结束了外层循环的本次循环。读者可以去掉标号测试程序运行结果并进行分析。

2.3.4 综合举例

1. 求两个自然数的最小公倍数

两个自然数的最小公倍数一定是大于等于两数之中的大者，故先求两数之中的最大者。然后从最大者的数值开始递增去找能同时被两个数整除的数，一旦找到立即停止，该数就是两数的最小公倍数。

例 2-19 求 9 和 12 的最小公倍数

```
public class LeastCommonMultiple {
    public static void main (String argsp[ ]) {
        int a,b,c;
        a = 9;
        b = 12;
        if(a > b)
          c = a;
        else
          c = b;
        for(int i = c;i <= (a * b);i++) {
          if((i % a == 0)&&(i % b == 0)){
              System.out.println("最小公倍数为" + i);
              break;
          }
        }
    }
}
```

该程序输出结果：

```
最小公倍数为 36
```

2. 打印九九乘法表

九九乘法表一共九行，第 1 行 1 列，第 2 行 2 列，依次类推，第 i 行 i 列。因此该程序要用到两重循环嵌套，外层循环控制行数，内存循环控制本行的列数。

例 2-20 打印九九乘法表

```
public class MultiplicationTable {
public static void main (String argsp[ ]) {
    for(int i = 1;i <= 9;i++) {
        for(int j = 1;j <= i;j++)
            System.out.print(i + " * " + j + " = " + i * j + " ");
            System.out.println();
        }
    }
}
```

该程序输出结果：

```
1 * 1 = 1
2 * 1 = 2  2 * 2 = 4
3 * 1 = 3  3 * 2 = 6  3 * 3 = 9
4 * 1 = 4  4 * 2 = 8  4 * 3 = 12  4 * 4 = 16
5 * 1 = 5  5 * 2 = 10  5 * 3 = 15  5 * 4 = 20  5 * 5 = 25
6 * 1 = 6  6 * 2 = 12  6 * 3 = 18  6 * 4 = 24  6 * 5 = 30  6 * 6 = 36
7 * 1 = 7  7 * 2 = 14  7 * 3 = 21  7 * 4 = 28  7 * 5 = 35  7 * 6 = 42  7 * 7 = 49
8 * 1 = 8  8 * 2 = 16  8 * 3 = 24  8 * 4 = 32  8 * 5 = 40  8 * 6 = 48  8 * 7 = 56  8 * 8 = 64
9 * 1 = 9  9 * 2 = 18  9 * 3 = 27  9 * 4 = 36  9 * 5 = 45  9 * 6 = 54  9 * 7 = 63  9 * 8 = 72  9 * 9 = 81
```

由于本章内容与C语言很类似，所以没有展开叙述。如果读者有C语言的基础，那么这里只要注意与C语言的不同之处就可以了，本章的内容也就足够了。如果是初学者，那么在学习完本章的内容后，需要多做一些编程练习，可以在掌握了本章中例题的基础上，进行模仿，多写程序，以此达到掌握本章内容的目的。

习题 2

1. 选择题

(1) 下面(　　)不是Java关键字。

A. TRUE　　B. const　　C. super　　D. void

(2) 下面的标识符(　　)是不正确的。

A. _xy　　B. $xh3　　C. for　　D. xy_2

(3) 在switch(表达式)语句中，表达式的值应该是(　　)。

A. 整数值　　B. 字符值

C. 布尔逻辑值　　D. 整数或字符值

(4) 在if(表达式)语句中，表达式的值应该是(　　)。

A. 任意整数值　　B. 字符串　　C. 布尔逻辑值　　D. 非零值

(5) 将字符A(码值为65)赋值给char型变量x的语句中不正确的是(　　)。

A. x='\u0041';　　B. x=A;　　C. x=0X41;　　D. x=65;

(6) 有如下变量声明：boolean b;，下面赋值语句正确的是(　　)。

A. b=true;　　B. b=True;　　C. b="true";　　D. b=1;

(7) 定义变量int x=4;，则表达式x/5*6的结果是(　　)。

A. 6　　B. 0　　C. 4.8　　D. 5

(8) 下列赋值不正确的有(　　)。

A. float c=3.14;　　B. byte a=200;

C. char c="a";　　D. boolean b=null;

2. 填空题

(1) 设有字符串s1="Hello"和s2="World"，s1+s2的结果为________。

(2) 设有字符串s1和s2，分别赋值如下：s1="java";s2="语言";，把这两个字符串用一条输出语句输出，该语句是________。

3. 编程题

(1) 设定一个变量代表月份，根据变量值输出该月份代表的季节(春季、夏季、秋季、冬季)。

提示：使用switch语句。

(2) 比较两个数的大小，按照从小到大的顺序输出。

(3) 输出10～50之间所有能被3整除的数。

(4) 求两个自然数的最大公约数。

(5) 编程输出如下图形：

```
    *
   * * *
  * * * * *
 * * * * * * *
* * * * * * * * *
```

(6) 按照日历格式(每列从星期日到星期六,每行输出七天日期)输出本年度任意一个月的日历。

第3章 面向对象程序设计基础

Java 作为一种纯粹的面向对象程序设计语言，程序构成具有鲜明的特征。本章介绍 Java 的类定义、创建对象以及创建对象对应的内存状态，方法以及方法重载，封装特性、继承特性及其应用，构造器及其使用，变量的作用域，包的定义及使用等内容。本章内容是面向对象编程的基础，也是后续章节的基础。

3.1 类与对象

3.1.1 类与对象的概念

1. 对象(object)

在现实世界中，人们面对的所有事物都可以称为对象，对象是构成现实世界的一个独立的单位，具有自己的静态特征(属性)和动态特征(方法)，例如，一辆轿车、一个人、一棵树、一座房子等等。在 Java 语言中，对象是由数据以及对数据进行操作的方法组成的，是对现实世界中事物的抽象描述。对象是面向对象程序设计的核心，也是程序的主要组成部分。一个程序实际上就是一组对象的组合。

2. 类(class)

类是具有相同数据格式(属性)和相同操作功能(方法)的对象的集合与抽象。一个类是对一类对象的描述，是构成对象的模板，对象是类的具体实例。类就相当于一个玩具模子，如一个金鱼形状的模子，用这个玩具模子做出一个金鱼玩具，就相当于对类进行一次实例化并产生了一个对象，用这个模子可以做出多个金鱼玩具，也就是对一个类进行多次实例化，产生多个对象。由于这些玩具金鱼是由一个模子做出来的，所以它们外貌相同，同样这些对象是由同一个类实例化产生的，它们具有相同的数据格式和相同的操作功能，它们是同一个类型的。因此，Java 中的一个类就是一种数据类型，相对于基本数据类型，类属于参考数据类型。

3. 面向对象的特征

面向对象的基本特征是封装、继承、多态。

封装具有两层含义：①把对象的全部属性和对数据的操作(方法)封装在一起，形成一个整体——对象；②隐蔽信息，即尽可能隐蔽对象的内部细节，对外形成一个屏障，只保留有限的接口使之与外界发生联系。这样可以极大地保证内部数据的安全性，可以避免外部环境对内部数据的侵扰和破坏。

继承是指一个类拥有另一个类的数据和操作。被继承的类称为父类，继承了父类的数据和操作的类称为子类。通过类的继承，可以实现程序代码的重复使用，使得程序结构清晰，降低编程和维护的工作量。

Java 只支持单重继承，不支持多重继承，即一个子类只能有一个父类，但一个父类可以有多个子类，这样使得 Java 的继承层次形成了树状结构。单重继承使得程序结构变得简单，对于一些复杂的现实问题，当用单重继承不能解决时，Java 可以通过实现接口的方式来弥补单重继承的不足，以达到解决复杂问题的目的。

多态是指程序的多种表现形式，是面向对象程序设计代码重用的一个重要机制。Java 中的多态分为方法多态和变量多态，方法多态分为方法重载和方法覆盖。

3.1.2 类的定义和使用

1. 类的定义

类定义的格式：

```
class 类名{
  类体
}
```

其中，class 是类定义的关键字，注意是小写的。类名是一个符合 Java 语法的标识符。类名后面是由一对大括号括起来的类体。类体包括两部分内容：一是变量，二是方法。类中的变量通常称为成员变量，以区分方法中的变量。成员变量代表属性、数据，又称为域(field)，成员变量的类型可以是任意 Java 允许的类型，包括基本数据类型和参考数据类型。方法是对数据的操作。一个类可以只有成员变量或只有方法，也可以两者都有或都没有。

例如：

```
class BirthDay {
    int year,month,day;
}
```

这里定义了一个类 BirthDay，这个类比较简单，只有三个成员变量，没有方法。三个成员的变量均为 int 型。

2. 类的使用

1) 定义某变量为该类型

当一个类定义 BirthDay 之后，就相当于一种新的数据类型产生了，就可以把某个(些)变量定义为该类型。例如：

```
BirthDay Tombth,Marybth;
```

这里定义了两个变量 Tombth 和 Marybth，都是 BirthDay 类型的，都属于参考类型变量。

2）创建对象

类定义之后，可以通过实例化产生对象，这个过程又称为创建对象。

创建对象的格式：

```
new 类名()
```

使用 new 创建对象，后面跟着类名并且其后要跟一对空的圆括号。例如，可以通过 new BirthDay()创建上面定义的类 BirthDay 的对象。

3）赋值

可以将创建的对象给同一类型的参考类型变量赋值。例如：

```
Tombth = new BirthDay();
Marybth =  new BirthDay();
```

每个赋值语句都是先创建对象再赋值。

4）成员变量的使用

在赋值后，就可以通过相应的参考类型变量对对象的成员变量进行访问了。

成员变量的使用格式：

```
变量.成员变量
```

变量和成员变量之间用"."隔开。

例如：

```
Tombth.year = 1999;
Marybth.year = 2000;
```

由于前面的赋值，Tombth 指向一个特定的对象，用 Tombth 作为前导来指明当前这个成员变量是哪个对象的，用 Marybth 作为前导是同样的道理。上面两个赋值语句可以理解为 Tom 的出生年份为 1999，而 Mary 的出生年份为 2000。

3. 一个完整的例子

例 3-1 类的定义和使用

```
//BirthDay.java,一个类的使用的例子
class BirthDay {
    int year,month,day;
}
public class BirthTest{
    public static void main (String argsp[]) {
        BirthDay Tombth,Marybth;
        Tombth = new BirthDay();
        Marybth = new BirthDay();
        Tombth.year = 1999;
        Tombth.month = 9;
        Tombth.day = 10;
        Marybth.year = 2000;
        System.out.println("Tom was born in" + Tombth.year);
```

```
        System.out.println("Mary was born in" + Marybth.year);
    }
}
```

程序输出结果：

```
Tom was born in 1999
Mary was born in 2000
```

3.1.3 源文件构成及命名

例 3-1 中的程序由两个类构成一个 Java 源文件。Java 的程序构成、源文件命名以及类的关系如下。

(1) 一个程序中由一个或多个类构成，这些类可以放在同一个源文件中，也可以放在不同文件中，编译后每个类都会对应一个 class 文件，该 class 文件主名与类名相同。

(2) 如果一个源文件中各个类前面都没有 public 修饰符修饰，源文件主名可以任意取。

(3) 如果一个源文件中某个类前面有 public 修饰符，则文件名必须与 public 修饰的类同名，但一个源文件中最多只能有一个类被 public 修饰。

(4) 对于可以独立运行的 Java Application 程序，在命令行中通过"java 主类名"执行，这里主类是包括 main()方法的类，该方法是程序的入口，且类名后不能带后缀.class。

3.1.4 基本类型与参考类型变量的区别

Java 中的数据类型，除了八种基本数据类型外，其他都是参考数据类型。为了更好地处理这两大类不同类型的数据，不能只停留在代码层面，要清楚这些数据在内存中是如何存放的，这样才能更透彻地理解不同的数据类型，避免在操作中出现错误。

1. 基本数据类型

当声明一个变量是基本类型后，系统根据该类型占据的内存空间大小分配空间，当赋值时，相应的值将放到对应的内存空间中去。

例如，有以下代码：

```
int x,y;
x = 10;
y = 20;
y = x;
```

代码执行时相应的内存情况如下所示。

1) 执行"int x,y;"语句

int 类型的数据宽度为 32 位二进制位，当执行变量定义语句时，系统分别分配了两份 32 位空间，一份空间取名为 x，另一份空间取名为 y。以后对这两份空间的操作就可以通过变量名 x 和 y 进行，如图 3-1 所示。

2) 执行"x=10; y=20;"语句

将 10 赋值给变量 x，就是把 10 的二进制值写入到 x 对应的 32 位空间中，把 20 的二进制值写入到 y 对应的 32 位空间中，如图 3-2 所示。

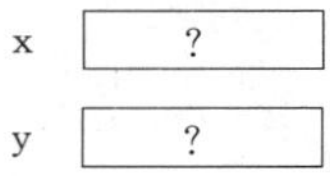

图 3-1 基本数据类型变量定义

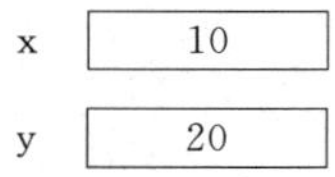

图 3-2 基本数据类型变量赋值

3）执行“y=x;”语句

该语句把 x 对应的空间中的数据拷贝一份写入到 y 对应的空间，y 对应空间中原来的数据被覆盖。变量 x 和 y 对应的空间中存放的数据都是 10，如图 3-3 所示。

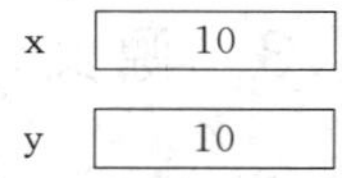

图 3-3 执行“y=x;”语句

2. 参考数据类型

Java 中除了基本数据类型的数据，其他任何东西都看作对象，即都是参考数据类型的数据。对象是通过句柄来操纵的，所谓句柄就是参考数据类型的标识符。例 3-1 中的 Tombth 和 Marybth 就是句柄。当定义了参考类型的变量，也就产生了句柄，如：

```
BirthDay Tombth,Marybth;
```

只是这时的句柄还没有指向任何一个对象，这时它是空的，具有默认值 null。经过赋值后句柄就指向了特定的对象，如“Tombth=new BirthDay();”这个语句执行后，句柄 Tombth 指向了一个 BirthDay 的对象。句柄又称为“引用”。下面仍然以例 3-1 为例，通过内存中的变化来进一步说明。

1）执行“BirthDay Tombth,Marybth;”语句

定义两个参考类型的变量，系统要为这两个变量分配内存空间，这和基本数据类型变量定义是一样的。不同的是基本数据类型的变量是根据数据类型来决定变量所占空间大小的，而参考类型的变量不管它们是哪种类的对象，给它们分配的空间都是一样的，即每个参考类型变量在定义时都分配 32 位。这是因为参考类型变量是句柄，是用来存放地址值的，Java 中地址值要占 4 个字节，即 32 位。

这时为两个变量分配了空间，这两个空间中并没有存放数据，因为还没有赋值，如图 3-4 所示。

2）执行“Tombth=new BirthDay();”和“Marybth=new BirthDay();”语句

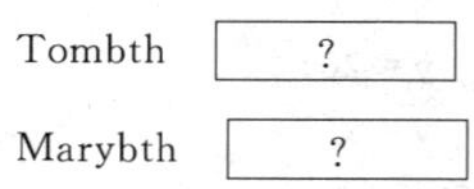

图 3-4 参考类型变量定义

执行“Tombth=new BirthDay();”语句，赋值语句先进行赋值号右边的计算，然后再赋值。赋值号右边是创建对象，创建对象的实质是为对象分配内存空间，空间大小能容纳对象中的所有内容，由系统对对象所占内存的空间进行计算。类 BirthDay 中只有三个 int 型变量，每个变量占 32 位，很容易计算出 BirthDay 的对象所占空间大小。创建对象后就赋值，就是把该对象所占内存空间的首地址值赋值给 Tombth，这样句柄 Tombth 指向了这个对象，实际上是记下了这个对象所占空间的首地址值。由此看来，Java 中的句柄和 C 语言中的指针变量在概念上是一样的，都是

存储的地址值，但不同的是Java中的句柄不能像C语言中的指针变量那样通过运算来移动指针的位置。虽然失去了一些灵活性，但是提高了安全性。

地址值可以通过在“Tombth=new BirthDay();”语句后面加“System.out.println("Tombth"+Tombth);”输出。执行“Marybth=new BirthDay();”是同样的道理。

成员变量在对象创建后有默认值，整数类型的成员变量的默认值为0，如图3-5所示；字符类型的成员变量的默认值为空格；布尔型的成员变量的默认值为false；参考类型的成员变量的默认值为null。这些都可以在赋值语句后面加输出语句进行测试。如，在“Tombth=new BirthDay();”后面加“System.out.println("Tom was born in"+Tombth.year);”，此时输出Tom was born in0。

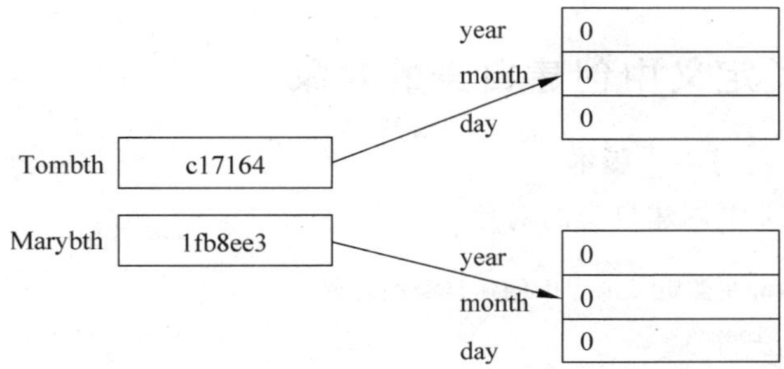

图3-5 参考类型变量赋值

3）执行“Tombth.year=1999; Tombth.month=9; Tombth.day=10; Marybth.year=2000;”语句

要对对象中的成员变量进行访问，需要用句柄引导。实质上先从句柄对应的空间中取出对象的地址值，由该地址值找到该对象，然后访问对象中的成员变量，如图3-6所示。

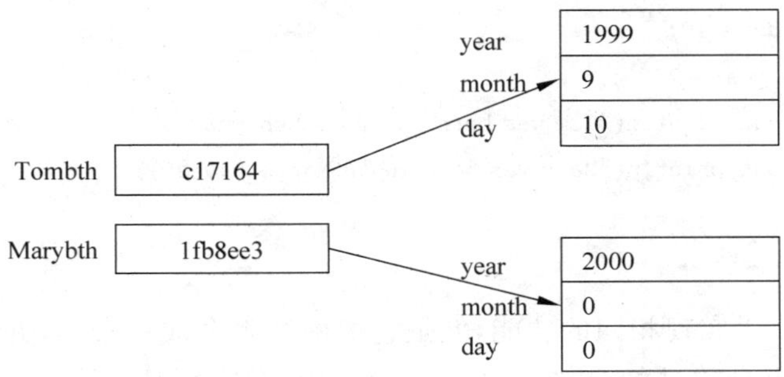

图3-6 访问成员变量

4）执行“Marybth=Tombth;”语句

如果在前面操作的基础上再执行该语句，则Marybth和Tombth指向同一个对象，如图3-7所示。

经过这次重新赋值后，Marybth原来指向的对象就没有句柄指向它，这块内存就变成了“垃圾”，即不会再用这个对象了。由于Java具有自动垃圾回收机制，这块内存会被负责垃圾回收的程序自动回收，不需要程序员处理，省去了程序员的很多麻烦，同时也提高了安全性。这一点是C语言不具备的。

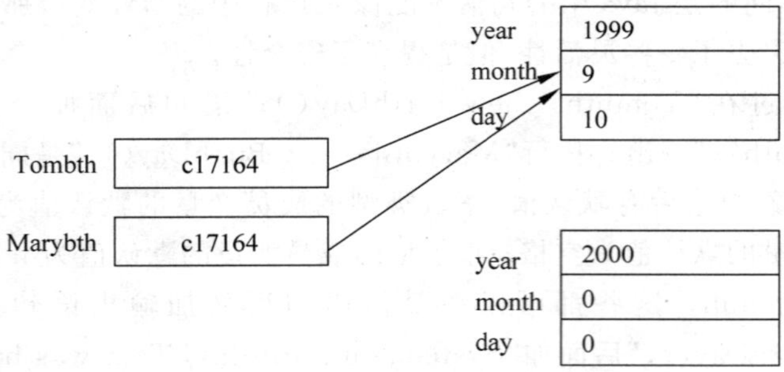

图 3-7 参考类型变量再赋值

3.1.5 在类定义中创建自身的对象

下面给出例 3-1 的另一个版本。

例 3-2 在类定义中创建自身的对象

```
// BirthTest1.java,在类定义过程中创建自身的对象
public class BirthTest1{
    int year,month,day;
    public static void main (String argsp[]) {
        BirthTest1 Tombth,Marybth;
        Tombth = new BirthTest1();
        Marybth = new BirthTest1();
        Tombth.year = 1999;
        Tombth.month = 9;
        Tombth.day = 10;
        Marybth.year = 2000;
        System.out.println("Tom was born in " + Tombth.year);
        System.out.println("Mary was born in " + Marybth.year);
    }
}
```

这个程序与例 3-1 实现相同的功能，但是它把两个类合成一个类，并且在类 BirthTest1 定义过程中创建了自身的对象，这在语法上是合法的，有些情况下是需要这样的。但就这个例子而言，还是提倡用例 3-1 的写法。尽量让主类独立出来，让主类主要承担程序入口的功能，这样能使得程序结构更加清晰。特别是初学者一开始要养成良好的习惯。

3.2 方法

就一个对象而言，仅仅有成员变量是不够的，因为对象是由数据以及对数据进行操作的方法构成的，这是面向对象的封装特性决定的。方法是类的动态特性，一个类可以有多个方法，表示该类所具有的功能和操作。通过方法就可以访问对象中的成员变量。

3.2.1　方法的定义和调用

1. 方法定义

```
返回值　方法名　(参数){
    方法体;
}
```

与C语言的函数定义一样,方法定义也分为方法头部和方法体两部分。方法头部包括返回值、方法名和参数,方法体是由一对大括号括起来的Java语句块。

返回值可以是基本数据类型,也可以是参考数据类型,具体是哪种类型取决于在方法体中通过return语句返回的数据的类型。当没有返回数据时,即方法体中没有return语句或return后面没有数据,则方法的返回类型为void。方法名是合法的Java标识符就可以,但是取名时尽量做到见名知意,以增加程序的可读性。Java类库中给出的方法名具有这样的风格:方法名用单词序列命名,当然这些单词简要说明了该方法的功能,并且首单词全部小写,后面的单词首字母大写。当然这只是风格,不是必须的,读者可以效仿。参数由一对圆括号括起来,可以没有参数,但是圆括号不能省略;参数可以有多个,多个时可以用逗号分隔。每个参数都要说明其类型。方法定义时的参数称为形参。

方法体是对实现一定功能的算法的描述,一般包括变量定义和其他Java语句。方法中定义的变量称为局部变量。在进行方法定义时,尽量使得一个方法只实现一个功能,避免超过一个以上的功能,也就是说在同一个类中对数据的操作尽量细化,这样设计出程序结构清晰,符合结构化程序设计的思想。

分析例3-1,定义了类BirthDay,其中有三个成员变量year、month、day,没有定义方法。在主类中创建了BirthDay的两个对象,这两个对象中的成员变量都进行了赋值操作和输出成员变量的值的操作。可以在定义类BirthDay时,把这两个操作定义成方法,那么在主类中就不必写那么多语句了。

例3-3　方法的定义

```
//BirthTest2.java,定义方法
class BirthDay {
    int year,month,day;
    void setBirthDay(int y,int m,int d){
        year = y;
        month = m;
        day = d;
    }
    String showBirthDay(){
      return("BirthDay(yy/mm/dd): " + year + "," + month + "," + day);
    }
}
public class BirthTest2{
    public static void main (String argsp[]) {
        BirthDay Tombth,Marybth;
        Tombth = new BirthDay();
```

```
            Marybth = new BirthDay();
            Tombth.setBirthDay(1999,9,10);
            Marybth.setBirthDay(2000,8,25);
            System.out.println("Tom'BirthDay: " + Tombth.showBirthDay());
            System.out.println("Mary'BirthDay: " + Marybth.showBirthDay());
        }
    }
```

程序运行结果：

```
Tom'BirthDay: BirthDay(yy/mm/dd): 1999,9,10
Mary'BirthDay: BirthDay(yy/mm/dd): 2000,8,25
```

在例 3-3 中，根据 BirthDay 中对数据的操作分析，分别定义了 setBirthDay 和 showBirthDay 方法。前者通过形参给成员变量赋值，没有 return 语句，因此函数返回类型为 void。后者没有赋值的要求，因此不需要参数，但需要返回三个成员变量的值，在返回时把它们连接成了一个字符串，并把该字符串通过 return 语句返回，因此该方法的返回值类型为 String。在 Java 中可以将字符串和其他类型的数据通过"＋"连接成一个字符串，在连接时，其他类型的数据自动转换成字符串。如，year、month、day 都是整型，在连接时把它们的值都转换成了字符串。

2. 方法调用

使用方法跟使用成员变量一样，也可以通过句柄访问。

在例 3-3 的主类 BirthTest2 中，创建了两个 BirthDay 的对象并分别由句柄 Tombth 和 Marybth 指向。通过句柄 Tombth 调用方法 setBirthDay(1999,9,10)，注意句柄和方法之间也是用"."分隔。该方法在调用时圆括号里给出的参数称为实参，实参的个数和类型要跟形参匹配，方法调用才能成功。这里的实参是三个整形的常量值，跟形参是匹配的。

另外，同一个类中的多个方法之间可以互相调用。

例 3-4　方法之间的调用

```
class BirthDay1 {
    int year,month,day;
    void setBirthDay(int y,int m,int d){
        year = y;
        month = m;
        day = d;
    }
    String showBirthDay(){
      return("BirthDay(yy/mm/dd): " + year + "," + month + "," + day);
    }
    void printBirthDay(){
      System.out.println("BirthDay: " + showBirthDay());
    }
}
```

在类 BirthDay1 中，定义了三个方法，并且在 printBirthDay()中调用了 showBirthDay()，同一个类中的方法可以直接调用，不需要加句柄引导。

3.2.2 方法参数的传递

Java 中方法的参数分为形参和实参，形参可以是基本数据类型或参考数据类型的变量，实参可以是相应形参类型的常量、变量或表达式。在方法调用过程中，系统首先把实参的值传递给被调用的方法的形参，或者说，形参从实参得到一个值。基本数据类型的形参得到的是一个相应类型的数据值，而参考数据类型的形参得到的是一个地址值。具体看下面程序的执行过程中内存中的变化。

例 3-5 方法中传递参数

```
class BirthDay {
    int year,month,day;
}
class ParamTest{
    void test(BirthDay b1,BirthDay b2,int nn){
        b1.day = nn;
        nn = 26;
        b2 = new BirthDay();
        b2.day = 10;
    }
    public static void main (String argsp[ ]) {
        int n = 10;
        BirthDay bth1 = new BirthDay();
        BirthDay bth2 = new BirthDay();
        bth1.day = 1;
        bth2.day = 2;
        System.out.println("before test: ");
        System.out.println(bth1.day);
        System.out.println(bth2.day);
        System.out.println(n);
        ParamTest pt = new ParamTest();
        pt.test(bth1,bth2,n);
        System.out.println("after test: ");
        System.out.println(bth1.day);
        System.out.println(bth2.day);
        System.out.println(n);
    }
}
```

程序执行分析如下。

(1) 执行初始化语句

执行由“int n=10;”到“bth2.day=2;”的语句，由前面关于类的使用相关知识很容易得出这段代码执行后内存中的状态，如图 3-8 所示。

该段代码执行后，后面的三条输出语句将 bth1.day、bth2.day 和 n 的值分别输出，输出的值分别是 1、2 和 10。输出结果与内存状态吻合。

(2) 执行“pt.test(bth1,bth2,n);”语句实现参数赋值

在 main()方法中调用 test()方法，虽然两个方法属于同一个类，但要在 test()方法前加

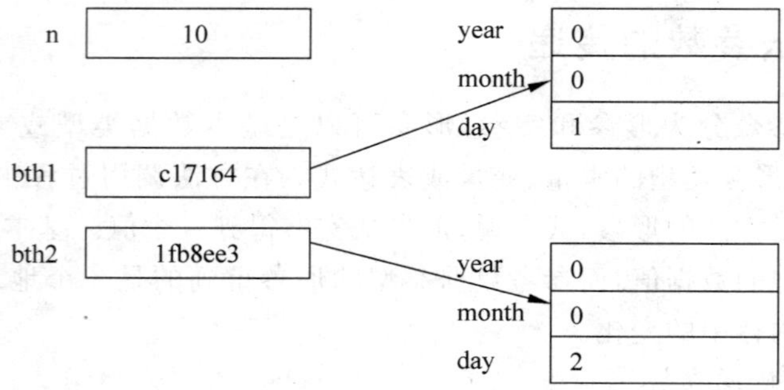

图 3-8 参数传递前的内存状态

句柄作为前导。方法调用开始执行，先确定实参和形参是否匹配，即确定参数的个数和类型是否匹配。test()方法在定义时，有三个形参，类型分别是 BirthDay、BirthDay、int。调用方法 test()时给定该方法三个实参，类型分别与三个形参匹配。然后是把实参值传递给形参，即 bth1、bth2、n 分别把值传递给 b1、b2、nn，前面两个参数都是参考类型，传递的是地址值，第三个是 int 型的，传递的是整数值 10。其实不管哪种类型，实质上都是相同的，都是把实参对应的内存中的数据复制到形参中，之所以参考类型的参数传递的是地址，那是因为参考类型的实参中存的就是地址值，这一点通过图 3-8 可以验证。参数值传递后，b1 与 bth1 指向了同一个对象，b2 与 bth2 指向了同一个对象，如图 3-9 所示。

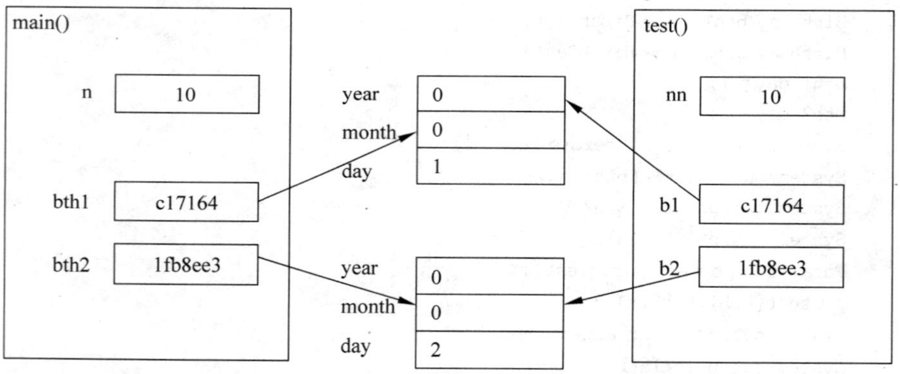

图 3-9 参数传递后的内存状态

(3) 执行“pt.test(bth1,bth2,n);”方法体

执行“b1.day=nn;”语句，把 nn 的值 10 赋值给 b1.day，b1 指向的对象是在 main()创建的。

执行“nn=26;”语句，nn 是 test()中的形参，是在 test()中建立的，26 取代了 nn 中原来的值 10。

执行“b2=new BirthDay();”语句，在 test()中新创建一个 BirthDay 的对象，这个新对象所占空间的地址值是 61de33，通过赋值操作，这个新的地址值取代了 b2 原来的地址值 1fb8ee3，即 b2 指向了这个新对象。

执行“b2.day=10;”语句，给 b2 指向的对象中 day 赋值，这个对象是在 test()中新建立的。

当 test()方法体执行完后，程序的流程又回到了 main()。这时 test()中的形参也完成了它们的使命,消失了,只有 main()定义的变量和创建的对象。变量保持调用 test()之前的原值,但是对象的成员变量的值被改动过,即 bth1 指向的对象的 day 值为 10; bth1 指向对象的其他成员变量没有改动过,保持原值不变; bth2 指向对象的成员变量没改动过,仍保持原值; n 的值仍为 10,因为在 test()中改变的是 nn,n 不受影响。test()方法体执行完后的输出结果分别是 10、2、10,如图 3-10 所示。

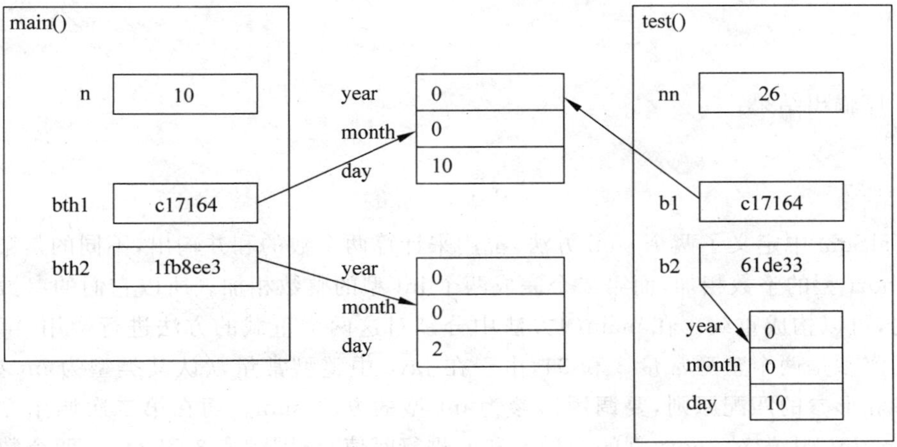

图 3-10 执行 test()方法体后的内存状态

3.2.3 方法的重载

在 Java 中,重载是指在同一个类中可以定义两个或两个以上名字相同的方法,但这些方法的参数必须不同。方法重载是 Java 实现多态的一种形式。当调用某个重载的方法时,Java 会根据参数的类型、个数和顺序的不同,调用与之相符的方法。因此,要构成方法重载必须满足如下条件。

(1) 重载的方法在同一个类中,方法名相同。

(2) 方法的参数类型、个数、顺序至少有一个不同。

方法的返回类型可以相同或不相同; 方法的修饰符可以相同或不相同,都不影响方法重载。

方法重载可以使同一个类中功能相似但具体实现细节不同的方法具有相同的外观(相同的名字),便于程序员起名,也便于调用者调用。

例 3-6 方法的重载 1

```
class CalSum{
    void sum(short i,short j)
    {
        System.out.println("short: " + (i + j));
    }
    void sum(int i,int j)
    {
        System.out.println("int: " + (i + j));
    }
```

```
}
public class SumTest{
    public static void main(String args[ ]){
        CalSum cs = new CalSum();
        cs.sum(3,34);
        short x = 3,y = 34;
        cs.sum(x,y);
    }
}
```

该程序输出结果：

```
int: 37
short: 37
```

类 CalSum 中定义了两个 sum 方法，都用来计算两个数的和并输出，不同的是第一个完成两个 short 型的整数相加，而第二个完成两个 int 型的整数相加。所以它们的参数类型是不一样的，可以构成重载。在 main()方法中分别对这两个重载的方法进行调用，第一次调用给出的实参是两个整型常量 3 和 34，由于在 Java 中整型常量默认其类型为 int 型，所以根据实参和形参的匹配原则，要调用形参为 int 型的方法 sum。而在第二次调用方法 sum 之前，在 main()中先对 short 型的变量 x 和 y 进行赋值，分别赋值 3 和 34，这两个数数值比较小，在 short 型的变量中能存下，所以该赋值合法。赋值后用 x 和 y 作为实参调用方法 sum，因为 x 和 y 是 short 型的，所以要调用形参也是 short 型的方法 sum。因此，重载的方法是根据参数的不同进行区分调用的，在本例中是通过参数的类型的不同进行区分的。程序的运行结果证明了以上分析。

例 3-7 方法的重载 2

```
class CalSum1{
    void sum()
    {
        System.out.println("Nothing!");
    }
    void sum(int i,int j)
    {
        System.out.println("int: " + (i + j));
    }
}
public class SumTest1{
    public static void main(String args[ ]){
        CalSum1 cs = new CalSum1();
        cs.sum(3,34);
        short x = 3,y = 34;
        cs.sum(x,y);
    }
}
```

该程序输出结果：

```
int: 37
```

```
int: 37
```

本例中,类 CalSum1 中的第一个 sum 方法没有参数,第二个 sum 方法两个参数都是 int 型,因此这两个方法是通过参数的个数不同进行区分的。在 main()中第一次调用 sum 方法给的实参是整数值,跟上面例子一样,不再解释。而第二次调用 sum 方法时,实参是 short 型的两个变量 x 和 y。虽然 CalSum1 中没有形参为 short 型的 sum 方法,但调用仍然成功,此时调用的是 int 型形参的 sum 方法。有读者可能会问,实参是 short 型,形参是 int 型,类型不一样,怎么能调用呢?这是因为方法调用时首先是将实参的值传递给形参,这里的传递类似于赋值操作,而且是低存储位数据类型(short)向高存储位数据类型(int)赋值,这期间的类型转换符合基本数据类型的自动转换规则。因此,基本数据类型的自动转换规则对于参数传递仍然适用,实参传递给形参,实质上就是实参为形参赋值。

读者可以继续修改例 3-7,把带参数的 sum 方法的参数改为 short 型,main()方法保持不变,编译、运行后观察出现什么样的结果,并试着对其解释。

3.3 封装

封装一方面要把对象的数据及对数据的操作放在一起从而形成对象,另一方面封装还要隐蔽对象的信息,使外界对对象的访问只能通过特定的方法完成特定的操作,从而实现数据的安全性,看下面的例子。

例 3-8 模拟银行存折操作

```
class BankBook {
    long bnum;                                          //账号
    int password;                                       //密码
    double balance;                                     //余额
    void setbnum(long bn){
        bnum = bn;
    }
    void setpassword(int pw){
        //必要的检验,如改密码时要输入原密码;新密码要输入两遍进行检测;密码加密等
        password = pw;
    }
    void addmoney(double am){
        balance = balance + am;
    }
    boolean checkpw(int pw)
    {
        if(password == pw)
            return true;
        else
            return false;
    }
    boolean getmoney(int pw,double gm){
        if(checkpw(pw)&(gm <= balance))
            {balance = balance - gm;
             return true;
```

```
        }
        return false;
    }
        double getbalance(){
            return balance;
        }
    }
    public class BankBookTest {
        public static void main (String argsp[ ]) {
            BankBook bk1;
            bk1 = new BankBook();
            bk1.balance = 1000;                              //存钱
            System.out.println("balance " + bk1.balance);
            bk1.password = 123456;                           //设置密码
            System.out.println("password" + bk1.password);
            bk1.balance = bk1.balance - 2000;                //取钱
            System.out.println("balance " + bk1.balance);
        }
    }
```

运行结果：

```
balance1000.0
password123456
balance - 1000.0
```

上面的例子用 BankBook 来简单模拟银行存折以及对存折的存钱取钱操作。在类 BankBook 中定义了属性 bnum、password、balance 等，并分别定义一系列方法对这些属性操作，如密码设置、存钱、取钱、查询余额等。并且在取钱这样重要的操作环节中，要验证密码并检查余额是否足够。但是在 main()中对存折 bk1 进行操作时并没有调用定义的方法，而是直接对 password 和 balance 操作，如直接输出密码、取钱不做任何的检验等，这显然与实际不符。之所以出现这种情况，是由于对类 BankBook 中的属性没有完整的封装，只实现了封装的一层含义——把数据及对数据的操作封装在一个对象中，而没有实现对信息的有效隐蔽，使得在外界不通过对象中的方法就直接访问了对象中的数据。这样会造成数据的损失，甚至更严重地影响了其安全性。

上面的问题可以通过 private 修饰符来完成进一步封装，即把类的成员变量声明为 private。声明为 private 的成员变量在其他类中是不可见的，这时只能通过特定的方法对这些属性进行指定的操作。上面的例子修改如下。

例 3-9 加入封装后的情况

```
class BankBook {
    private long bnum;
    private int password;
    private double balance;
    void setbnum(long bn){
        bnum = bn;
    }
    void setpassword(int pw){
```

```
            //必要的检验,如改密码时要输入原密码;新密码要输入两遍进行检测;密码加密等
            password = pw;
        }
        void addmoney(double am){
            balance = balance + am;
        }
        boolean checkpw(int pw)
        {
            if(password == pw)
                return true;
            else
                return false;
        }
        boolean getmoney(int pw,double gm){
            if(checkpw(pw)&(gm <= balance)){
                balance = balance - gm;
                return true;
            }
            return false;
        }
        double getbalance(){
            return balance;
        }
    }
    public class BankBookTest {
        public static void main (String argsp[]) {
            BankBook bk1;
            bk1 = new BankBook();
            bk1.addmoney(1000);                          //存钱
            System.out.println("balance" + bk1.getbalance());
            bk1.setpassword(123456);                     //设置密码
            if(!(bk1.getmoney(123456,2000)))
                System.out.println("密码错误或余额不足");//取钱
            System.out.println("balance" + bk1.getbalance());
        }
    }
```

运行结果:

```
balance1000.0
密码错误或余额不足
balance1000.0
```

综上所述,一般实现封装的步骤如下。

(1) 修改属性的可见性来限制对属性的访问,如安全性高的成员变量用 private 修饰。

(2) 为每个属性创建一些对应的方法,用于对这些属性的访问,如上例中对 password 进行操作的方法是 setpassword(int pw)和 checkpw(int pw)。又因为 password 是被 private 修饰的,在类 BankBookTest 中,只能通过上述两个方法对其完成特定操作,而不能对其直接访问,由此增强了 password 的安全性。

(3) 在方法中,加入对属性的访问限制,如 checkpw(int pw)只能对比密码,不能获取密

码的值。

封装具有如下优点。

(1) 隐藏类的实现细节。

(2) 让使用者只能通过事先制定好的方法来访问数据，可以方便地加入控制，限制对属性的不合理操作。

(3) 便于修改，增强代码的可维护性。

3.4 构造器

3.4.1 构造器的特点

在Java的类中，可以定义一种特殊的方法，称为构造器。构造器的特点是，其名称和类的名称一样，并且没有返回值，注意连void也没有。其作用就是创建对象时对对象进行初始化。前面定义的类BirthDay和BankBook中都没有定义构造器，在创建它们的对象时，用到了默认的构造器，如new BirthDay()、new BankBook()。Java中规定，在类没有定义构造器时，可以使用Java系统提供的默认构造器，默认的构造器是没有参数的。

3.4.2 构造器的使用

构造器在定义时除了它们的特点之外，其他与一般方法类似。但是由于构造器的作用是初始化对象的，所以通常情况下在构造器中多是赋值语句来初始化对象的成员变量的。构造器在创建对象时由系统自动调用，不能在程序中通过参考类型的变量调用。至此，创建对象的语句应该写为

```
new 构造器名(参数列表)
```

例 3-10 构造器的使用

```
class BirthDay {
    int year,month,day;
    BirthDay(int y,int m,int d){
        year = y;
        month = m;
        day = d;
    }
    String showBirthDay(){
        return("BirthDay(yy/mm/dd): " + year + "," + month + "," + day);
    }
}
public class BirthTest3{
    public static void main (String argsp[]) {
        BirthDay Tombth,Marybth;
        Tombth = new BirthDay(1999,9,10);
        Marybth = new BirthDay(2000,8,25);
        System.out.println("Tom'BirthDay: " + Tombth.showBirthDay());
```

```
            System.out.println("Tom'BirthDay: " + Marybth.showBirthDay());
        }
    }
```

在这个例子中定义了构造器 BirthDay(int y,int m,int d),并且在构造器中通过参数来初始化对象。相对于以前的例子先创建对象再调用方法来初始化,就简便多了。但要注意的是,当类中定义了构造器以后,Java 系统就不再提供默认的构造器了。

3.4.3 构造器的重载

像方法重载一样,构造器也是可以重载的,通过重载的构造器可以完成不同的初始化过程,为创建对象带来方便。构造器重载的条件和方法重载的条件是一样的。因为构造器的名字与类名是相同的,在一个类中定义多个构造器,它们的名字肯定是一样的,只能通过参数的不同区分这些构造器。

例 3-11 构造器的重载

```
class BirthDay {
    int year,month,day;
    BirthDay(int y,int m,int d){
        year = y;
        month = m;
        day = d;
    }
    BirthDay(int m,int d){
        year = 2011;
        month = m;
        day = d;
    }
    BirthDay()
    {
        year = 2011;
        month = 9;
        day = 10;
    }
    String showBirthDay(){
        return("BirthDay(yy/mm/dd): " + year + "," + month + "," + day);
    }
}
public class BirthTest4{
    public static void main (String argsp[ ]) {
        BirthDay Tombth,Marybth,Jackbth;
        Tombth = new BirthDay();
        Marybth = new BirthDay(2000,8,25);
        Jackbth = new BirthDay(1,25);
        System.out.println("Tom'BirthDay: " + Tombth.showBirthDay());
        System.out.println("Mary 'BirthDay: " + Marybth.showBirthDay());
        System.out.println("Jack'BirthDay: " + Jackbth.showBirthDay());
    }
}
```

运行结果：

```
Tom'BirthDay: BirthDay(yy/mm/dd): 2011,9,10
Mary 'BirthDay: BirthDay(yy/mm/dd): 2000,8,25
Jack'BirthDay: BirthDay(yy/mm/dd): 2011,1,25
```

3.4.4 多个构造器的相互调用

在一个类中重载的构造器之间是可以相互调用的，在调用时要注意，在一个构造器中只能通过 this 关键字来调用重载的另一个构造器，不能通过方法名直接调用构造器。

例如，BirthDay 可以定义为如下形式。

```
class BirthDay {
    int year,month,day;
    BirthDay(int y,int m,int d){
        year = y;
        month = m;
        day = d;
    }
    BirthDay(int m,int d){
        this(2011,m,d);
    }
    BirthDay()
    {
        this(2011,9,10);
    }
    String showBirthDay(){
        return("BirthDay(yy/mm/dd): " + year + "," + month + "," + day);
    }
}
```

在这个例子中，通过调用构造器，把以前冗余的赋值语句改为了调用语句。这样使得两个构造器变得简单，而且便于维护。需要注意的是，通过 this 调用另一个构造器必须是构造器中的第一条可执行语句。

3.5 变量的作用域和初始化

变量的作用域是一个程序的区域，在这个区域内变量可以通过它的名字被访问，变量的作用域在变量定义的时候就已经建立起来了。在 Java 中根据作用域的不同变量可以分为三种类型：

(1) 局部变量：在一个方法的内部或方法的一个代码块中定义的变量。如果在一个方法的内部定义，则它的作用域是整个方法；如果在一个方法的代码块中定义，则它的作用域就是这个代码块。无论是哪种情况，局部变量在方法外以及其他方法内是无效的。局部变量在定义后没有默认值，要先赋值再使用。

(2) 参数：这里的参数指定义方法或构造器时的参数，即形参。它的作用范围是在定义它的方法或构造器内部。调用时由实参赋值。

（3）成员变量：在类内、方法外定义，它的作用域是整个类。成员变量在对象创建时具有默认值，如参考类型的是 null，boolean 类型的是 false，int 类型的是 0。

在同一个作用域内不允许有两个变量同名，反之，在不同的作用域内的变量可以同名。例如，两个不同的方法体内可以定义同名的变量；在同一个类中，成员变量可以与局部变量或参数同名，此时，在方法内，成员变量被屏蔽，如果要访问该成员变量，需要通过 this 关键字来访问。

例 3-12　变量的作用域和初始化举例 1

```
class Var{
    int x;
    int y;
    void aa(){
        int x;
        int y;
        x = 1;
        y = 2;
        this.x = 3;
        System.out.println("aa: x = " + x + ";y = " + y + ";this.x = " + this.x);
    }
    void bb(){
        int y;
        y = 4;
        this.y = 5;
        System.out.println("bb: y = " + y + ";this.y = " + this.y);
    }
}
class VarTest{
    public static void main (String argsp[]) {
        Var v1 = new Var();
        v1.aa();
        v1.bb();
    }
}
```

运行结果：

```
aa: x = 1;y = 2;this.x = 3
bb: y = 4;this.y = 5
```

通过这个例子可以看出，在类 Var 中定义了成员变量 x 和 y，并且在该类的方法 aa()中定义了局部变量 x、y，在方法 bb()中定义了变量 y，两个不同的方法中都有变量 y，但是它们作用域不同，是两个不同的局部变量；成员变量与局部变量重名，但是在方法体内对成员变量加 this 进行访问，也能跟同名的局部变量进行区分。

例 3-13　变量的作用域和初始化举例 2

```
class Var{
    int x;
```

```
    int y;
    void aa(){
        int x;
        int y;
        System.out.println("aa: x = " + x + ";y = " + y + ";this.x = " + this.x);
    }
}
class VarTest1{
    public static void main (String argsp[ ]) {
        Var v1 = new Var();
        v1.aa();
        v1.bb();
    }
}
```

这个程序在编译时出错了，错误提示：未初始化变量 x、y。但对于 this. x 并没有错误提示，这就进一步验证了，局部变量是要初始化以后才能用，而成员变量有默认值，可以不用初始化。

3.6 this 引用

this 指代当前对象自身。Java 中每个对象都可以使用 this 来作为其自身的引用。在前面例 3-13 中，通过 this 访问了与局部变量重名的成员变量。在多个构造器的相互调用中，通过 this 来指明被调用的重载的构造器。如果是成员变量与参数同名，也可以通过 this 来访问成员变量。总之，this 在这些方面的应用可以归结为如下格式。

1. this. 成员变量

```
class BirthDay2 {
    int year, month, day;
    void setBirthDay(int year, int month, int day){
        this.year = year;
        this.month = month;
        this.day = day;
    }
}
```

在类 BirthDay2 中成员变量与参数重名，通过 this 来访问成员变量。其实前面定义过的所有成员变量前面都可以加 this，由于没有出现成员变量与局部变量或参数重名的现象，this 可以省略不写。但是当出现重名时，this 就不能省略了。

2. this（参数）

用于重载的构造器之间相互调用，这时不能用构造器的名字，只能用 this。

3. this 作实参

有时在类定义的过程中，需要一个当前类的对象作为实参，这时可以通过 this 来指代当前对象。下面判定一个点是否在一条线上的例子就用到了 this 作为实参。

如果已知直线方程 Ax+By+C=0，则点到直线的距离公式为

d=fabs(Ax+By+C)/sqrt(A * A+B * B)。

又已知直线上两点(p1,p2)，其中 p1(x1,y1)，p2(x2,y2)，那么直线方程就是(y1－y2) * X+(x2－x1) * Y+x1 * y2－x2 * y1=0。

由此可得：A=y1－y2，B= x2－x1，C= x1 * y2－x2 * y1。

例 3-14　this 作实参

```
class mypoint{
    int x,y;
    mypoint(int x1,int y1){
        x = x1;
        y = y1;
    }
    double getd(myline line){
        double d = Math.abs(line.a * x + line.b * y + line.c)/Math.sqrt(line.a * line.a + line.
b * line.b);
        return(d);
    }
}
class myline{
    mypoint p1,p2;
    double a,b,c;
    myline(mypoint p1,mypoint p2){
        //(y1 - y2) * X + (x2 - x1) * Y + x1 * y2 - x2 * y1 = 0
        a = p1.y - p2.y;
        b = p2.x - p1.x;
        c = p1.x * p2.y - p2.x * p1.y;
    }
    public void pass(mypoint p){
        double h = p.getd(this);
        if(h < 0.2)
            System.out.println("Almost pass line");
        else
            System.out.println("Not pass line");
    }
}
class point_line{
    public static void main(String a[]){
        mypoint p1,p2,p3,p4;
        myline line1;
        p1 = new mypoint(1,1);
        p2 = new mypoint(2,2);
        p3 = new mypoint(4,4);
        p4 = new mypoint(2,4);
        line1 = new myline(p1,p2);
        System.out.print("p3: ");
        line1.pass(p3);
        System.out.print("p4: ");
```

```
        line1.pass(p4);
    }
}
```

运行结果：

```
p3: Almost pass line
p4: Not pass line
```

在上面这个例子中，在类 mypoint 中定义了 getd()，该方法返回当前点到给定直线的距离。在类 myline 中定义了方法 pass()，它来判定给定点是否通过当前这条线，为了做这样的判定，首先要计算给定点到当前线的距离，因此通过给定点调用了 getd()，而 getd()需要一个 myline 型的对象作为参数，此时用到了 this 来指代当前正在定义的类 myline 的对象。

3.7 父类、子类和继承

前面曾提到 Java 支持单重继承机制，即类的继承结构为树状。在继承关系中，被继承的类为父类，由继承得到的类为子类。子类可以继承父类中的属性和方法，也可以在子类中添加新的属性和方法，还可以修改原有(从父类继承得到的)的变量成员，重写原有的方法。

在 Java 中，所有的类都是直接或间接地继承类 Object，也就是说在 Java 的类树中，Object 是这棵树的根。

3.7.1 继承

下面的例子说明是如何从父类通过继承来创建子类的。

例 3-15 通过继承父类创建子类

```
class Student {
    String studentNo, name;
    void showInfo(){
        System.out.println("学号: " + studentNo);
        System.out.println("姓名: " + name);
    }
}
class Collegian extends Student{
    String major;
}
class sttest0{
    public static void main (String argsp[]) {
        Collegian cst = new Collegian();
        cst.studentNo = "150810123";
        cst.name = "张三";
        cst.major = "计算机";
        cst.showInfo();
    }
}
```

运行结果：

```
学号：150810123
姓名：张三
```

在这个例子中，类 Collegian 是由类 Student 派生出来的，也就是 Collegian 继承了类 Student，Collegian 是子类，Student 是父类。就现实生活中，学生和大学生之间的关系也是继承关系，学生可以分为小学生、中学生、大学生等类型，大学生只是学生的一种类型，所以把 Collegian 定义为 Student 的子类是合乎它们之间的逻辑关系的。另一方面，通过继承可以避免程序的冗余。通过运行结果可以看到，子类 Collegian 从父类 Student 中继承了成员变量 studentNo、name 和方法 showInfo()。如果程序不是通过继承的方式来写，那么在 Collegian 中要重新定义成员变量 studentNo、name 和方法 showInfo()，这样做也能实现同样的功能，但是程序出现了冗余，为日后的维护带来一些障碍。

上面的例子不够完善，一是类中没有定义构造器，二是在 Collegian 中有三个属性值要输出，但是通过继承得到的方法 showInfo()只能输出两个属性值，在子类中新添加的属性 major 的值没有被输出。下面进行改进。

例 3-16 改进后继承的例子

```
class Student {
    String studentNo,name;
    Student(String sn,String nm)
    {
        studentNo = sn; name = nm;
    }
    void showInfo(){
        System.out.println("学号：" + studentNo);
        System.out.println("姓名：" + name);
    }
}
class Collegian extends Student{
    String major;
    Collegian(String sn,String nm,String mj)
    {
        super(sn,nm);
        major = mj;
    }
    void showInfo(){
        super.showInfo();
        System.out.println("专业：" + major);
    }
}
class sttest{
    public static void main (String argsp[ ]) {
        Student st = new Student("651003","王五");
        st.showInfo();
        st.studentNo = "150811203";
```

```
        Collegian cst = new Collegian("150810123","张三","计算机");
        cst.showInfo();
    }
}
```

运行结果:

```
学号: 651003
姓名: 王五
学号: 150810123
姓名: 张三
专业: 计算机
```

在这个例子中加上了构造器,并且在子类 Collegian 的构造器中调用了父类中的构造器,要注意的是调用父类的构造器只能通过 super 来指代父类构造器的名字,不能用父类构造器的名字。这点和构造器重载时的相互调用只能用 this 来指代被调用的构造器类似。而且在构造器中没有 this 语句的时候,对 super 的调用应该作为第一条可执行语句。

上面的例子还在子类 Collegian 中重新定义了方法 showInfo(),虽然它继承了父类 Student 中的方法 showInfo(),但是继承来的方法不够完善,不能输出新定义的成员变量 major,所以此时要重写一个方法把三个成员变量都输出。由于方法的功能是类似的,所以方法名还是 showInfo,与继承来的方法一样,这样做也能保证程序对外有统一的外观,为调用者带来方便。因此在类 Collegian 中就有两个 showInfo() 方法了,在新定义的 showInfo()中需要三条输出语句来输出三个成员变量的值,其中在父类定义的 showInfo()中已经有两条输出语句了,而且那个方法已经被继承下来,因此可以在新定义的方法中调用继承自父类的方法 showInfo()。由于两个方法同名,所以在继承的 showInfo()前加 super 进行区分,即 super. showInfo()表示父类定义的 showInfo()方法。其实这两个同名方法是多态的另一种形式——覆盖。

还有一点需要说明,子类继承父类,在父类中被 private 修饰的属性和方法在子类中是不能直接被访问的。

例 3-17 私有属性不能被继承

```
class Student {
    private String studentNo,name;
    void showInfo(){
        System.out.println("学号: " + studentNo);
        System.out.println("姓名: " + name);
    }
}
class Collegian extends Student{
    String major;
    void showInfo(){
        System.out.println("姓名: " + name);
    }
}
class sttest1{
    public static void main (String argsp[]) {
        Collegian cst = new Collegian();
```

```
        cst.studentNo = "150810123";
        cst.name = "张三";
        cst.major = "计算机";
        cst.showInfo();
    }
}
```

该例中 Student 的属性 studentNo 和 name 由 private 修饰，该程序在编译时出现如下错误提示：Collegian 中通过语句“System.out.println("姓名："＋name);”对 name 的访问是错误的；在 sttest1 中对 cst.studentNo 和 cst.name 的赋值也是错误的。对该程序进行修改，改后的程序如下所示，可以正常运行。

```
class Student {
    private String studentNo,name;
    void setInfo(String sn,String nm) {
        studentNo = sn; name = nm;
    }
    void showInfo(){
        System.out.println("学号：" + studentNo);
        System.out.println("姓名：" + name);
    }
}
class Collegian extends Student{
    String major;
    void setInfo(String sn,String nm,String mj) {
        super.setInfo(sn,nm);
        major = mj;
    }
    void showInfo(){
        super.showInfo();
        System.out.println("姓名：" + major);
    }
}
class sttest2{
    public static void main (String argsp[]) {
        Collegian cst = new Collegian();
        cst.setInfo("150810123","张三","计算机");
        cst.showInfo();
    }
}
```

运行结果：

```
学号：150810123
姓名：张三
姓名：计算机
```

上面的两个例子说明，private 修饰的属性是可以被子类继承的，只是在子类中不能对其直接访问，需要通过父类中定义的特定方法对其访问。如在子类中通过调用 super.setInfo(sn,nm)对 studentNo 和 name 赋值。

3.7.2 方法覆盖

方法覆盖是指在子类中定义了与父类中同名的方法，且方法的参数（个数、类型、排列顺序）和返回类型完全一致。

在例 3-16 中，父类 Student 和子类 Collegian 都分别定义了方法 showInfo()，由于子类定义了与父类同名的方法，在子类 Collegian 中形成了对方法 showInfo()的覆盖。在主类 main()方法中，当通过父类 Student 的对象句柄 st 访问 showInfo()时，则调用的是父类中定义的方法；当通过子类 Collegian 的对象句柄 cst 访问 showInfo()时，则调用的是子类中定义的方法，这是因为子类的同名方法把父类的同名方法覆盖了。所谓覆盖，其实是指通过子类的对象句柄 cst 访问 showInfo()时，因为 cst 指向的是子类对象，因此要调用子类中定义的 showInfo()而忽略了父类中的同名方法，即父类的同名方法此时被隐藏了。父类的同名方法依然存在，如在子类定义 showInfo()时，通过 super. showInfo()就调用了父类中的同名方法。

需要注意的是方法覆盖是在继承的基础上，两个方法不仅名字相同，而且方法的参数（个数、类型、排列顺序）和返回类型完全一致。这一点要与方法的重载进行区分。其实在某些看似覆盖的情况下实际上发生的是重载。

例 3-18 方法覆盖和方法重载

```
class Base{
    public void amethod(int i)
    {
        System.out.println("i = " + i);
    }
}
class Scope extends Base{
    public void amethod(int i,float f)
    {
        System.out.println("i = " + i);
        System.out.println("f = " + f);
    }
}
class test1{
    public static void main (String argsp[]) {
        Scope s1;
        s1 = new Scope();
        s1.amethod(10);
        s1.amethod(10,2.3f);
    }
}
```

运行结果：

```
i = 10
i = 10
f = 2.3
```

在这个例子中，父类Base和Scope中分别定义了方法amethod，看起来似乎是覆盖，但是这两个方法的参数不相同，因此不能形成覆盖。又因为子类Scope把父类定义的方法amethod(int i)继承了下来，然后又新定义了一个同名但参数不相同的方法amethod(int i, float f)，因此在子类Scope中有两个同名方法，而且它们的参数不相同，满足方法重载的条件，因此，形成了重载，而不是覆盖。这一点在主类中通过子类Scope的句柄s1调用这两个同名方法也可以看出来，通过s1可以访问这两个方法，说明这两个方法都属于子类Scope。当然方法覆盖还有其他的限定条件，如，子类方法不能比父类被覆盖的方法更难访问。这是跟访问控制符有关的，要在讲完访问控制符后进行说明；子类方法不能抛出比父类方法更多的异常，这跟异常处理有关系，要在讲完异常处理时进行说明。

3.7.3 super

super是当前类的直接父类对象的引用。super用于访问父类中定义的方法、成员变量及调用父类的构造器。

super的用法：

(1) 调用父类中被覆盖的方法，格式如下：

```
super.方法名(参数)
```

(2) 调用父类的构造器，格式如下：

```
super(参数)
```

(3) 访问父类中被隐藏的成员变量（在子类中定义的成员变量与父类中的成员变量重名），格式如下：

```
super.成员变量名
```

第一条和第二条的用法在例3-16已经出现过。下面的例子来说明第三条的用法。

例3-19 访问父类中被隐藏的成员变量

```
class Father{
    String var = "Father's variable";
}
class Son extends Father{
    String var = "Son's variable";
    void test(){
        System.out.println("var is" + var);
        System.out.println("super.var is" + super.var);
    }
    public static void main (String argsp[]) {
        Son s = new Son();
        s.test();
    }
}
```

运行结果：

```
var isSon's variable
```

```
super.var isFather's variable
```

由此可见，当子类中定义了与父类同名的成员变量时，父类的成员变量处于隐藏的状态，当在子类中访问同名的变量 var 时，子类中新定义的成员变量 var 的优先级高于父类的同名变量，因此这时输出的是子类中的 var 的值。当然与方法覆盖类似，通过 super 依然可以访问父类的被隐藏的同名变量 var。

3.8 包

3.8.1 包的定义

用 Java 开发软件，有大量的类文件需要组织管理。为了更好地组织类，Java 提供了包机制。即在使用多个类时，为了避免类重名而采取的措施。Java 中的包采用了目录树形结构，一个包就相当于一级或多级目录。虽然各种常见操作系统平台对文件的管理都是以目录树的形式组织的，但是它们对目录的分隔表达方式不同，为了区别于各种平台，Java 中采用了“.”来分隔目录。如果没有指定包名，所有的类都属于一个默认的无名包。一般把相关的类放在同一个包中。

3.8.2 JDK 中的常见包

(1) java.lang 包：包含 Java 的核心类，即运行 java 程序必不可少的系统类，如基本数据类型、基本数学函数、字符串处理、线程、异常处理类等，系统默认加载这个包。

(2) java.io 包：包含 Java 的标准输入输出类，如基本输入输出流、文件输入输出、过滤输入输出流等。

(3) java.awt 包：包含构建图形用户界面(GUI)的类，如低级绘图操作 Graphics 类，图形界面组件和布局管理器等，如 Checkbox 类、Frame 类、FlowLayout 类等，以及用户界面交互控制和事件响应，如 Event 类等。

(4) Javax.swing 包：包含支持 Swing GUI 组件的类，如 JFrame、JOptionPane 等，比 java.awt 中相关的组件更加灵活，更容易使用。

(5) java.applet 包：包含支持编写 Applet 程序的类，如 Applet 类。

(6) java.net 包：包含实现网络功能的类，如 Socket 类、ServerSocket 类等。

(7) java.sql 包：包含支持使用 SQL 方式访问数据库的类，如类 DriverManager、接口 ResultSet、Statement 等。

(8) java.util 包：包含处理时间的 Date 类、向量 Vector 类以及 Stack 和 HashTable 类等。

(9) java.rmi 包：包含远程连接与载入支持的类，如接口 Remote、类 Naming 等。

这里只是给出了 JDK 中常用的包以及常用的类，这些包和类在本书后续章节中会逐渐用到。Java 提供了很丰富的类库，这为编程带来了方便，可以在需要的时候在程序中加载这些包或类。此外，程序员也可以根据需要创建包来管理自己开发的类。

3.8.3 创建包

1. 创建包

格式如下：

```
package pkg1[.pkg2[.pkg3…]];
```

程序中如果有 package 语句，该语句一定是源文件中的第一条可执行语句，它的前面只能有注释或空行，该语句是放在类定义前面的。另外，一个文件中最多只能有一条 package 语句。不同的程序文件内的类也可以同属于一个包，只要在这些程序文件中都加上同一个包的说明即可。

包的名字有层次关系，各层之间以点分隔。包层次必须与 Java 开发系统的文件系统结构相同。通常包名中全部用小写字母。

例 3-20 包的创建

```
//Student.java -- 创建包
package stu.pck;
public class Student {
    public String studentNo,name;
    public Student(String sn,String nm)
    {
        studentNo = sn; name = nm;
    }
    public void showInfo(){
        System.out.println("学号：" + studentNo);
        System.out.println("姓名：" + name);
    }
}
```

当编辑完成并将源文件存盘后，要通过编译生成包。

2. 编译生成包

1）命令行方式

```
javac -d 包所在的目录  源文件名
```

编译时要在命令行中通过参数-d 指出包存放的位置，如果包存放于当前目录下，则-d 后面跟一个点“.”(代表当前目录自身)。

如编译时的命令行输入如下命令。

```
D:\dyp\教材\chp3 > javac  -d . Student.java
```

在资源管理器中可以看到如图 3-11 所示的部分：

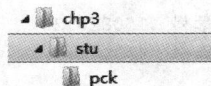

图 3-11 命令行编译后创建包 stu.pck

通过上面的命令编译后，可以看到在目录 chp3 中生成了子目录 stu，在 stu 中又生成了子目录 pck，这两级子目录正是通过 package 建立的包名。也就是说 package 后面的包名 stu.pck 通过"."分隔，这个包名实质上对应着一个二级目录。并且通过资源管理器可以看到，在目录 pck 中有一个文件是 Student. class，即这个类文件放在了包 stu. pck 中。这充分说明了包实质上就是目录，创建包就是将相应的类文件放在对应的新建目录中。

上面的包也可以在其他指定的目录下建立，如：

```
D:\dyp\教材\chp3 > javac -d d:\java Student. java
```

这就在 d:\java 下建立两级子目录 stu 和 pck。

2）用 Eclipse 生成包

通过 Eclipse 生成包的步骤：建立工程 c1，右击 c1 建立包 stu. pck，右击包名建立文件 Student. java，选择 Save→Project→Build all 命令保存文件。

打开资源管理器可以看到在工程 c1 中的 bin 目录下生成的新目录 stu 及 pck，这就是刚生成的包，如图 3-12 的所示。

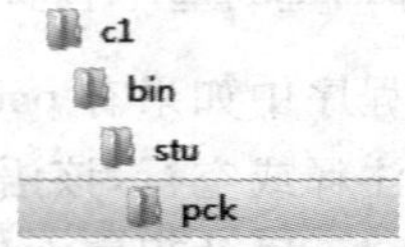

图 3-12　用 Eclipse 生成包 stu. pck

3.8.4　加载包

Java 中通过 import 语句加载包中的类。

1. 加载包中的类

格式：

```
import pkg1[ . pkg2 … ]. classname| * ;
```

当需要从一个包中加载一个类时，则在包名后跟着相应要加载的类名即可；若需要从同一个包中加载多个类时，可以在包名后面跟"＊"指代包中所有的类。如果要从多个包中加载多个类，那就需要使用多条 import 语句了，也就是说一条 import 语句只能加载一个包的类。

import 语句放在 package 语句之后，import 语句和 package 语句都要放在类定义之外。

例 3-21　加载包中的类

```
//pckim. java -- 加载包
import stu. pck. Student;
class tt{
    public static void main (String argsp[ ]) {
        Student s = new Student("150810123","张三");
        s. showInfo();
    }
}
```

运行结果：

```
学号: 150810123
姓名: 张三
```

2. 命令行方式加载包中的类

上面的例子加载包 stu. pck 中的类 Student 是为了创建它的对象。这个例子之所以编译、运行成功，有一点要注意，就是包 stu. pck 和文件 pckim. java 是在同一个目录 chp3 下，如图 3-13 所示。

如果包和要加载包的源文件不在同一个目录下，如把刚才所示目录 chp3 下的包删除，再编译 pckim. java，就出错了，给出“无法访问 Student”的提示。这是因为在加载包时，系统在当前目录下找不到相应的包。但在前面的操作中，在 d:\java 中还创建了包 stu. pck，现在的问题是源文件 pckim. java 所在目录(chp3)和包所在目录不是同一个，要想正常加载包，需要进行 classpath 设置。通过如下命令设置：

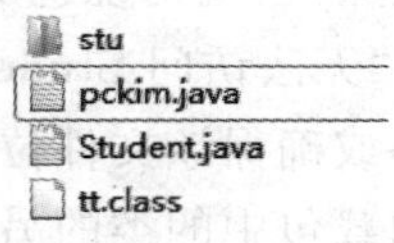

图 3-13 包和要加载包的源文件在同一个目录 chp3 下

```
D:\dyp\教材\chp3 > set classpath = D:\java;.
```

通过这个设置，再对 pckim. java 编译就成功了，编译时加载包，会自动到 classpath 设置的路径中去寻找要加载的包。这里设置的目录是 D:\java 和“.”，即编译器会到 D:\java 和当前目录下找需要的包和类。这里要注意的是对 classpath 的设置不仅编译时有效，运行时也有效。对 pckim. java 编译后，其中的类 tt. class 就放在当前目录 chp3 下，如果刚才的 classpath 设置为 D:\dyp\教材\chp3>set classpath=D:\java，那么运行 tt 时，即在当前目录 D:\dyp\教材\chp3>中运行 java tt 时，会给出错误提示：Exception in thread "main" java. lang. NoClassDefFoundError：tt，即找不到类 tt。这是因为一旦设置了 classpath 为 D:\java，系统只到 D:\java 目录中去找相应的类，虽然 tt 就在当前目录 chp3 下，它也不去找。所以一般对 classpath 的设置，在最后都要加上当前目录(“.”代表当前目录)。

对 classpath 的设置除了通过命令行完成以外，还可以通过环境变量配置进行，如图 3-14 所示。

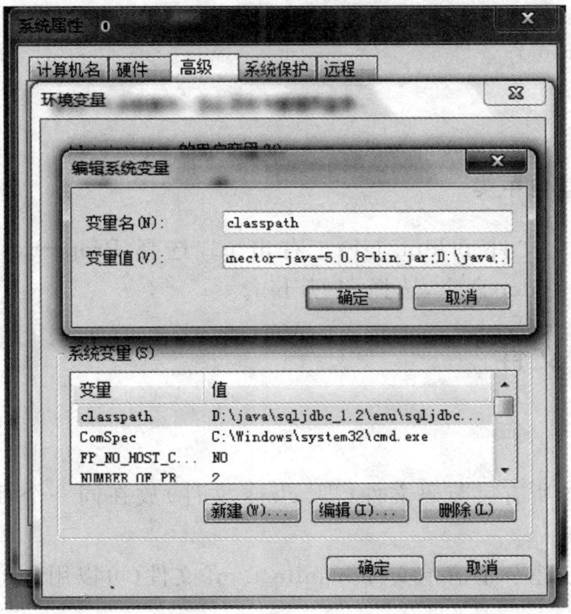

图 3-14 通过环境变量设置 classpath

当然这个例子中的"import stu. pck. Student;"语句可以改为"import stu. pck. *;"这样就能加载包中所有类。但是改后要注意的是，在进行编译前，要把当前目录下 Student. java 删除，也就是说包所在的目录中的文件主名不能与包中的类同名，否则会出现如下错误提示："无法访问 Student，错误的类文件：.\Student. java，文件不包含类 Student，请删除该文件或确保该文件位于正确的类路径子目录中。"

加载包中的类的另一个用途是为了继承。例如下面的例子就是为了创建 Student 的子类而加载它。

例 3-22 为继承而加载类

```
//加载类 - - Collegian.java
import stu.pck.Student;
public class Collegian extends Student{
    String major;
    public Collegian(String sn,String nm,String mj)
    {   super(sn,nm);
        major = mj;
    }
    public void showInfo(){
        super.showInfo();
        System.out.println("专业：" + major);
    }
}
class sttest{
    public static void main (String argsp[]) {
        Student st = new Student("150811203","王五");
        st.showInfo();
        st.studentNo = "150810123";
        Collegian cst = new Collegian("150810123","张三","计算机");
        cst.showInfo();
    }
}
```

3. 用 Eclipse 加载包中类

建立工程 c2，建立文件 pckim. java。右击 c2，选择 Properties→Java build path→Libraries→Add class folder 命令，选择 c1 为 bin。

3.8.5 JAR 文件

1. 打包

(1) 把程序生成的所有字节码文件(即. class 文件)放在同一个目录下(如 D:\dyp\教材\chp3)。

(2) 在该目录下新建一个清单文件 manifest. mf 文件(可以用 notepad 生成)，文件内容格式如下。

```
Manifest-Version: 1.0
```

```
Created-By: dyp
Main-Class: tt
```

该文件书写时要注意：

① tt 代表主类名(即要运行的类名，对于 Java Application 程序就是包含 main()方法的类名，只能有一个，不要文件扩展名)。

② 关键词之间用短横线隔开，如：Main 与 Class 中间不是下划线，而是短横线。

③ 每行关键词冒号后面要有空格，如 Main-Class：与 tt 中间必须有空格。

④ 每行结束后要按 Enter 键，如 Main-Class：tt 之后必须按 Enter 键。

(3) 在 CMD 窗口输入如下命令。

```
D:\dyp\教材\chp3 > jar cvfm jartest.jar manifest.mf *.class stu
```

jar 命令生成可执行的 jar 文件，cvfm 是 jar 命令的参数，它们的含义为：

-c　创建新的存档。

-v　生成详细输出到标准输出上。

-f　指定存档文件名。

-m　包含来自清单文件的标明信息。

jartest.jar 为生成的 jar 文件名，manifest.mf 为所包含的清单文件，*.class stu 表示将当前目录下所有 class 文件和目录 stu 下的子目录及文件打包。

2. 运行 jar 文件

1) 在当前目录下运行 jar 文件

如果 jar 文件就在当前目录下，那么可以通过 java 命令加参数-jar 完成对 jar 文件的运行，如运行上面生成的 jar 文件：

```
D:\dyp\教材\chp3 > java -jar jartest.jar
```

运行结果为：

```
学号：150810123
姓名：张三
```

2) 运行的 jar 文件不在当前目录下

很多情况下用到的 jar 文件不在当前目录下，此时要做 classpath 设置。例如，如 jartest.jar 文件在目录 D:\dyp\教材\chp3 中，此时当前目录为 C:\project，执行命令

```
C:\project > java -jar jartest.jar
```

则出现如下错误提示。

```
Unable to access jarfile jartest.jar
```

找不到要执行的 jar 文件，可以通过下面的命令正确运行：

```
C:\project > java -jar C:\dyp\教材\chp3\jartest.jar
```

也可以进行如下 classpath 设置：

```
C:\project>set classpath=C:\dyp\教材\chp3\jartest.jar;.
```

然后运行(tt是整个压缩文件中的主类)：

```
C:\project>java tt
```

3. 解压缩

对于压缩后的jar文件可以进行解压缩操作，例如把jartest.jar文件复制到目录C:\project中，则通过下面的命令就可以对其进行解压缩：

```
C:\project>Jar xvf jartest.jar
```

其中参数x表示展开存档中的命名的(或所有的)文件，v和f同上。

4. 在Eclipse中创建jar文件

在Eclipse中通过下列步骤可以生成jar文件，右击项目c2(用Eclipse加载包中类时生成的项目)，然后在菜单中选择Export命令，在弹出的窗口中双击Java，选择JAR file→Next命令，在Select the export destination文本框中输入jar文件的路径及文件名，如C:\project\jartest1.jar，依次选择Next命令，在Select the class of the application entry point文本框中输入jar文件的主类名(本例中是tt)，单击Finish按钮。

习题3

1. 选择题

(1) 下面关于构造函数的说法不正确的是(　　)。

A. 构造函数可以重载　　B. 构造函数可以有返回值

C. 构造函数在创建对象时被调用　　D. 构造函数名与类名相同

(2) 构造函数在(　　)时被调用。

A. 类定义　　B. 创建对象

C. 调用对象方法　　D. 使用对象的变量

(3) 下列关于方法重载的说法正确的是(　　)。

A. 构造函数不允许重载

B. 重载的方法可以通过参数的个数或参数的类型来区分

C. 重载的方法可以通过方法的返回值来区分

D. 方法的重载和覆盖没有区别

(4) 加载包p1中所有类的语句是(　　)。

A. import p1.*;　　B. import p1;

C. package p1.*;　　D. package p1;

(5) 对于语句package aa；说法不正确的是(　　)。

A. 该语句指明其所在文件中的类存放到aa包中

B. 该语句可以出现在文件中的任意位置

C. 该语句可以出现在两个不同的文件中

D. 一个程序源文件中最多只能有一条该语句

(6) 根据给出的类定义，下面(　　)放在 Here 处是不合法的。

```
public class Rid{
    public void amethod(int I,String s){}
    //Here
}
```

A. public void amethod(String s,int I){}

B. public void amethod(int j,String myString){}

C. public void amethod(int j){}

D. public void Amethod(int I,String s){}

2. 判断下列说法是否正确

(1) 当源文件中有且只有一个类用 public 修饰，则源文件主名要与该类名同名。　(　　)

(2) 在子类构造函数中可以通过 super 关键字调用父类的构造函数。　(　　)

(3) 一个类可以有多个构造器。　(　　)

(4) package 语句必须作为源文件中第一条可执行语句。　(　　)

(5) 在子类构造函数中可以通过 this 关键字调用父类的构造函数。　(　　)

(6) Box b1=new Box();Box b2=b1;之后 b1 和 b2 指向同一个对象。　(　　)

(7) 任何情况下 Java 源文件都可以任意取名。　(　　)

3. 填空题

(1) 设在子类中重写了父类中的 m()方法，那么在子类中调用父类中的方法 m()应该使用的语句是________。

(2) 一个 Java 源程序文件中最多可以定义________个 public class。

4. 问答题

(1) Java 中是如何实现继承的？

(2) 方法的覆盖和方法的重载有无区别？如果有，请说明。

(3) 子类能否继承父类的构造器？

(4) super 有哪几种用法？

5. 按要求完成下列题目。

```
class People{
    String cardID;
    String name;
    int age;
}
```

(1) 请为上面的类加上构造器。

(2) 请为 age 加上 get()方法(获取 age 的值)和 set()方法(设置 age 的值)。

6. 请阅读下列程序，写出 Person 类的定义。

```
class Test {
    public static void main(String args[]){
```

```
        Person p1 = new Person("李娜",1982);
        Person p2 = new Person("王明",1986);
        if(p1.getBirth()< p2.getBirth())
            System.out.println(
                p1.getName() + "比" +
                p2.getName() + "年龄大");
    }
}
```

7. 找出下面程序中的错误。

```
class Person{
    int id;
    String name;
    public void Person(int id, String name){
        this.id = id;
        this.name = name;
        return 0;
    }
}
```

8. 程序改错。下列程序各有一处错误，请写出出错的行数及修改方法。

(1)
```
public void add(int a,int b){
    int s;
    s = a + b;
    return s;
}
```

(2)
```
public class A{
    int a;
    public void A(int a){this.a = a;}
}
```

(3)
```
public class a1{
    private int i;
    public a1(int i){this.i = i;}
}
public class a2{
    public static void main(String args[]) {
        a1 a1_1 = new a1(100);
        System.out.println(a1_1.i); }
}
```

9. 矩形类定义如下。

```
class CRectangle{
    int length,width;
    public CRectangle(int length,int width){
        this.length = length;
        this.width = width;
    }
}
```

(1) 请在矩形类中增加两个方法,一个计算矩形的周长,另一个计算矩形的面积。

(2) 编写矩形类的子类正方形类 CSquare,要求有相应的构造器。

10. 编程完成下列要求。

(1) 定义一个人类,描述人类的姓名、年龄、身高、体重,定义一个方法用来检验人的体重是否在正常范围之内,定义一个方法用于得到是否肥胖的结论(需要定义构造器)。

(2) 定义一个形状类 CShape,在此基础上派生出矩形类 CRectangle 和圆类 CCircle,两者都有 GetArea()函数计算对象的面积。试编写一个完整的程序。

(3) 定义一个圆类(Circle),包含如下内容。

- 属性——radius (半径)。
- 构造器(初始化属性)。
- 方法——getDiameter(),getCircumference(),getArea()(它们方法分别返回直径、周长、面积)。

再定义一个圆柱类(Cylinder),它除了继承圆的所有成员外,还增加了如下成员。

- 属性——height(高)。
- 构造器(初始化属性)。
- 方法——getVolume()(返回体积)。

定义一个主类,分别创建圆和圆柱的对象,并输出所有方法的结果。

第4章 数组

数组是相同类型的数据集合，当处理的同种类型数据比较多时，分别定义变量名太繁琐，在这种情况下，就可以通过数组来解决，数组名加下标相当于一个变量，二者合起来表示一个数据。在 Java 中，除了八种基本数据类型外，其他都是参考数据类型。当然，Java 中的数组元素类型既可以是基本数据类型，也可以是参考数据类型。Java 是纯粹的面向对象程序设计语言，因此 Java 中的数组也是对象，这一点跟 C 语言有区别。本章主要介绍 Java 数组的相关内容，并通过例题展示 Java 的程序结构。

4.1 一维数组的使用

一维数组是数组中最简单的形式，把一维数组的使用过程搞清楚，多维数组也就很容易明白了。使用 Java 中的数组分为数组声明、创建数组对象、数组元素赋值等步骤。

4.1.1 数组声明

要使用数组，首先要声明，通过声明给出数组的名字，数组元素的类型。其格式如下。

```
数组元素类型  数组名[];
```

或

```
数组元素类型[]  数组名;
```

这里的数组元素类型既可以是简单数据类型，又可以是参考数据类型。

例如：

```
int[] x;
```

或

```
int x[];
```

两种写法都可以，中括号放在类型后面或数组名后面都可以。

若有一个关于电卡的类定义如下。

```
class D_Card{
    long card_num;                  //卡号
    double balance;                 //余额
```

```
    D_Card(long n, double b){
        card_num = n;
        balance = b;
    }
}
```

可以定义一个数组是 D_Card 类型，即数组元素是参考数据类型。数组声明如下。

```
D_Card dc[];
```

或

```
D_Card [] dc;
```

声明一个数组与声明一个参考类型变量一样，系统为其分配空间，该空间大小是 4 个字节，用来存放一个地址值，内存分布如图 4-1 所示。

图 4-1　x 与 dc 内存分布

4.1.2　创建数组对象

与创建其他对象一样，创建数组对象也用 new，但是后面跟中括号，中括号里给出一个整数表示数组的大小，即数组元素的个数。其格式如下。

```
数组名 = new 数组元素类型[数组元素的个数];
```

例如：

```
x = new int[3];
dc = new D_Card [2];
```

与创建其他对象一样，创建数组对象也是为数组分配内存空间。这两条语句执行时，仍然是先执行赋值号右边的创建对象，即为数组对象分配内存空间，然后把分配的内存空间的地址值赋值给左边的数组名。内存分布如图 4-2、4-3 所示。

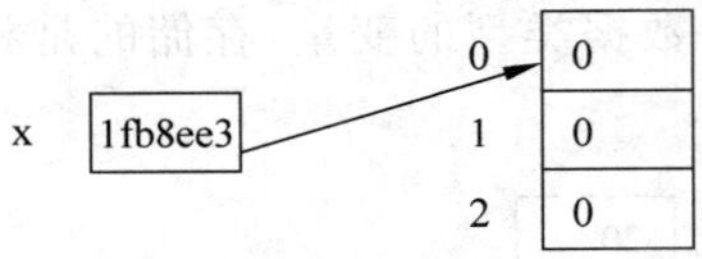

图 4-2　x 数组内存空间

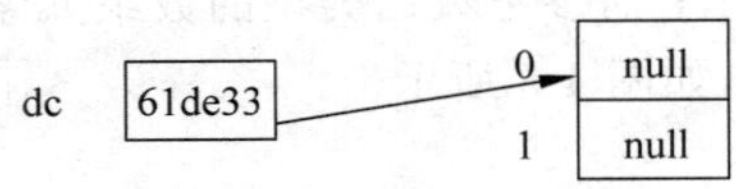

图 4-3　dc 数组内存空间

由此可见，数组名就相当于一个参考类型的变量，它存储的是数组对象所占内存的地址值。数组对象创建后，数组元素的下标从 0 开始，每个元素有默认值。数组元素为简单数据类型时，如数组 x 元素类型是 int，x[0]的默认值为 0；数组元素为参考数据类型时，其默认值为 null，如 dc[0]的元素默认值为 null。

上面的内容可以通过如下程序验证。

例 4-1　数组的声明与数组对象的创建

```
class D_Card{
    long card_num;                  //卡号
```

```
        double balance;                 //余额
        D_Card(long n,double b){
            card_num = n;
            balance = b;
        }
    }
    class array1{
        public static void main(String args[ ]){
            int[ ] x;
            D_Card dc[ ];
            x = new int[3];
            dc = new D_Card [2];
            System.out.println("x = " + x + " dc = " + dc);
            System.out.println(x[0]);
            System.out.println(dc[0]);
        }
    }
```

4.1.3 数组元素的赋值

数组对象创建后，虽然每个元素都有默认值，但是作为使用者都会根据实际情况为数组元素赋值。例如：

```
x[0] = 20;
x[1] = 30;
x[2] = 40;
```

参考类型的数组元素赋值如下。

```
dc[0] = new D_Card(280001,50.0);
dc[1] = new D_Card(280002,40.0);
```

简单数据类型的数组元素相当于简单数据类型的变量，存储的是相应类型的数据值，如图 4-4 所示；而参考数据类型的数组元素相当于参考数据类型的变量，存储的是相应对象的地址值，如图 4-5 所示。

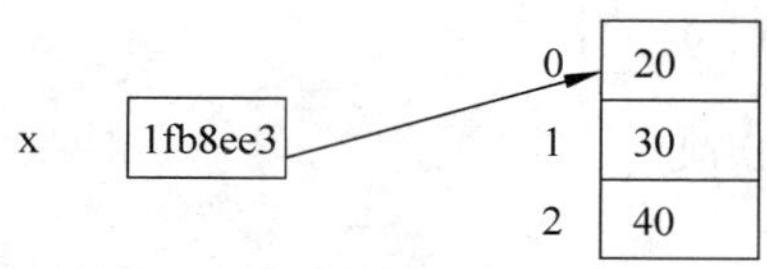

图 4-4 简单数据类型数组元素赋值

Java 中当数组对象创建后，每个数组都有一个属性 length，保存数组元素的个数。当数组中元素个数较多时，对数组元素的赋值常常放在循环中，这时可以用 length 的值确定循环的次数。下面两段程序说明了多个数组元素的赋值。

(1) 简单数据类型

```
int x1[];
x1 = new int[100];
```

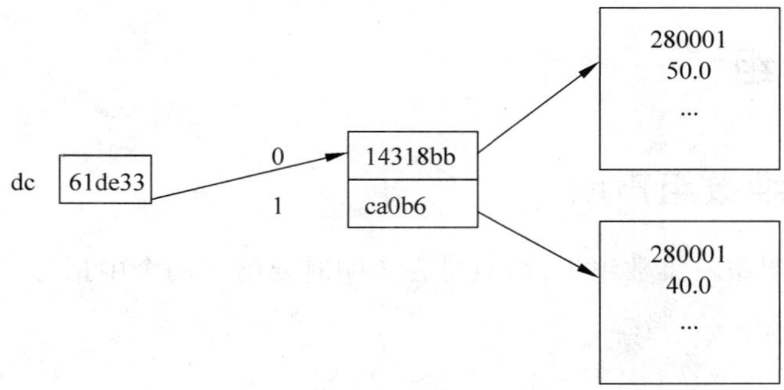

图 4-5 参考数据类型数组元素赋值

```
for(i = 0;i < x1.length;i++)
    x1[i] = i;
```

(2) 参考数据类型

```
D_Card dc1[];
Dc1 = new D_Card[100];
for(i = 0;i < dc1.length;i++)
  dc1[i] = new D_Card(280000 + i,50.0);          //每个元素代表一张卡,每张卡的卡号依次增 1
```

4.1.4 简写方式

数组声明、创建数组对象和数组元素赋值是使用数组的三个基本步骤,这三步可以分开写,也可以合在一起写。下面分别说明。

1) 声明和创建数组对象的合写

```
int x[] = new int[3];
D_Card dc[] = new D_Card[2];
```

2) 声明、创建数组对象和赋值的合写

方式一

```
int x[] = {20,30,40};
D_Card dc[] = {new D_Card(280001,50.0),new D_Card(280002,30.0)};
```

这种写法直接由大括号中给定的元素个数来确定数组的大小,省略了创建数组对象部分。

方式二

```
int x[] = new int[]{20,30,40};
D_Card dc[] = new D_Card[]
{new D_Card(280001,50.0),new D_Card(280002,30.0)};
```

这种写法要注意,在创建数组部分,即 new 之后的类型后面的中括号是空的,不能写数字,因为数组的大小由大括号中给出的元素个数来确定。

4.2 二维数组

4.2.1 二维数组声明

二维数组的声明跟一维数组类似，只是在声明时要给出两个中括号。其格式为

```
数组元素类型  数组名[][];
```

或

```
数组元素类型  []数组名[];
```

或

```
数组元素类型  [][]数组名;
```

中括号的位置比较自由，可以放在数组名前、后或一前一后。

例如：

```
int y[][];
int []y[];
int [][]y;
D_Card d[][];
D_Card []d[];
D_Card [][]d;
```

4.2.2 创建二维数组对象

1）给定行数列数

创建二维数组时要确定其行数和列数，其中行数在前，列数在后。例如：

```
y = new int[2][3];
```

数组 y 是一个具有 2 行 3 列的二维数组，其内存分布如图 4-6 所示。

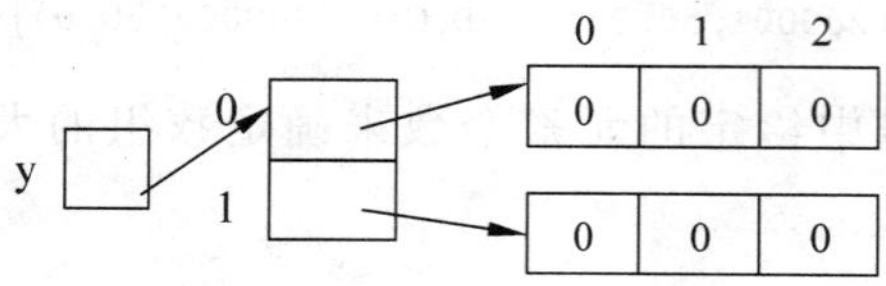

图 4-6 二维数组内存分布

从内存分布图可以看出，二维数组是一维数组的一维数组。数组 y 首先是一个一维数组，它有两个元素分别是 y[0]和 y[1]，而 y[0]和 y[1]又分别是一维数组，各有三个元素。y 中存储的是 y[0]和 y[1]所占空间的地址值，而 y[0]和 y[1]又分别存储的是本行的三个元素所占空间的地址值。

下面的例题可以验证上述内容。

例 4-2 二维数组的声明和二维数组对象的创建

```
class array21{
    public static void main(String args[ ]){
        int y[][];
        y = new int[2][3];
        System.out.println("y = " + y);
        System.out.println("y[0] = " + y[0]);
        System.out.println("y[1] = " + y[1]);
        System.out.println("y.length = " + y.length);
        System.out.println("y[0].length = " + y[0].length);
        System.out.println("y[1].length = " + y[1].length);
    }
}
```

运行结果：

```
y = [[I@de6ced
y[0] = [I@c17164
y[1] = [I@1fb8ee3
y.length = 2
y[0].length = 3
y[1].length = 3
```

从本例的运行结果可以看出，数组 y 有个 length 属性，记下了二维数组的行数；y[0]和 y[1]各有一个 length 属性，分别记下了本行的元素个数。

2）分步确定行数列数

二维数组创建可以先定义行数，再定义列数，分两步完成，而且每行的列数可以不一样多。例如：

```
y = new int[2][];
y[0] = new int[3];
y[1] = new int[2];
```

这个例子对应的内存分布如图 4-7 所示。

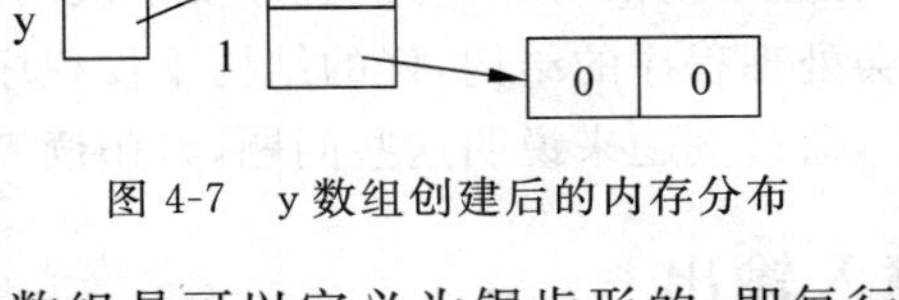

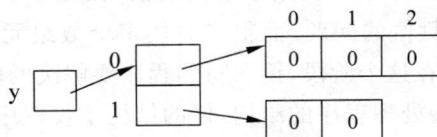

图 4-7 y 数组创建后的内存分布

由此可见，Java 的二维数组是可以定义为锯齿形的，即每行的列数不同。上述内存分布图读者可以自己写程序进行验证。

4.2.3 二维数组元素赋值

当创建二维数组对象后，每个二维数组元素都有两个下标，左边的是行下标，右边的是列下标。行下标和列下标都是从 0 开始。二维数组元素赋值如下。

```
y[0][0] = 100; y[0][1] = 20; y[1][2] = 3;
```

其对应的内存分布如图 4-8 所示。

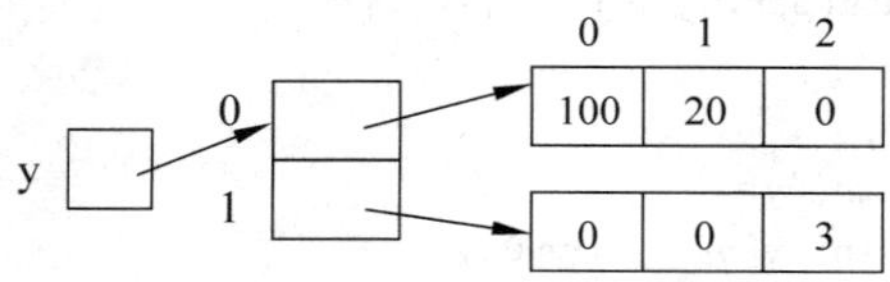

图 4-8　y 数组赋值后内存分布

4.2.4　二维数组的简写方式

像一维数组的简写一样，二维数组也可以简写。

1）声明和创建合在一起

```
int y[][] = new int[2][3];
int y[][] = new int[2][];
```

2）声明、创建和赋值合在一起

```
int y[][] = {{100,20,0},{0,0,3}};
```

或

```
int y[][] = new int[][]{{100,20,0},{0,0,3}};
```

在最后这个简写方式中要注意的是创建部分，即 new int[][]部分的中括号是空的，不能有数字，因为此时的数组元素是由后面大括号中给定的元素来确定的。还要注意大括号是两重，每一个内重大括号代表一行元素。

4.3　数组的综合使用

作为 Java 的初学者，当开始学习使用数组的时候，在程序中处理的数据量也就开始增多，这就涉及多个数组元素赋值的问题，而很多时候多个数组元素的值是从输入设备输入的，常用的就是键盘。再者，在这个阶段，读者写的程序要解决的问题也变得复杂，写的代码行数也逐步增多，这就要学会处理程序的结构，好的结构不仅程序层次清晰，可读性强，而且便于日后维护。在这一节中，通过例题来说明这些问题，希望读者能从中受到启发。

4.3.1　简单的输入输出

Java 的输入输出分为命令行方式的和图形界面方式两种，在本书中的第 8 章和第 9 章有完整的说明。之所以在这里介绍简单的输入输出，是因为在多个数组元素赋值时需要用到，读者先学会简单的输入输出来解决当前的编程问题，而且通过使用对输入输出的内容也有一个感性的认识，为后面学习完整的内容奠定基础。

1. 命令行方式的输入输出

1）输入

从键盘到内存的输入，首先要建立一个管道，当管道建立好后，就可以用特定的方法完成输入操作了。建立管道的语句是

```
BufferedReader br = new BufferedReader(new InputStreamReader(System.in));
```

这个管道在建立时，用到的类来自 java. io 包，所以要加载，加载的语句是

```
import java.io.*;
```

当管道修建好以后，就可以输入数据了，此时用到的方法是 readLine()，它是在类 BufferedReader 中定义的，使用时要加上 BufferedReader 的句柄，而且这个方法返回的是输入的字符串，所以通常会把它的返回值赋值给一个 String 型的句柄。如：

```
Strings = br.readLine();
```

假设输入的是一个整数值，如 10，通过上述的方法输入到内存后是 10，即由数字构成的字符串，这时要进行转换才能得到数值 10，转换的方式如下。

```
int n = Integer.parseInt(s);
```

2）输出

输出到显示器的语句较简单，在前面的例题中多次出现，如：

```
System.out.println("年龄为" + n);
```

3）举例

下面通过一个例子来示范简单的命令行方式的输入输出是如何完成的。

例 4-3 简单的命令行方式输入输出

```
import java.io.*;
public class io1{
    public static void main(String[] args){
        String s = null;
        int n = 0;
        try{
            System.out.println("输入年龄：");
            BufferedReader br = new BufferedReader(new InputStreamReader(System.in));
            s = br.readLine();
            n = Integer.parseInt(s);
        }catch(IOException e){}
        System.out.println("年龄：" + n);
    }
}
```

运行结果：

```
输入年龄：
23
```

年龄：23

当程序执行到 readLine()时，系统会停下来等待用户从键盘输入信息。当输入 23 并按 Enter 键后，输入的信息就被送到内存中了。通过 Integer. parseInt(s)将其转换为整数后又输出到显示器上。

由于 BufferedReader 的构造器及方法 readLine()要求在调用时进行异常处理（异常处理的内容在第 7 章介绍），所以要把它们写在 try 语句块中。读者可以模仿这个例题写出自己的程序，至于细节请参看后面相应章节。

2. 图形界面输入输出

为了使界面更加友好，很多软件都做了图形界面。作为初学者，也可以试着用图形界面完成简单的输入输出。

1）输入

通过类 JOptionPane 中的方法 showInputDialog()来完成输入，类 JOptionPane 来自于包 javax. swing，所以要用语句 import javax. swing. * 加载这个包。showInputDialog()的返回值是字符串，即用户输入的那个字符串，所以一般把它的值赋值给一个 String 型的句柄。

2）输出

输出仍然是使用类 JOptionPane，此时用到的是它的另一个方法 showMessageDialog()。

3）举例

例 4-4 图形界面输入输出

```
import javax.swing.*;
public class iow1{
    public static void main(String[ ] args){
        String input1,input2,output;
        int result;
        input1 = JOptionPane.showInputDialog("请输入姓名");
        input2 = JOptionPane.showInputDialog("请输入年龄");
        output = input1 + input2;
        JOptionPane.showMessageDialog(null, output);
    }
}
```

当执行到“JOptionPane. showInputDialog("请输入姓名");”时，系统会停下来等待输入，画面如图 4-9 所示。

同样的道理，执行到“JOptionPane. showInputDialog("请输入年龄");”时，等待输入年龄，画面同图 4-9。执行到“JOptionPane. showMessageDialog(null, output);”时，输出了相应信息，画面如图 4-10 所示。

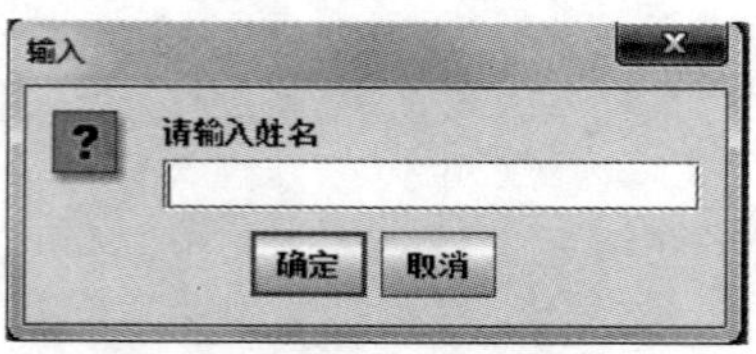

图 4-9 简单图形界面输入

图 4-10 简单图形界面输出

4.3.2 综合例题

例 4-5 编程求一个整数数组的最大值、最小值、平均值和所有元素的和

```
import java.io.*;
public class arr2{
    public static void main(String[] args){
        String s = null; int n = 0;arr ab = null;
        try{
            System.out.println("输入数组元素个数 n: ");
            BufferedReader br = new BufferedReader(new InputStreamReader(System.in));
            s = br.readLine();n = Integer.parseInt(s);
            ab = new arr(n);
            for(int i = 0;i < ab.a.length;i++){
                System.out.println("输入 a[" + i + "]: ");
                s = br.readLine();ab.a[i] = Integer.parseInt(s);}//a[i]
            }catch(IOException e){System.out.println(e.toString());
        }
        System.out.println("max = " + ab.getmax());
        System.out.println("min = " + ab.getmin());
        System.out.println("getaverage = " + ab.getaverage());
        System.out.println("sum = " + ab.getsum());
    }//end of main
}//end of class
class arr{
    int a[];
    arr(int n)
      {a = new int[n];}
    int getmax(){
        int max = a[0];
        for(int i = 0;i < a.length;i++)
            if(a[i]> max)
                max = a[i];
        return max;
    }
    int getmin(){
        int min = a[0];
        for(int i = 0;i < a.length;i++)
            if(a[i]< min)
                min = a[i];
        return min;
    }
    int getsum(){
        int sum = 0;
        for(int i = 0;i < a.length;i++)
            sum = sum + a[i];
        return sum;
    }
    int getaverage(){
        int aver = getsum()/a.length;
```

```
            return aver;
        }
    }
```

运行结果：

```
输入数组元素个数 n:
3
输入 a[0]:
23
输入 a[1]:
12
输入 a[2]:
34
max = 34
min = 12
getaverage = 23
sum = 69
```

在这个例子中，根据题目要求把数组的声明、创建、操作放到类 arr 中，而把数组元素个数的输入、数组元素赋值以及对数组中各个方法的调用放到主类中的 main()中完成。这样在结构上做到层次清晰。可能有读者会问，为什么把数组元素赋值拿到 main()中完成，而不是在 arr 中进行呢？这主要是数组的元素值是从键盘输入的，而且元素个数也是从键盘输入的，在这个例子中用的是命令行的输入方式，这样把所有输入放到 main()中，只需要建立一次输入管道即可。这个例子中，数组的大小是从键盘输入的，也就是说数组的大小可以根据用户的需要来确定，数组的创建是在 arr 的构造器中进行的，数组的大小是通过构造器的参数 n 传递的。这样做给程序带来很大的灵活性，用户根据需求确定大小，然后根据情况输入每个元素的值。

上面的例子可以改为简单的图形用户界面，类 arr 不变，这里只给出改后的主类。

```
import javax.swing.*;
public class arr2w{
    public static void main(String[] args){
        String s = null; int n = 0;arr ab = null;
        try{
            s = JOptionPane.showInputDialog("输入 n: ");
            n = Integer.parseInt(s);
            ab = new arr(n);
            for(int i = 0;i < ab.a.length;i++){
                s = JOptionPane.showInputDialog("输入 a[" + i + "]: ");
                ab.a[i] = Integer.parseInt(s);}//a[i]
            }catch(Exception e){System.out.println(e.toString());
        }
        JOptionPane.showMessageDialog(null, "max = " + ab.getmax());
        JOptionPane.showMessageDialog(null, "average = " + ab.getaverage());
    }//end of main
}//end of class
```

例 4-6　编程实现如下功能。

(1) 创建一个 student 类，其中包括以下属性：学号、姓名、性别、年龄，并包括如下方法：获得学号、获得姓名、获得性别、获得年龄、修改年龄。定义构造器初始化属性。

(2) 创建 30 个 student 对象，每个对象的属性由键盘输入。

(3) 对上述 30 个 student 对象按年龄排序。

(4) 从键盘输入一个学号，查找该生并把其年龄加 1，并输出该生的所有属性。

```
import java.io.*;
public class st {
    static public void main(String[] args) {
        int i;
        String sn;
        pst pst1 = new pst();
        pst1.mkst();
        pst1.sortp();
        try{
            BufferedReader br = new BufferedReader(new InputStreamReader(System.in));
            System.out.println("studentNo: ");
            sn = br.readLine();
            pst1.searchp(sn);
        }catch(IOException e){
            System.out.println(e.toString());
            }
    }
}
class pst{
  Student st[] = new Student[30];
  void mkst(){
    String sn = null,nm = null,ss = null,as = null;
        int a = 0;
        try{
            BufferedReader br = new BufferedReader(new InputStreamReader(System.in));
            for(int i = 0;i < st.length;i++){
                System.out.println("studentNo: ");
                sn = br.readLine();
                System.out.println("studentName: ");
                nm = br.readLine();
                System.out.println("studentSex: ");
                ss = br.readLine();
                System.out.println("studentAge: ");
                as = br.readLine();a = Integer.parseInt(as);
                st[i] = new Student(sn,nm,ss,a);  //创建第 i 个 student 对象，并给 st[i]赋值
            }
        }catch(IOException e){
        System.out.println(e.toString());}
    }
    void sortp(){                               //用冒泡算法完成排序
        int i = 0,j = 0,flag = 0;
        Student t = null;
```

```
        for(i = 0;i < st.length;i++){
            flag = 0;
            for(j = 0;j < st.length - i - 1;j++){
                if(st[j].age > st[j + 1].age){      //需要交换时,要交换整个对象
                    t = st[j];
                    st[j] = st[j + 1];
                    st[j + 1] = t;
                    flag = 1;
                }
            }
            if(flag == 0) {                          //flag是冒泡排序已经完成排序的标志
                //System.out.println("flag == 0");
                break;
            }
        }
        for(i = 0;i < st.length;i++)
        System.out.println(st[i].toString());
    }
    void searchp(String sn){                         //根据给定的学号进行查找
        int i = 0;
        for(i = 0;i < st.length;i++)
            if(st[i].studentNo.equals(sn)){
                st[i].updateage(st[i].getage() + 1);
                System.out.println(st[i].toString());
                break;
            }
        }
}
class Student {
    String studentNo,name,sex;
    int age;
    String getstudentNo() {
        return studentNo;
    }
    String getname(){
        return name;
    }
    String getsex(){
        return sex;
    }
    int getage(){
        return age;
    }
    void updateage(int a) {
        age = a;
    }
    Student(String sn,String nm,String psex,int a){
        studentNo = sn;
        name = nm;
        sex = psex;
        age = a;
```

```
    }
    public String toString() {
        return (studentNo + ";" + name + ";" + sex + ";" + age + ";");
    }
}
```

这个题目的要求比较复杂，但是通过分析，该程序可以构建三个类。第一个是 Student 类，第二个类是 pst，它包含三个方法满足(2)～(4)的要求。最后一个是主类 st，主类的功能主要是提供 main()方法，在 main()中生成对象并调用相应的方法完成题目的要求，main()方法体相当于一本书的目录，包含程序的主要流程，以及在执行这些流程中必要的输入输出，这样使得程序的流程很清晰，当别人读这段代码时，只读到 main()方法就能对程序的流程有大概的了解。切记不要在 main()方法堆放大量的代码，这对初学者来说很重要，从一开始就要养成良好的写程序的习惯。对于类 pst 来说，由于三个方法都是对 30 个 Student 对象进行操作，因此定义数组来存放这 30 个对象，把数组定义为成员变量，这样数组的作用域范围就是整个类，pst 类中的三个方法可以直接对这个数组进行访问。

希望通过这两个例题，读者不仅能学会数组的应用，而且对于复杂的程序能学会把握程序的结构，使得程序结构清晰，具有良好的可读性。

习题 4

1. 选择题

(1) 下面数组的声明和创建哪一项是正确的？(　　)

A. String [][]a=new String[4][4];

B. String [][]a=new String[][4];

C. String [4][4]a=new String[][];

D. String [][]a=new String[][];

(2) 下面哪一项可以正确声明一个大小为 50 的字符串数组？(　　)

A. String [] a　　B. char a[][]

C. String a[50]　　D. Object a[50]

2. 填空题

(1) 假设有一个数组 a，a.length 表示________。

(2) 数组的________属性表示数组中元素的个数。

3. 编程题

(1) 将一个数字与数组中的元素比较，如果该数字存在数组中，给出该数字在数组中的位置；如果该数字不在数组中，给出提示。

(2) 利用二维非矩阵数组输出下面的数字。

```
0
1 2
2 3 4
3 4 5 6
```

(3) 一个整数数组,元素值是升序排列的,任意向数组中加入一个新元素使其仍然有序。

(4) 仿照例4-6完成下列例子:

① 创建一个student类,包括以下属性:学号、姓名、数学成绩、语文成绩、英语成绩。定义构造器。

② 创建10个student对象,每个对象的属性由键盘输入。

③ 输出每个对象的学号、姓名和总分。

④ 从键盘输入一个学号,查找该生的学号、姓名及总分。

(5) 对习题3中定义的圆柱类,编程完成下面功能:

① 创建20个圆柱对象,每个对象的属性值从键盘输入。

② 对上述20个圆柱对象按照体积排序。

③ 从键盘输入一个半径和高的值,根据这对值查找相应圆柱。

4. 程序改错,请写出出错的行数及修改方法。

```
public static void main(String args[ ]){
        int k[ ] = new int[5];
        for(int i = 0;i <= 5;i++){k[i] = i;}
    }
```

第5章 面向对象高级特性

本章继续对 Java 语言面向对象特性进行阐述，主要内容包括变量多态的定义及其使用，三个非访问控制符 final、static 和 abstract 的作用，四种访问控制符：private、protected、public 和默认的限定范围，接口定义及使用，各种内部类。

5.1 变量多态

5.1.1 定义

类型为 X 的参考变量，其指向的对象类型既可以是 X，也可以是 X 的子类。

例如前面曾经定义了类 Student 和 Collegian，可以做如下变量定义和赋值。

```
Student s1,s2;
s1 = new Student("150810103","王五");
s2 = new Collegian("150810123","张三","计算机");
```

由此可见，s1 和 s2 都被声明为父类 Student 的类型，通过赋值，s1 指向的是一个 Student 类型的对象，而 s2 指向的是一个子类 Collegian 的对象，s2 就是变量多态。要注意的是使用时通过句柄 s2 能访问哪些成员变量还是由变量的类型决定，通过下面的例子可以验证。

例 5-1 变量多态的验证

```
class Student {
    String studentNo,name;
    Student(String sn,String nm){
        studentNo = sn; name = nm; }
    void showInfo(){
        System.out.println("学号: " + studentNo);
        System.out.println("姓名: " + name);
    }
}
class Collegian extends Student{
    String major;
    Collegian(String sn,String nm,String mj){
        super(sn,nm);
        major = mj;
```

```
    }
    void showInfo(){
        super.showInfo();
        System.out.println("专业: " + major);
    }
}
class sttest1{
    public static void main (String argsp[]) {
        Student s1,s2;
        s1 = new Student("150810103","王五");
        s1.showInfo();
        s2 = new Collegian("150810123","张三","计算机");
        System.out.println("s2: 姓名: " + s2.name);
        System.out.println("专业: " + s2.major);

        s2.showInfo();
    }
}
```

这个程序在编译时出现如下错误提示。

```
sttest1.java: 29: cannot find symbol
symbol : variable major
location: class Student
System.out.println("专业: " + s2.major);
```

这个例子说明，通过句柄 s2 能访问的成员变量是由它声明时的类型决定的，虽然它指向的是一个 Collegian 对象，但它声明为 Student 类型，而 Student 类中没有 major 这个成员变量，所以会出现上述的错误提示。这个错误可以通过强制类型转换而改正。把上例中的主类换成下面的形式，程序就编译通过了。

```
class sttest2{
    public static void main (String argsp[]) {
        Student s1,s2;
        s1 = new Student("150810103","王五");
        s1.showInfo();
        s2 = new Collegian("150810123","张三","计算机");
        System.out.println("s2: 姓名: " + s2.name);
        System.out.println("s2: 专业: " + ((Collegian)s2).major);
        s2.showInfo();
    }
}
```

运行结果：

```
学号: 150810103
姓名: 王五
s2: 姓名: 张三
s2: 专业: 计算机
学号: 150810123
姓名: 张三
```

```
专业：计算机
```

通过对 s2 强制类型转换，就可以正常访问成员变量 major 了。而且这个例子还说明对于产生覆盖的方法而言，s2 不用强制类型转换，这是遵循了动态绑定原则，即编译器通过检查变量的类型来确定相关方法能否被调用；而运行时，具体哪个方法被调用由变量指向的对象类型来确定。首先在本例中 showInfo()在父类子类中存在方法覆盖，通过语句“s2.showInfo();”调用方法 showInfo()，因为 s2 是 Student 类型而且在 Student 中定义了方法 showInfo()，则编译器编译通过；运行时，由于 s2 指向的是 Collegian 对象，则通过 s2 访问到的同名方法是 Collegian 中定义的方法 showInfo()。

5.1.2 用途

(1) 用于异类收集

基于变量多态，可以通过一个数组把不同的对象组合在一起。例如可以定义和使用下面的数组：

```
Student s[];
s = new Student[2];
s[0] = new Student("150810103","王五");
s[1] = new Collegian("150810123","张三","计算机");
```

声明一个数组是父类类型，而数组元素可以指向子类对象。数组是相同类型的数据的集合，这是不是违背了数组的定义呢？其实不然，因为这里的数组元素类型是参考数据类型，而参考数据类型的数组元素存储的是对象的地址，不论 s[0]指向的是 Student 的对象，还是 s[1]指向 Collegian 的对象，它们存储的都是地址值，就存储内容而言是相同类型的，所以没有违背数组的定义。这还带来一个用途——异类收集，可以把具有继承关系的对象集合到同一个数组中，像上面的数组 s。前面曾提到一个类 Object，它默认为 Java 中所有类的父类，如果声明一个数组为 Object 类型，则这个数组就可以集合所有类的对象了。

(2) 用于方法参数传递

变量多态的另一个作用就是用于方法参数传递。有些方法在定义时不能确定具体要操作哪种类型的对象，这时就可以借助于一个特定的父类或公共父类 Object 进行形参的定义，而当调用这个方法时，具体的操作对象类型已经确定，如果这时操作的对象是形参的子类对象，可以把这个子类的对象作为实参，这就用到了变量多态。

例如在 Java 类库中有一个堆栈 Stack 类，其中定义了一个查找对象在栈中位置的方法，该方法定义为：public int search(Object o)。因为在定义该方法时，不能确定将要查找的对象的类型，因此形参定义为 Object 类型，由于 Object 是任何类的父类，当调用方法 search()时，可以传递给它任意类的对象，也就是说利用这个方法可以在堆栈中查找任意类型的对象。

5.1.3 类型判断

前面曾提到 Java 中有个运算符 instanceof，其格式为：

```
对象 instanceof 类
```

该运算符的作用就是判断左边的对象是不是右边的类型，如果是结果为 true，否则为 false。

例 5-2 变量多态的用途

```
class Student {
    String studentNo, name;
    Student(String sn, String nm){
        studentNo = sn; name = nm; }
}
class Collegian extends Student{
    String major;
    Collegian(String sn, String nm, String mj){
        super(sn, nm);
        major = mj;
    }
}
class sttest3{
    public static void main (String argsp[ ]) {
        Student s[ ];
        s = new Student[2];
        s[0] = new Student("150810103","王五");
        showInfo(s[0]);
        s[1] = new Collegian("150810123","张三","计算机");
        showInfo(s[1]);
    }
    static void showInfo(Student s){
        System.out.println("学号：" + s.studentNo);
        System.out.println("姓名：" + s.name);
        if (s instanceof Collegian)
          System.out.println("专业：" + ((Collegian)s).major);
    }
}
```

运行结果：

```
学号：150810103
姓名：王五
学号：150810123
姓名：张三
专业：计算机
```

这个例子在 showInfo()方法中用到了 instanceof 运算符，以此来判断传递来的实参是否指向 Collegian 对象。这个例子也展示了变量多态的两个用途。通过 Student 类型的数组 s 实现了异类收集，方法 showInfo()的定义也展现了变量多态在方法参数传递时的应用。

5.1.4 参考类型转换总结

在前面的章节中讨论了基本数据类型的转换规则，参考数据类型有时也需要转换，也有相应的规则，即子类向父类的转换可以自动进行，而父类向子类的转换则需要指明，且看是否能转换。下面通过例题来分别说明，下面的几个例子用到的父类和子类分别是例 5-2 中定义的 Student 和 Collegian。

例 5-3　正确的转换 1——子类变量给父类变量赋值

```
class convert1{
    public static void main (String argsp[ ]) {
        Student s;
        Collegian c;
        c = new Collegian("150810123","张三","计算机");
        s = c;
        showInfo(s);
    }
    static void showInfo(Student s){
        System.out.println("学号：" + s.studentNo);
        System.out.println("姓名：" + s.name);
        if (s instanceof Collegian)
            System.out.println("专业：" + ((Collegian)s).major);

    }
}
```

运行结果：

```
学号：150810123
姓名：张三
专业：计算机
```

这个例子说明：用子类类型的变量直接给父类类型的变量赋值，是可以自动转换的。这符合变量多态的定义。

例 5-4　错误转换 1——父类变量给子类赋值

```
class convert2{
    public static void main (String argsp[ ]) {
        Student s;
        Collegian c;
        s = new Student("150810123","张三");
        c = s;
        showInfo(c);
    }
    static void showInfo(Student s){
        System.out.println("学号：" + s.studentNo);
        System.out.println("姓名：" + s.name);
        if (s instanceof Collegian)
          System.out.println("专业：" + ((Collegian)s).major);
    }
}
```

这个例子在编译时出错，父类类型的变量不能给子类类型的变量赋值。

例 5-5　错误转换 2——指向父类对象的父类变量强制转换为子类类型

```
class convert3{
    public static void main (String argsp[]) {
        Student s;
        Collegian c;
        s = new Student("150810123","张三");
        c = (Collegian)s;
        showInfo(c);
    }
    static void showInfo(Student s){
        System.out.println("学号: " + s.studentNo);
        System.out.println("姓名: " + s.name);
        if (s instanceof Collegian)
            System.out.println("专业: " + ((Collegian)s).major);
    }
}
```

该例编译没有错，因为在赋值时对 s 进行了强制类型转换，但是运行时出错，错误提示：Exception in thread "main" java. lang. ClassCastException: Student cannot be cast to Collegian。即父类不能转换为子类类型。

例 5-6 错误转换 2——指向子类对象的父类变量给子类变量赋值

```
class convert4{
    public static void main (String argsp[]) {
        Student s;
        Collegian c;
        s = new Collegian("150810123","张三","计算机");
        c = s;
        showInfo(c);
    }
    static void showInfo(Student s){
        System.out.println("学号: " + s.studentNo);
        System.out.println("姓名: " + s.name);
        if (s instanceof Collegian)
            System.out.println("专业: " + ((Collegian)s).major);
    }
}
```

这个例子是在编译时出错，错误原因跟例 5-4 的错误是一样的。虽然本例与例 5-4 有些不同，事先给 s 赋值为 Collegian 的对象，但是当用 s 给 c 赋值时，这时判断的是 s 声明时的类型，而不是它指向的对象的类型。

例 5-7 正确的转换 2——能正确强制类型转换为子类类型的变量给子类变量赋值

```
class convert5{
    public static void main (String argsp[]) {
        Student s;
        Collegian c;
        s = new Collegian("150810123","张三","计算机");
        c = (Collegian)s;
        showInfo(c);
    }
```

```
    static void showInfo(Student s){
        System.out.println("学号：" + s.studentNo);
        System.out.println("姓名：" + s.name);
        if (s instanceof Collegian)
            System.out.println("专业：" + ((Collegian)s).major);
    }
}
```

运行结果：

```
学号：150810123
姓名：张三
专业：计算机
```

用 s 给 c 赋值时，把 s 强制类型转换为 Collegian 类型，而且 s 本来指向的是 Collegian 的对象，这样编译、运行都成功。

通过上面这些例子说明，给参考数据类型（若为 x 类型）的变量赋值时，如果赋值号右边是 x 的子类类型的变量，这是自动转换的；如果赋值号右边是 x 的父类类型的变量，而且这个父类类型的变量已经事先用 x 的对象赋值了，那么这时要先对右边的变量强制类型转换，转换成 x 类型再赋值，就可以了。

5.2 非访问控制符

Java 中的修饰符是影响类、成员变量及方法的生存空间和可访问性的关键字。根据其作用的不同分为非访问控制符和访问控制符两类。本节介绍三个非访问控制符：static、final 和 abstract 的特点和用法。

5.2.1 static

static 可以修饰变量、方法。

1. 类变量（静态变量）

前面把在类内、方法体外定义的变量称为成员变量，Java 中的成员变量分为两种：一种是没有 static 修饰的，这些成员变量是对象中的成员，称为实例变量；另一种成员变量前面有 static 修饰，它就成为类变量，或称为静态变量。

类变量和实例变量的区别是：类变量在内存中只存一份，即运行时系统只为类变量分配一次内存，在加载类的过程中完成类变量的内存分配，因此，类变量可以通过类名访问；而对于实例变量来说，每创建一个类对象，就会为实例变量分配一次内存，实例变量通过对象名访问，不能通过类名访问，实例变量在内存中可以有多个拷贝，分别属于不同的对象，它们之间互不影响。

例 5-8　静态变量的定义域赋值

```
public class scope{
    static int a;
```

```
    int b;
    public static void main(String args[ ]){
        a++;
        scope s1 = new scope();
        s1.a++;
        s1.b++;
        scope s2 = new scope();
        s2.a++;
        s2.b++;
        scope.a++;
        System.out.println("a = " + a);
        System.out.println("s1.a = " + s1.a);
        System.out.println("s2.a = " + s2.a);
        System.out.println("s1.b = " + s1.b);
        System.out.println("s2.b = " + s2.b);
    }
}
```

运行结果：

```
a = 4
s1.a = 4
s2.a = 4
s1.b = 1
s2.b = 1
```

本例中，a 是类变量，b 是实例变量。a 在内存中只存一份，a 可以通过类名访问，也可以通过对象名访问，无论哪种访问形式都是对同一个 a 进行操作，所以连续加 1 后，a 的值为 4。b 则不同，每创建一个对象内存中就有一份 b 的空间，这里在对象 s1 中有个变量 b，在 s2 中也有个变量 b，它们分别属于不同的对象，对它们的操作要通过不同的对象名，因此对它们操作时互不影响，s1. b 和 s2. b 在分别加 1 后都为 1。这个例子中的 a 和 b 可以借助于图 5-1 所示的内存分布图来理解。

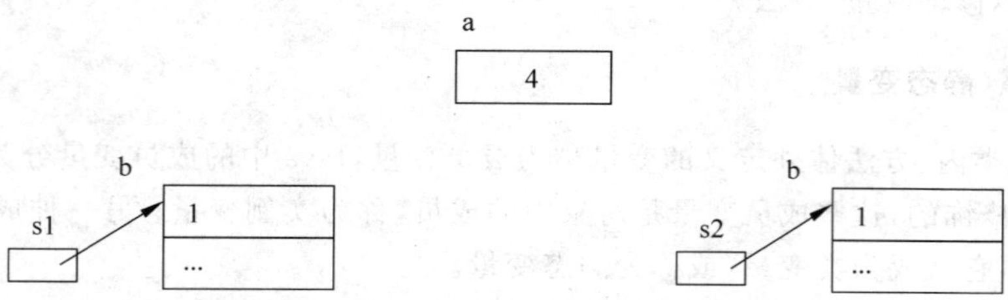

图 5-1 类变量和实例变量的内存分布

2. 类方法(成员方法)

static 也可以修饰方法，static 修饰的方法是类方法，或称为静态方法。同类变量一样，类方法也不需要创建对象，直接通过类名访问，这也是类方法的作用。Java Application 程序中的 main()方法就是静态方法，它是程序的入口，是直接由虚拟机来运行的，运行前不需要创建对象。Java 类库中还有其他很多类方法，例如，Integer 类中的 parseInt()也是静态的，Math 类中提供的数学运算的方法 sin()、abs()等都是静态的，在使用这些方法时，直接通过类名调用就可以，省去了创建对象的麻烦。程序员也可以定义自己的类方法，当然定义类方法要根据需要进行，而且要遵循下面的规则。

(1) 类方法只能直接访问类变量或方法参数，不能直接访问实例变量

在例 5-8 中，由于 a 是类变量，而 main()是类方法，因此在 main()方法中可以直接访问 a；但是 b 是实例变量，它不是静态的，在 main()中不能直接访问，而需要先创建对象，通过对象的句柄访问。如果在 main()中直接访问 b，编译会出错，读者可以适当修改例 5-8 进行测试。

反过来说，在非静态的方法中，可以直接访问本类中的静态变量和非静态变量。

例 5-9 类方法对变量及非静态方法的访问

```
public class scope1{
    static int a;
    int b;
    public static void main(String args[ ]){
        scope1 s1 = new scope1();
        s1.test();
    }
    void test(){
        a++;
        System.out.println("a = " + a);
        b++;
        System.out.println("b = " + b);
    }
}
```

运行结果：

```
a = 1
b = 1
```

(2) 静态方法不能直接访问非静态方法

在例 5-9 中，可以看到，方法 test()和 main()在同一个类中，test()是非静态的，在 main()中先创建类对象，再通过对象句柄访问 test()。如果不创建对象，直接在 main()中调用 test()会出错。读者可以自行测试。如果把 test()定义为静态的，就可以直接在 main()中调用了。

例 5-10 静态方法互相调用

```
public class scope2{
    static int a;
    int b;
    public static void main(String args[ ]){
        test();
    }
    static void test(){
        a++;
        System.out.println("a = " + a);
        scope2 s = new scope2();
```

```
        s.b++;
        System.out.println("s.b = " + s.b);
    }
}
```

运行结果：

```
a = 1
s. b = 1
```

由于 test()定义为静态的，在 test()中访问实例变量 b 前要先创建对象。

3. 类变量的作用

下面的例子说明类变量的作用，这个程序的功能是生成卡号连续的多张卡。

例 5-11 类变量的作用

```
class card{
    static long nextcardN;
    long cardN;
    double balance;
    static { //静态初始化器
        nextcardN = 200180001;
    }
    card(double b){
        cardN = nextcardN++;
        balance = b;
    }
}
public class statict{
    public static void main(String args[ ]){
        card c1 = new card(50.0);
        card c2 = new card(100.0);
        System.out.println("The First card number is" + c1.cardN);
        System.out.println("The 2nd card number is" + c2.cardN);
    }
}
```

运行结果：

```
The First card number is200180001
The 2nd card number is200180002
```

这个例子中用到了静态初始化器，它是由关键字 static 引导的一对大括号括起来的语句组，它的作用是用来完成对静态变量的初始化。本例中，通过静态初始化器对静态变量 nextcardN 初始化，又在构造器中通过 nextcardN 给 cardN 赋值，并且赋值后 nextcardN 增加 1，这样使得创建的多个 card 对象的卡号是连续的。

5.2.2 final

final 可以修饰类、方法和变量，被 final 修饰的类、方法和变量就具有了一定的特质，在一些操作中受限。

1. 修饰类

final 修饰的类为最终类,不能被继承。java.lang.String 就是一个 final 类。之所以会用 final 修饰类,是出于安全原因,因为它保证类中的成员变量或方法不能被恶意更改。

例 5-12 修饰类

```
final class first{
    int a = 1;
        }
class second extends first{
    void tt(){
        System.out.println("a" + a);
        }
}
```

编译时出错,错误提示为:无法从最终类 first 进行继承。

2. 修饰方法

final 修饰的方法是最终方法,不能被覆盖。

例 5-13 修饰方法

```
class first{
    int a = 1;
    final void tt(){
        System.out.println("a" + a);
        }
}
class second extends first{
    void tt(){
        a++;
        System.out.println("a" + a);
        }
}
```

编译时出错,错误提示为:second 中的 tt()无法覆盖 first 中的 tt();被覆盖的方法为 final。

3. 修饰变量

final 修饰的"变量"是常量标识符,代表常量,在一次赋值后其值不能改变。

例 5-14 修饰变量

```
class finalt{
    public static void main(String args[]){
        final int x = 1;
        x++;
        System.out.println("x = " + x);
        }
}
```

编译时出错，错误提示为：无法为最终变量 x 指定值。因为 x 经 final 赋值后，就变成了常量标识符，即 x 代表 1，不能改变 x 的值。

5.2.3 abstract

abstract 可以修饰类和方法。

1. 修饰类

abstract 修饰的类是抽象类，即类中有些内容（方法）还没有定义完整，这样的类只是将类头部分定义完整了，也就是类的外观有了。不能创建抽象类的对象，抽象类一般是用来做父类的，即它可以被其他类继承。就这点来讲，abstract 与 final“相克”，它们不能修饰同一个类。

例 5-15 抽象类

```
abstract class father{}
class son extends father{
    static void tt(){
        System.out.println("son");
    }
    public static void main(String args[]){
        son s = new son();
        s.tt();
    }
}
```

这个例子中 father 是抽象类，被 son 继承。在 main() 中，如果试图创建 father 的对象，编译会出错。

2. 修饰方法

abstract 修饰的方法是抽象方法，也就是只定义了方法头部，没有方法体。

例如：

```
abstract void tt();
```

抽象方法是没有方法体的，即连方法体的大括号也没有，至于方法头部，是对方法的外观进行定义。

3. 修饰类和修饰方法的关系

(1) 抽象类不一定含有抽象方法，但含有抽象方法的类一定是抽象类

如例 5-15 中的 father 是抽象类，但其中并没有包含抽象方法。如果把类 father 定义为如下形式，

```
abstract class father{
    abstract void tt();
    void tt1(){
```

```
            System.out.println("father");
            }
    }
```

因为 father 中有一个抽象方法 tt()，虽然还有非抽象的方法 tt1()存在，但是 father 也要定义为抽象的。

(2) 如果子类没有实现抽象类中所有的抽象方法，那么子类要定义为抽象类，例如下面的程序就是错的。

```
abstract class father{
    abstract void tt();
    abstract void tt1();
}
class son extends father{
    void tt(){
        System.out.println("son");
        }
}
```

由于 son 没有完全实现父类中的抽象方法，因此 son 中有抽象方法存在，son 应该定义为抽象的。

4. 抽象类的作用

抽象类的作用就是做父类，下面通过一个例题来说明抽象类的具体作用。

例 5-16 作为一个公司可能有很多种交通工具，编程计算每天所有交通工具的耗油总量。

```
abstract class vehicle{
    int kil;
    abstract int getfuel();
}
class car extends vehicle{
    car(int kl){
        kil = kl;
    }
    int getfuel(){
        return(7 * kil/100);
    }
}
class bus extends vehicle{
    bus(int kl){
        kil = kl;
    }
    int getfuel(){
        return(10 * kil/100);
    }
}
class company{
    vehicle fleet[];
```

```
    company(){
        fleet = new vehicle[3];
        fleet[0] = new car(300);
        fleet[1] = new bus(500);
        fleet[2] = new car(400);
    }
    int rf(){
        int ff = 0;
        for(int i = 0;i < fleet.length;i++)
        {
            ff = ff + fleet[i].getfuel();
        }
        return(ff);
    }
    public static void main(String args[]){
        company c = new company();
        System.out.println("sum = " + c.rf());
    }
}
```

运行结果：

```
sum = 99
```

在这个例子中，vehicle 是抽象类，代表交通工具，其中定义了抽象方法 getfuel()，计算一种特定交通工具一天的燃油量，在 vehicle 中只是定义了 getfuel()的外观，因为具体到不同类型的交通工具其燃油量计算不同，如 car 和 bus 的燃油量计算不相同，因此具体计算在相应子类中完成。在主类 company 中，定义 vehicle 类型的数组 fleet，通过异类收集，在 fleet 中可以存储各种具体的交通工具，在方法 rf()中，将各种交通工具的燃油量累加，借助于变量多态的特性，根据每个 fleet[i]具体指向的交通工具的对象而调用相应交通工具中的 getfuel()方法，例如 fleet[0]指向的是跑了 300 公里的 car，因此用 car 中定义的 getfuel()方法返回它的燃油量是 21，fleet[1]指向的是跑了 500 公里的 bus，因此用 bus 中定义的 getfuel()方法返回它的燃油量是 50，fleet[2]指向的是个跑了 400 公里的 car，因此用 car 中定义的 getfuel()方法返回它的燃油量是 28。如果公司有新的交通工具需要统计燃油量，如新加一个卡车，那么只要定义一个子类 truck 继承 vehicle，在 truck 中定义 getfuel()方法体，在 fleet 中收集 truck 的对象，而计算总燃油量的方法 rf()不用变。这个例子综合运用了抽象类、抽象方法、数组以及变量多态等技术，为题目的完成及维护带来方便。

5.3 接口

5.3.1 说明

Java 中类之间的继承关系是单重继承，即一个类只能有一个直接父类，因此形成的类之间的继承结构是树形结构。但是现实事物之间的关系往往比较复杂，仅仅是树形结构不足以表达。Java 通过接口来弥补它单重继承的不足，接口之间是多重继承，即一个接口可以有多个父接口，而且一个类可以实现多个接口。

5.3.2 接口定义

接口定义的格式：

```
interface 接口名{
    接口体
}
```

接口比抽象类更加抽象，也可以看作抽象类的变体。接口中的方法不给出方法体，是抽象方法，即都是 public、abstract 的方法；接口中只允许定义常量，不允许定义变量，接口中的成员变量都是 public、static、final 型的，方法的修饰符及变量的修饰符都是可以省略的。

例 5-17 定义接口

```
interface first{
    int a = 1;
    void f1();
}
interface second {
    void s1();
}
interface third extends first, second{
    void t1();
}
```

接口 third 同时继承两个父接口，多个父接口之间用逗号分隔。first 中定义的 a 虽然省略了修饰符，但它默认是 public、static、final 修饰的，而且 a 如果不赋值编译会出错，读者可以自行测试。方法 f1()、s1()和 t1()也都默认是 public、abstract 修饰的。

5.3.3 实现

实现接口的格式：

```
class 类名 implements 接口名列表{
    类体
}
```

类实现接口意味着类首先要继承接口，然后再重写方法体。一个类实现一个接口，如果该类不是抽象类，则必须实现接口中每个方法，即给出每个方法的方法体。如果一个类同时实现多个接口，接口名之间用逗号隔开。

例 5-18 接口的实现

```
//类 c1 实现接口 first 和 second
class c1 implements first, second{
    public void f1(){
        System.out.println("a = " + a);
        }
```

```
        public void s1(){}
    }
```

类 c1 同时实现了接口 first 和 second，而 c1 不是抽象类，因此要实现继承下来的两个抽象方法 f1()和 s1()，虽然对于 s1()并没有给出实质性的方法体，而是只给出一对空的大括号，这也是实现了方法 s1()。还有一点要注意，在接口定义时，方法 f1()和 s1()省略了修饰符 public，在类 c1 中方法前的 public 不能省略，否则编译出错。如果在 c1 中试图修改 a 的值，编译也会出错。读者可以自行测试这些问题。

5.3.4 综合举例

例 5-19 用接口重写例 5-16。

```
interface vehicle{
    int getfuel();
}
class car implements vehicle{
    int kil;
    car(int kl){
        kil = kl;
    }
    public int getfuel(){
        return(7 * kil/100);
    }
}
class bus implements vehicle{
    int kil;
    bus(int kl){
        kil = kl;
    }
    public int getfuel(){
        return(10 * kil/100);
    }
}
class company1{
    vehicle fleet[];
    company1(){
        fleet = new vehicle[3];
        fleet[0] = new car(300);
        fleet[1] = new bus(500);
        fleet[2] = new car(400);
    }
    int rf(){
        int ff = 0;
        for(int i = 0;i < fleet.length;i++)
        {
            ff = ff + fleet[i].getfuel();
        }
        return(ff);
```

```
    }
    public static void main(String args[ ]){
        company1 c = new company1();
        System.out.println("sum = " + c.rf());
    }
}
```

将抽象类改为接口，能实现同样的功能。但是要注意几点：由于接口中的变量默认为是 public、static、final 修饰的，是不能重新赋值的，但是对于表示行程的变量 kil 在子类 car 和 bus 中是需要对其赋值的，因此变量 kil 不能在接口中定义，而是在类中定义。由于接口中定义的方法默认是 public、abstract 修饰的，因此在 car 和 bus 中，在方法 getfuel()前要加 public 修饰符。当 vehicle 是接口时，数组 fleet 依然可以定义为 vehicle 类型，并且实现异类收集，这也说明类实现接口包含继承的含义。

5.4 访问控制符

5.4.1 限定范围

访问控制符是在程序中控制对类以及类的方法和成员变量访问权限的修饰符。用于访问控制的修饰符有 public、private 和 protected，它们可用于修饰成员变量和方法，如表 5-1 所示，public 可以修饰类(指外部类)。当类、方法和成员变量没有访问控制符修饰时，它们具有默认访问性。

表 5-1 访问控制符

	同一个类中	同一个包中	不同包中的子类	不同包中的非子类
private	√			
protected	√	√	√	
public	√	√	√	√
默认	√	√		

private 修饰的成员变量和方法都是私有的，其作用域范围只限于本类中，即使是子类也不能继承。private 修饰符实现了封装特性。

protected 修饰的成员变量和方法是受保护的，即只能在跟其有关系的类中才能访问，如在同一个包中的类、所在类的子类中。

public 修饰的类、成员变量和方法都是公有的，其访问范围不受限。但是有一点要注意：成员变量和方法的公有性是以类的公有性为前提的。

具有默认访问性的类只能被同一个包中的类访问，具有默认访问性的成员变量和方法，只能在本类中或同一个包中的其他类中被访问。

下面通过例子来说明每个访问控制符的作用域。

5.4.2 举例

例 5-20 访问控制符的作用域

```
//定义类 pub,并将其放入包 accs 中
package accs;
public class pub{
    public int a;
    protected int b;
    int c;
    private int d;
}
```

在创建了包 accs 后，分别做如下测试。

(1) 不同包、非子类

```
//p1.java
import accs.pub;                    //p1 与 pub 不在同一个包中
class p1{
    void tt(){
        pub t = new pub();
        t.a = 10;
        t.b = 10;                   //错
        t.c = 10;                   //错
        t.d = 10;                   //错
    }
}
```

类 p1 与 pub 不在同一个包中，而且 p1 也不是 pub 的子类，在编译 p1.java 时，出错，原因是在 p1 中不能访问 b、c、d，因为在这种状态下，只有对 public 修饰的成员变量 a 的访问是合法的。前面曾提到成员变量和方法的公有性是以类的公有性为前提的，在本例中，如果去掉类 pub 前面的 public 修饰符，重新编译 p1.java 时，出错提示为：无法访问 pub。可以看到，虽然 a 被 public 修饰，但是其所在的类在 p1 中不可见，a 的公有性也就不起作用了。

(2) 同一个包

```
//p2.java
package accs;                       //p2 与 pub 在同一个包中
class p2{
    void tt(){
        pub t = new pub();
        t.a = 10;
        t.b = 10;
        t.c = 10;
        t.d = 10;                   //错
    }
}
```

编译 p2.java 时，只有对 d 的访问是错的，因为 d 是私有的。

(3) 非同包中的子类

```
//p3.java
import accs.pub;                    //p3 与 pub 不在同一个包中,但 p3 是 pub 的子类
class p3 extends pub{
    void tt(){
```

```
        a = 10;
        b = 10;
        c = 10;                        //错
        d = 10;                        //错
    }
}
```

p3 与 pub 不在同一个包中，但 p3 是 pub 的子类，这是 public 和 protected 所允许的访问范围。因此对于 a、b 的访问是正确的，而 c、d 则不行。

5.4.3 说明

前面介绍了方法覆盖，访问控制符对方法覆盖会产生影响，其规则是：在覆盖时，子类的方法不能比父类的同名方法更难访问，也就是说，子类方法不能缩小父类方法的访问权限。

例 5-21 访问控制符对方法覆盖的影响

```
class father{
    public void tt(){
        System.out.println("father");
    }
}
class son extends father{
    void tt(){
        System.out.println("son");
    }
}
```

这个程序编译时出错，错误提示为：son 中的 tt()无法覆盖 father 中的 tt()。这是因为父类、子类中的方法 tt()要产生覆盖，但子类中的 tt()为默认的访问特性，其范围比父类中的同名方法 tt()的访问限定范围小，因此违反了覆盖的规则。

5.5 内部类

内部类是定义在其他类内部的一种类，含有内部类的类称为外部类。根据所处的位置及其特性的不同，内部类可分为非静态内部类、静态内部类、方法内部类和匿名内部类。

5.5.1 非静态内部类

非静态内部类在外部类中与外部类的方法处于等同的位置。非静态内部类定义的一般格式：

```
class Outer {
    class Inner{}
}
```

编译上述代码会产生两个文件：Outer.class 和 Outer$Inner.class。

关于非静态内部类的几点说明如下。

(1) 非静态内部类内不允许有任何静态声明

例如下面代码不能通过编译。

```
class Outer {
    class Inner{
        static int a = 10;
    }
}
```

(2) 在外部类的非静态方法中创建内部类对象

例 5-22 外部类的非静态方法中创建内部类对象

```
class Outer {
    private int i = 10;
    public void makeIn(){
        Inner in = new Inner();
        in.fIn();
        System.out.println("outer");
    }
    class Inner{
        public void fIn(){
            System.out.println("innner: i" + i);
        }
    }
    public static void main (String argsp[]) {
        Outer out = new Outer();
        out.makeIn();
    }
}
```

运行结果：

```
innner: i10
outer
```

通过这个例题可以看到，非静态内部类与外部类的方法处于相同的位置。内部类可以访问外部类的成员变量，即便这个成员变量是 private 修饰，内部类的主要作用就是直接访问外部类的成员，这同时验证了非静态内部类在地位上与外部类的方法相同。先在外部类的非静态方法中创建内部类的对象，再创建外部类的对象并调用外部类的方法，由此间接地使用内部类对象及其中的方法。

(3) 在外部类的静态方法中创建内部类对象

例 5-23 外部类的静态方法中创建内部类对象

```
class Outer1 {
    private int i = 10;
    class Inner{
        public void fIn(){
            System.out.println("innner: i" + i);
        }
```

```
    }
    public static void main (String argsp[ ]) {
        Outer1 out = new Outer1();
        Outer1.Inner in = out.new Inner();
        in.fIn();
    }
}
```

运行结果：

```
innner: i10
```

在这个例子中，直接在外部类的静态方法中创建内部类的对象并调用其方法，当然要先创建外部类的对象再创建内部类的对象。注意内部类变量声明和创建内部类对象时的语法。

(4) 相同变量名的区分

当外部类的成员变量、内部类的成员变量以及内部类的局部变量重名时，如何区分呢？可遵守如下规则：在内部类的方法中使用局部变量可以直接使用变量名，用“this. 变量名”表示内部类的成员变量，用“外类名. this. 变量名”表示外部类的成员变量。

例 5-24 同名变量的区分

```
class Outer2 {
    private int i;
    class Inner{
        int i;
        public void fIn(){
            Outer2.this.i = 1;          // 外部类的成员变量
            this.i = 2;                 // 内部类的成员变量
            int i = 3;                  //内部类的局部变量
            System.out.println("innner - fIn: i" + i);
            System.out.println("innner: i" + this.i);
            System.out.println("outer: i" + Outer2.this.i);
        }
    }
    public static void main (String argsp[ ]) {
        Outer2 out = new Outer2();
        Outer2.Inner in = out.new Inner();
        in.fIn();
    }
}
```

运行结果：

```
innner - fIn: i3
innner: i2
outer: i1
```

(5) 修饰符

非静态内部类可用的修饰符有：public、protected、private、final、abstract。例如：

```
class Outer3 {
    public abstract class Inner{};
}
```

5.5.2 静态内部类

当内部类用 static 修饰时，就成为静态内部类。

(1) 静态内部类对象的创建

创建静态内部类对象时，不用事先创建外部类的对象。

例 5-25 静态内部类对象的创建

```
class Outer5{
    static class Inner{
        public void fIn(){
            System.out.println("innner5");
        }
    }
    public static void main (String argsp[]) {
        Inner in = new Inner();
        in.fIn();
    }
}
```

运行结果：

```
innner5
```

(2) 静态内部类对类外成员的访问

静态内部类只能直接访问外部类的静态成员，不能直接访问外部类的非静态成员，如果一定要访问，必须通过外部类的对象访问。

例 5-26 静态内部类对类外成员的访问

```
class Outer6{
    static int i = 10;
    //int j = 20;
    static class Inner{
        public void fIn(){
            System.out.println("i = " + i);
            //System.out.println("j = " + j);
        }
    }
    public static void main (String argsp[]) {
        Inner in = new Inner();
        in.fIn();
    }
}
```

运行结果：

```
i = 10
```

如果把这个例子中加注释的部分去掉注释符号，则编译出错。需要改为如下形式。

```
class Outer6{
    static int i = 10;
    int j = 20;
    static class Inner{
        public void fIn(){
            System.out.println("i = " + i);
            Outer6 out = new Outer6();
            System.out.println("j = " + out.j);
        }
    }
    public static void main (String argsp[ ]) {
        Inner in = new Inner();
        in.fIn();
    }
}
```

5.5.3 方法内部类

把类定义在方法内，就称为方法内部类。方法内部类的作用域与局部变量相同，只能在本方法内被访问。

例 5-27 方法内部类的定义

```
class Outer7 {
    public void fout1(){
        class Inner{
        public void fIn(){
                System.out.println("inner");
                }
        }
        Inner in = new Inner();
        in.fIn();
    }
    public void fout2(){
        //Inner in = new Inner();
        //in.fIn();
    }
}
```

如果把 fout2()中的注释符号去掉，则程序编译出错。由于内部类 Inner 是在 fout1()中定义，因此只能在 fout1()中使用。

5.5.4 匿名内部类

匿名内部类是没有名字的内部类，它继承了某个类或实现了某个接口。它只有类的主体部分，没有类的声明，类的主体部分紧跟 new。格式如下。

```
new 接口名(){ //类体 };
```

或

```
new 父类名(){ //类体 };
```

例 5-28 匿名内部类的定义

```
interface Intf{
    public void drive();
}
abstract class Car implements Intf {
}
class Test{
    public static void main(String[ ] args) {
    Intf f = new Intf(){
            public void drive(){
                System.out.println("interface");
                }
        };
        f.drive();
        Car c  =  new Car(){
            public void drive(){
                System.out.println("abstract");
                }
        };
    c.drive();
    }
}
```

运行结果：

```
interface
abstract
```

这个例子在 main()定义了两个匿名类，一个实现了接口 Intf，另一个继承了抽象类 Car。因为这两个类没有名字，所以只能用一次。匿名类多用在事件处理的程序中，在第 9 章的例子中可以见到它的使用。

习题 5

1. 选择题

(1) 下面不能放在一起修饰其后面内容的修饰符组合是(　　)。

A. public static 方法　　B. public abstract 方法

C. abstract final 类　　D. static final 常量标识符

(2) 如果要求类 A 的成员变量 m 只能在类 A 中被访问，那么该成员变量 m 应用哪一个修饰符？(　　)

A. private　　B. 默认　　C. protected　　D. public

(3) 若要使下面的程序合法并且输出结果为 3，则变量 a 的修饰符应该是什么？(　　)

```
public class statictest{
    ________ int a;
    public static void main(String args[ ]){
        statictest s1 = new statictest ();
        s1.a++;
        statictest s2 = new statictest ();
        s2.a++;
        statictest.a++;
        System.out.println(s2.a);
    }
}
```

A. abstract　　B. final　　C. static　　D. public

(4) 下面哪个方法可以从该类的外部访问？(　　)

A. void public getv(){}　　B. public void getv(){}

C. void private getv(){}　　D. private void getv(){}

(5) 关于 Java 的继承正确的是哪个？(　　)

A. 一个类只能有一个直接父类

B. 一个类只能实现一个接口

C. 一个接口只能有一个父接口

D. 子类可以直接访问父类中 private 修饰的属性

2. 填空题

(1) 定义抽象类使用关键字________。

(2) Java 中一个类可以实现________个接口。

(3) 下列程序的输出结果是什么？

```
class Test{
    static int num = 1;
    int c;
    public Test(){
        c = num++;
    }
    public static void main(String args[ ]){
        Test x = new Test();
        System.out.println(x.num);
        System.out.println(x.c);
    }
}____________________.
```

(4) 下面是一个类的定义，请填写空白处，每个空白处最多写一条语句。

```
class test{
    private int x;
    public test(int x){
        ________ = x;
    }
    public int getx()
    {________}
```

```
    public ________ setx(int x)
    {________}
}
class mtest{
    public static void main(String args[ ]){
        test t = new test(0);
        ________;           //给对象 t 中的 x 赋值为 6
        int y = ________;   //把对象 t 中的 x 的值赋值给 y
        System.out.println(y);
    }
}
```

3. 判断题

(1) 方法可以多态，但变量不可以多态。 (　　)

(2) Java 是单重继承，因此一个类只能有一个父类，一个接口也只能有一个父接口。 (　　)

(3) 当一个类中有抽象方法时，这个类一定是抽象类。 (　　)

(4) 被 private 修饰的变量可以在同一个包中不同的类中被直接访问。 (　　)

(5) 方法内局部变量要先赋值再使用。 (　　)

(6) final 修饰的方法不能被覆盖。 (　　)

(7) Employee 是 Manager 的父类，这两个类都没有定义构造器，则判定下面语句是否正确：

`Employee x[ ] = new Employee[3]; x[0] = new Employee(); x[1] = new Manager();` (　　)

4. 程序改错

下列程序有一处错误，请写出出错的行数及修改方法。

```
import java.io.*;
class a1{
    public void execute(){
        System.out.println("a1 is a class");
}
}
class a2 extends a1{
    void execute () {

        System.out.println("a2 is a class");
    }
}
```

5. 编程题

(1) 编写一个例子，实现多态，内容自选，如图形类的例子、学生类的例子等等。

(2) 定义一个类 shape，它有个抽象方法 getArea()。这个类有两个子类分别是：circle (圆)和 rectangle(矩形)。每个子类都有构造器初始化属性(用来计算面积)，并都重写了方法 getArea()，以此来计算自己的面积。现有 3 个圆和 2 个矩形，其中 3 个圆的半径分别为 1.2,1.5,2.0，第一个矩形的长和宽分别为 2.2 和 3.0，第二个矩形的长和宽分别为 1.0 和 2.4。写一个主类，计算这 5 个图形的面积之和。编程完成上述功能，要用变量多态。

(3) 将(2)题中的类 shape 改为接口重写该程序。

第6章 几种常用类

一个 Java 程序员除了应掌握 Java 语言的基本知识以及面向对象的编程方式，还应了解类库中的类，了解得越多，就越能提高编程的效率。本章介绍几种 Java 常用类：String、StringBuffer、基本数据类型类、Vector、Math、Object、日期类以及参考类型数据的比较运算。

6.1 String 和 StringBuffer

在高级语言中，字符串是常用的数据类型。由于 Java 语言是面向对象的语言，对于字符串的处理也毫无例外，把字符串作为对象处理，程序中用到的字符串无非两类：一类是在程序运行过程中值不改变，这种是字符串常量，Java 用 String 类来表示；另一类是在程序的运行中值可以发生变化，即字符串可以被编辑修改，这种是字符串变量，Java 用 StringBuffer 类来表示。不管字符串常量还是字符串变量，字符串中每个字符都有一个下标值，字符串中第一个字符的下标值是 0。

6.1.1 String

String 类用来描述字符串常量，字符串常量就是用双引号括起的字符序列，如"Java 语言"，"hello"等。每一个这样的字符串常量都对应着一个 String 类对象，在 String 类中封装了对字符串常量进行操作的方法以及表示它们特征的属性。

1. 构造器

由于 String 类的对象表示的是字符串常量，即一经创建就不能更改了，因此在创建 String 对象时，通常要向 String 类的构造函数传递参数来指定所创建的字符串的内容。String 类的构造函数如下。

(1) public String()：无参数构造器用来创建一个空串。

(2) public String(String value)：该构造器用一个已经存在的字符串常量创建一个新的 String 对象，该对象的内容与给出的字符串常量一致。这个字符串常量可以是另一个 String 对象，也可以是一个用双引号括起的直接常量。

例如：

```
String s = new String("Java 语言");
```

该句可以简写为：

```
String s = "Java 语言";
```

但是要注意用这两种方式给 String 类型的变量赋值有不同之处，下面的例子可以说明这种不同。

```
class str1{
    public static void main (String argsp[ ]) {
        String s1,s2,s3,s4;
        s1 = new String("Hello");
        s2 = new String("Hello");
        System.out.println("new: " + (s1 == s2));            //new: false
        s3 = "Hello";
        s4 = "Hello";
        System.out.println("without new: " + (s3 == s4));    //without new: true
    }
}
```

运行结果：

```
new: false
without new: true
```

用==判定两个参考类型的变量是否相等，判断的是其所存储的对象的地址是否相同，即是否指向同一个对象。从这个例子可以看到，当调用构造器并通过 new 创建对象再分别给 s1 和 s2 赋值时，s1 和 s2 指向的是不同的对象，虽然这两个对象里的字符串内容相同。而当用简写方式分别给 s3 和 s4 赋值时，由于赋值的字符串内容相同，在内存中只存了一份 Hello，这时的 s3 和 s4 记下的是同一个地址。

(3) public String(char value[])：通过给构造器传递一个字符数组来创建一个字符串。注意在 Java 中字符数组不等同于字符串，将字符数组的字符组合成一个字符串需要用到这个构造器。这一点跟 C 语言不一样。

例如：

```
char ch[ ] = {'J','a','v','a'};
String s = new String(ch);
```

(4) public String(char value[],int startIndex,int numChars)：该构造器用参数中给出的字符数组，从 startIndex 起的 numChars 个字符构造一个字符串。

例如：

```
char ch[ ] = {'J','a','v','a'};
String s = new String(ch,1,2);                            //s = "av"
```

(5) public String(byte b[],byte hibyte)：该构造器将指定的 byte 型数组转化为字符串，其中 hibyte 指明各字符的高位字节。对于 ASCII 码，必须将高位字节声明为零。而其他的非拉丁文字符则置为非零。

例如：

```
byte[ ] b = {97,98,99};
```

```
String s = new String(b,0);                              //s = "abc"
```

相当于 String s＝new String(“abc”)；

(6) public String(byte[]bytes, int offset, int length)：构造一个新的 String，把字节数组从 Offset 开始的 length 个字节生成一个字符串。

2. 常用方法

(1) public length()：返回此字符串的长度。长度等于字符串中 Unicode 代码单元的数量。例如：

```
String s = "Java 语言";
System.out.println(s.length());                          //结果为 6
```

这里要注意，对于字符串中含有汉字的情况（如上例），根据操作系统默认字符集的不同，结果可能不一样，有些情况下上例的结果为 8。若当前系统的默认字符集是 GBK，上例结果显示为 6，这是因为 GBK 编码方式下，一个英文字符是一个字节，一个汉字是两个字节，而一个 Unicode 是两个字节。GBK 中的一个英文字符转换为 Unicode 编码变为两个字节，GBK 中的一个汉字编码（两个字节）对应一个 Unicode 代码单元，而 s.length()返回的是 Unicode 代码单元数，也就是返回的是字符串中字符数，即显示结果为 6。然而若当前系统默认字符集是 Windows-1252，虽然在这个字符集中一个英文字符是一个字节，一个汉字是两个字节，但是在转换为 Unicode 时，每一个字节都转换成一个 Unicode 代码单元，也就是一个中文字符转换成了两个 Unicode 代码单元，所以上例显示是 8。其实后者的转换是不符合实际的，为了解决这个问题，可以在编译和运行 Java 程序时加上相应的参数。若上例中的语句写到一个主类名为 first、源文件名为 first.java 的程序中，那么编译和运行可以分别采用如下的命令。

```
javac -encoding gbk first.java
java -Dfile.encoding = gbk first
```

(2) public char charAt(int index)：返回字符串中 index 位置上的字符。例如：

```
char ch = s.charAt(2);                                   //返回字符 v
```

(3) public void getChars(int sStart,int sEnd,char dst[],int dstStart)：从当前字符串中复制若干个字符到字符数组中去。复制的字符从第 sStart 个开始（包括第 sStart 个），至第 sEnd-1 个终止（不包括第 sEnd 个）。这些字符依次存入字符数组 dst[]中，位置从 dstStart 开始。

例如：

```
String s = "Java 语言";
char ch[] = new char[4];
s.getChars(0,4,ch,0);                                    //ch[] = {'J','a','v','a'};
```

(4) public int compareTo(String str)：该方法将当前字符串与参数字符串进行按字典顺序比较大小。如果当前字符串小，则返回－1，如果两个字符串相等则返回 0，当前字符串大，则返回 1。例如：

```
String s = "abcd",s1 = "abbd",s2 = "abcd",s3 = "abdd";
System.out.println(s.compareTo(s1));
System.out.println(s.compareTo(s2));
System.out.println(s.compareTo(s3));
```

结果为：

```
1
0
-1
```

（5）public boolean equals(Object obj)和 public boolean equalsIgnoreCase(String obj)：判定当前字符串与参数字符串是否相等，相等则返回 true，不相等则返回 false。两者的不同是前者区分大小写，后者不区分大小写。方法 equals()是继承自 Object 类，其参数是 Object 类，因此 equals()不仅能比较两个字符串是否相等，也能比较任意两个参考类型变量是否相等，在本章的后面会专门对此说明，这里只讨论用它来完成对字符串的比较。

例如：（接上例）

```
System.out.println("s.equals(s1)" + s.equals(s1));
System.out.println("s.equals(s2)" + s.equals(s2));
```

结果为：

```
s.equals(s1)false
s.equals(s2)true
```

另外，再看下例：

```
class str2{
    public static void main (String argsp[]) {
        String s1,s2;
        s1 = new String("Hello");
        s2 = new String("Hello");
        System.out.println("new: " + (s1.equals(s2)));
    }
}
```

运行结果：

```
new: true
```

由此可以看出，用 equals()对两个字符串对象进行比较，比较的是字符串内容，只要字符串内容相等就返回 true。

（6）查找方法（整型参数）

```
public int indexOf(int ch)
public int indexOf(int ch,int fromIndex)
public int lastindexOf(int ch)
public int lastindexOf(int ch, int fromIndex)
```

在当前字符串中查找参数指定的字符在串中首次出现的位置，如果查找成功则返回该位置，否则返回－1。前两个方法是在字符串中从前向后查，后两个是从后往前查。第一个方法从字符串的第一个字符查起，第三个从最后一个字符查起。第二个和第四个方法都是从 fromIndex 位置开始查起。例如：

```
String s = "他不仅会 Java 语言,还会 JSP 语言";
int t = -1;
do{
    t = s.indexOf((int)'J',t + 1);
    System.out.print(t + "\t");
}while(t!= -1);
```

结果为：

```
4 13  -1
```

(7) 查找方法(字符串参数)

```
public int indexOf(String str)
public int indexOf(String str, fromIndex)
public int int lastIndexOf(String str)
public int lastIndexOf(String str, int fromIndex)
```

本组方法与上一组类似，区别在于这里是在当前字符串中查找参数指定的子串的起始位置。用法跟上一组类似。

例如：(仍用上例中的字符串 s)

```
String subs = "语言";
t = s.length();
do{
    t = s.lastIndexOf(subs,t - 1);
    System.out.print(t + "\t");
}while(t!= -1);
```

结果为：

```
16 8  -1
```

(8) 返回子串的方法

public substring(int beginIndex)和 public substring(int beginIndex, int endIndex)

返回当前字符串中指定的一个子串。参数 beginIndex 指定子串在当前字符串中的起始位置，参数 endIndex 指定子串在当前字符串中的结束位置的下一个位置。第一个方法中没有参数 endIndex，则子串的结束位置为当前字符串的最后一个字符。

例如：

```
String s = "Java 语言";
System.out.print(s.substring(4) + "\t" +  s.substring(0,4));
```

结果为：

```
语言  Java
```

(9) public static String valueOf(boolean b)：该方法可以将参数中的 boolean 类型的数据转换为字符串，例如，当参数 b 为 true 时，经过该方法可以将其转换为字符串“true”。同样的道理，这里的参数类型还可以是 int、char、long、double、float。通过该方法可以将这些类型的数据转换为字符串。例如：

```
String s;
s = Integer.valueOf(23).toString();
System.out.print(s);
```

(10) public String concat(String str)：该方法将参数字符串连接在当前字符串的末尾，并返回这个连接而成的字符串，但是当前字符串本身不变。例如：

```
String s = "Java";
System.out.println(s.concat("语言"));
System.out.println(s);
```

运行结果：

```
Java 语言
Java
```

6.1.2 StringBuffer

StringBuffer 类的对象代表字符串变量，在该类中封装了一些对字符串进行修改的方法。

1. 构造器

(1) public StringBuffer()：建立一个空串的缓冲区，其长度为 16 即可以存储 16 个字符的容量。

(2) public StringBuffer(int length)：建立一个长度为 length 的空串缓冲区。

(3) public StringBuffer(String str)：初始化缓冲区的内容为 str。

例如：StringBuffer s1＝new StringBuffer("Java 语言")；//创建一个缓冲区，其中存放的内容是“Java 语言”。

2. 常用方法

(1) public int length()：该方法返回字符串的字符个数。

(2) public StringBuffer append(String str)：用于将一个字符串添加在当前字符串变量的末尾。为了使字符串缓冲区能存放下添加的字符，根据添加的字符串长度，字符串缓冲区会自动增加参数 str 长度的容量。如果参数 str 为 null，则将 null 添加到字符串缓冲区内。append()方法有多个重载的形式，如下所示。

public StringBuffer append(char[] str)：用于将一个字符数组里的字符添加到当前字符串缓冲区内。在添加前，将该字符数组转化成字符串，然后将字符串添加到字符串缓冲区内。

public StringBuffer append(boolean b)：首先把 boolean 类型的数据转换为字符串，然

后将字符串添加到当前字符缓冲区内。这里参数类型还可以是 char、int、long、float、double。

(3) public StringBuffer insert(int offset,String str)：将参数给定的字符串插入到当前字符串缓冲区的 offset 位置处。字符串缓冲区增加 str 长度的容量，从 offset 开始的字符向后移动。

public StringBuffer insert(int offset,boolean b)：将 boolean 类型的数据转化为字符串插入到当前字符串缓冲区的 offset 位置，这里待插入的参数类型还可以是 char、int、long、float、double 及字符数组。

(4) public String toString()：当前字符串变量转换为字符串常量并返回，原字符串变量不变。

例 6-1 StringBuffer 的使用

```
public class strb1 {
    public static void main(String args[ ]){
        StringBuffer strb1 = new StringBuffer();
        strb1.append("这是一本书.");
        System.out.println(strb1);                    //直接输出字符串缓冲区中的内容
        strb1.insert(4,"Java");
        strb1.append(32.5f);
        System.out.println(strb1.toString());         //字符串变量转换为字符串常量后输出
        System.out.println("Its length is " + strb1.length());
    }
}
```

运行结果：

```
这是一本书.
这是一本 Java 书.32.5
Its length is 14
```

6.1.3 String 与 StringBuffer 的比较

1. 相同点

两个类都是进行字符串处理的，并且字符在字符串中的位置都是从 0 开始的。这两个类还有相同的方法，如 length()等。

2. 不同点

String 类代表的是字符串常量，即它的对象都是不可以编辑的，不能对它的对象做任何改动，而只能利用它建立其他字符串。例如，前面讲到的 String 的方法 concat(String str)，在进行字符串连接时并不是把参数字符串直接连接在当前字符串后面，而是两个字符串连接生成了一个新的字符串，当前字符串不变，这充分说明 String 类代表的是字符串常量。

StringBuffer 类代表的是字符串变量，它的对象是可以编辑的，如可通过方法 append()在末尾添加或通过 insert()在适当位置插入，这些改动直接在当前字符串变量上进行，从而证明 StringBuffer 类代表的是字符串变量。

6.2 基本数据类型类

6.2.1 基本数据类型类介绍

Java 中有八种基本数据类型，每种数据类型又对应着一个类，这八种与基本数据类型对应的类称为基本数据类型类，又称为包装类(wrapped class)，如表 6-1 所示。包装类将基本类型的数据元素封装为对象，可以对基本类型的数据进行一些有用的操作。基本数据类型类在 java. lang 包中，而且都是 final 的，即不能派生子类。

表 6-1 基本数据类型与基本数据类型类的对应

基本数据类型	基本数据类型类
boolean	Boolean
char	Character
int	Integer
byte	Byte
short	Short
long	Long
float	Float
double	Double

6.2.2 构造器

每种基本数据类型类都有构造器，通过构造器可以创建对应的基本类型数据的对象。例如：

```
Integer x = new Integer(3);
Boolean b = new Boolean(true);
```

6.2.3 常用方法

(1) valueOf()和 XxxValue()：每个数据类型类都含有静态方法 valueOf()，可以根据 String 型的参数来创建相应数据类型类的对象。

例如：

```
Integer.valueOf("123").
```

每个数据类型类都含有形如 XxxValue()方法，这里 Xxx 分别代表 byte、short、int、long、float 和 double、boolean、char。其作用是返回相应基本类型数据的值。

例如：intValue()以 int 类型返回该 Integer 对象的值。

上述两个方法连用就可以完成由字符串向相应数据类型转换的工作。

例如：

```
int i = Integer.valueOf("123").intValue();
float f = Float. valueOf("12.3").floatValue();
```

(2) parseXxx()：除了 Boolean 和 Character 之外的其他数据类型类都含有静态方法 parseXxx()，这里的 Xxx 与 XxxValue()中的含义相同。可用这个方法将字符串直接转换为相应的基本类型数据。

例如：

```
int i = Integer.parseInt("1234");
float f = Float. parseFloat("123.4");
```

(3) toString()：每个数据类型类都继承并重写了 Object 类中的 toString()方法，能返回该数据类型类所对应的基本类型数据的字符串表示。

例如：

```
String s;
s = Integer.valueOf("23").toString();
```

6.3 Java 集合类——Vector

6.3.1 向量简介

向量(Vector)是 Java.util 包提供的一个工具类，像数组一样实现了顺序存储结构，但跟数组有不同之处，它是用来存放对象的有序集合。Java 中的数组是固定长度的，即必须把所需要的内存空间一次性地申请出来，此后将不能改变数组的长度，这给许多操作带来了局限。而 Vector 封装了很多的方法，通过这些方法，可以方便地增加容量，以便存储更多的元素。当然，Vector 封装的方法还可以完成修改和维护数据的功能。但是，应该注意的是，Vector 中存储的元素类型必须是参考数据类型，即数据元素必须是类对象，而不能是简单数据类型的数据。

表 6-2 Vector 与数组的不同之处

不 同 之 处	Vector	数 组
存储数据类型	参考类型	参考类型，简单类型
容量是否可以增加	可以	不可以
数据类型的一致性	不同类的对象可以存储一个向量中	相同类型的数据(至少要满足变量多态)存储在同一个数组中
是否适合频繁地插入和删除操作	是	否

从表 6-2 可以看出，Vector 与数组相似，但又不能相互取代。特别注意，Vector 中的元素不能是简单数据类型。

6.3.2 构造器

Vector 类共有四个构造器。

(1) public Vector(int initialCapacity,int capacityIncrement)：该构造器创建对象时，需要两个参数，一个是向量的初始容量 initialCapacity，第二个是当初始容量不够时，向量容量以 capacityIncrement 为增量增长。

(2) public Vector(int initialCapacity)：该构造器只给出初始容量，而没有给出增量。

(3) public Vector()：该构造器既没有给出初始容量，也没有给出增量。它的默认容量为 10。

(4) public Vector(Collection c)：构造一个包含指定集合中的元素的向量，这些元素按其集合的迭代器返回元素的顺序排列。

6.3.3 常用方法

Vector 中提供了许多方法，可以方便地向向量中增加、删除和插入元素，以及判定向量中元素个数、元素位置。

(1) public int capacity()：返回向量的容量。

(2) public int size()：返回向量中元素的个数。

(3) public boolean contains(Object elem)：如果指定对象是向量中的元素，则返回 true。

(4) public int indexOf(Object elem)：从起始位置匹配指定的对象，然后将索引值返回，如果没有找到元素则返回－1。

(5) public int indexOf(Object obj,int index)：从指定的 index 位置开始向后搜索，返回所找到的第一个与指定对象 obj 相同的元素的下标值，若指定对象不存在，则返回－1。

(6) public E elementAt(int index)：返回 index 指定位置的元素，E 代表任何一种数据类型，在以下方法中含义相同，如果 index 无效，则抛出 ArrayIndexOutOfBoundsException。

(7) public void setElementAt(E obj,int index)：以指定元素 obj 代替指定位置 index 处的元素。

(8) public void removeElementAt(int index)：删除指定索引位置元素。

(9) public boolean removeElement(Object obj)：删除向量中第一个与指定的 obj 对象相同的元素，同时后面的元素向前提。向量中不存在欲删除的对象，返回 false。

(10) public void addElement(E obj)：添加指定对象作为向量的最后元素，向量的 size 加 1；如果向量的容量小于向量的大小，则容量会自动增加。

(11) public void insertElemnetAt(E obj,int index)：在指定位置 index 处插入指定元素 obj，此后的内容向后移动一个单位。

6.3.4 应用举例

例 6-2 向量的应用举例：

```
import java.util.*;
```

```
class xx{
    int x = 1;
}
class yy{
    int y = 2;
}
public class vector1 {
    public static void main(String args[ ]){
        Vector v1 = new Vector();
        System.out.println(v1.capacity() + "," + v1.size());
        for(int i = 1;i <= 10;i++)
        {
            v1.addElement(new xx());
        }
        System.out.println(v1.capacity() + "," + v1.size());
        v1.insertElementAt(new xx(),0);
        v1.addElement(new yy());
        System.out.println(v1.capacity() + "," + v1.size());
    }
}
```

运行结果：

```
10,0
10,10
20,12
```

从运行结果来看，当没有指定向量大小创建向量对象时，向量的容量为 10，当向向量中插入第 11 个元素时，由于向量容量不够而会自动增加 10 个元素的容量。向量中存储的元素是参考数据类型，而且同一个向量中可以存储不同类型的参考数据类型的数据，因为向量的声明和创建不涉及元素的类型。而数组虽然能做到异类收集，那也是基于变量多态的，因为数据在声明和创建时要涉及数组元素的类型。

例 6-3 向量的添加和删除操作

```
import java.util. * ;
public class vector2 {
    public static void main(String args[ ]){
        int i;
        Vector v1 = new Vector(100);
        for(i = 1;i <= 5;i++)
        {
            v1.addElement(new Integer(1));
            v1.addElement(new Integer(2));
        }
        System.out.println(v1.capacity() + "," + v1.size());
         i = 0;
        while((i = v1.indexOf(new Integer(2),i))!= - 1)
        {
            System.out.print(" " + i);
            i++;
```

```
            }
            while(v1.removeElement(new Integer(1)));
            System.out.println();
            System.out.println(v1.capacity() + "," + v1.size());
            i = 0;
            while((i = v1.indexOf(new Integer(2),i))!= -1)
            {
                System.out.print(" " + i);
                i++;
            }
        }
    }
```

运行结果：

```
100,10
 1 3 5 7 9
100,5
 0 1 2 3 4
```

从这个例子可以看到，在向量中添加 10 个元素，然后删除其中的 5 个，用 removeElement (new Integer(1))删除元素，当成功删除对象时，该函数返回 true，循环继续进行，当向量中所有 new Integer(1)对象都删除完后，再删除该对象则返回 false，循环结束。当删除向量中的元素时，向量中后面的元素自动向前移动。

6.4 Math 和日期类

6.4.1 Math

Math 类处于 java.lang 包中，提供了许多用于实现数学函数的基本方法，包括指数运算、对数运算、平方根运算、三角函数等，Math 中的方法都是静态的，因此通过类名就可以直接调用。Math 类还包括两个常量属性：E(自然对数的底数)和 PI(圆周率)。Math 类是 final 的，因此不会有子类。Math 类的构造器是 private 的，因此不能创建 Math 的对象。

Math 类提供的常用方法有：

abs()：返回绝对值。

max()：返回两个参数的较大值。

min()：返回两个参数的较小值。

random()：返回 0.0 到 1.0 之间的随机数。

round()：返回四舍五入的值。

sin()：正弦函数。

cos()：余弦函数。

tan()：正切函数。

exp()：返回自然对数的幂。

sqrt()：平方根函数。

pow()：幂运算。

读者在程序设计中根据需要可以使用 Math 类中的数学函数。

6.4.2 日期类

关于日期类，这里主要介绍 Date、Calendar、GregorianCalendar、DateFormat。其中，Date、Calendar、GregorianCalendar 在 java. util 包中，DateFormat 在 java. text 包中。

1. Date

类 Date 中用到了标准基准时间，即 1970 年 1 月 1 日 00:00:00 GMT。类 Date 表示特定的瞬间，精确到毫秒，它使用 long 类型记录这些毫秒值，即自标准基准时间以来的毫秒数。因为 long 是有符号整数，所以日期可以在 1970 年 1 月 1 日之前，也可以在这之后。

构造函数是 Date()，它创建一个表示创建时刻的对象。getTime()方法返回自标准基准时间以来此 Date 对象表示的毫秒数。

例 6-4　日期类的使用

```
//now.java
import java.util. * ;
public class now {
    public static void main(String[ ] args) {
        Date now = new Date();
        long nowLong = now.getTime();
          System.out.println("Value is " + nowLong);
    }
}
```

运行结果：

```
Value is 1318063553553
```

输出了自 1970 年 1 月 1 日 00:00:00 GMT 以来至程序运行时的毫秒数。

2. DateFormat

DateFormat 是日期/时间格式化子类的抽象类，它以与语言无关的方式格式化并分析日期或时间。DateFormat 提供了很多类方法，以获得基于默认或给定语言环境和多种格式化风格的默认日期/时间 Formatter。格式化风格包括 FULL、LONG、MEDIUM 和 SHORT，它们都是静态常量。

常用方法如下。

(1) getDateInstance()：该方法是静态方法，获得日期 formatter，该 formatter 具有默认语言环境的默认格式化风格。

(2) getDateInstance(intstyle)：该方法是静态方法，获得日期 formatter，该 formatter 具有默认语言环境的给定格式化风格。这里的 style 可以是 FULL、LONG、MEDIUM 和 SHORT 中的一种。

(3) format(Datedate)：将一个 Date 格式化为日期/时间字符串。

例 6-5 日期格式的使用

```
//StyleDate.java
import java.util.*;
import java.text.*;
public class StyleDate {
    public static void main(String[] args) {
        Date now = new Date();
        DateFormat df = DateFormat.getDateInstance();
        DateFormat df1 = DateFormat.getDateInstance(DateFormat.SHORT);
        DateFormat df2 = DateFormat.getDateInstance(DateFormat.MEDIUM);
        DateFormat df3 = DateFormat.getDateInstance(DateFormat.LONG);
        DateFormat df4 = DateFormat.getDateInstance(DateFormat.FULL);
        String s = df.format(now);
        String s1 = df1.format(now);
        String s2 = df2.format(now);
        String s3 = df3.format(now);
        String s4 = df4.format(now);
        System.out.println("(Default) Today is " + s);// Default
        System.out.println("(SHORT) Today is " + s1); // SHORT
        System.out.println("(MEDIUM) Today is " + s2);// MEDIUM
        System.out.println("(LONG) Today is " + s3);  // LONG
        System.out.println("(FULL) Today is " + s4);  // FULL
    }
}
```

运行结果：

```
(Default) Today is 2011-10-8
(SHORT) Today is 11-10-8
(MEDIUM) Today is 2011-10-8
(LONG) Today is 2011年10月8日
(FULL) Today is 2011年10月8日星期六
```

通过调用 DateFormat 中的静态方法 getDateInstance()和 getDateInstance(intstyle)，而得到不同的日期格式，调用 format(Datedate)来实现不同的日期格式，即得到相应日期格式的字符串。

3. GregorianCalendar

GregorianCalendar 是 Calendar 的子类，将通过另一种方法创建一个任意的日期。

(1) 构造器

public GregorianCalendar(int year,int month,int dayOfMonth)：在具有默认语言环境的默认时区内构造一个带有给定日期设置的 GregorianCalendar。

注意月份的表示，1 月是 0，2 月是 1，以此类推，12 月是 11。因为大多数人习惯于使用单词而不是使用数字来表示月份，这样程序也更易读，父类 Calendar 使用常量来表示月份：JANUARY、FEBRUARY 等。日期(December 17, 1903)，可以使用：GregorianCalendarfirstFlight = new GregorianCalendar(1903, Calendar.DECEMBER, 17)。

(2) 常用方法

public void add(int field, int amount)：根据日历规则，将指定的(有符号的)时间量添加到给定的日历字段中。field 是日历字段，可以取值为 DATE、MONTH、YEAR 或 WEEK_OF_YEAR。amount 为字段添加的日期或时间量。

例 6-6　日期的计算

```
//nextday.java
import java.util.*;
import java.text.*;
public class nextday{
    public static void main(String[] args) {
        GregorianCalendar worldTour = new GregorianCalendar(2011, Calendar.OCTOBER, 10);
        worldTour.add(GregorianCalendar.DATE, 3);
        Date d = worldTour.getTime();
        DateFormat df = DateFormat.getDateInstance();
        String s = df.format(d);
        System.out.println("3days after today " + s);
    }
}
```

运行结果：

```
3days after today 2011-10-13
```

利用 GregorianCalendar 及其方法可以方便地算出给定日期之前或之后的相关日期。

6.5　参考类型数据的比较运算

6.5.1　Object

Object 类是所有 Java 类的最终祖先。如果一个类在声明时没有包含 extends 关键字，则编译器创建一个从 Object 派生的类。每个类都直接或间接继承了 Object 类的所有方法。

1. 构造器

public Object()：只有一个无参构造器。

2. 常用方法

(1) public boolean equals(Object obj)：用于比较某个其他对象 obj 与当前对象是否相等。只有被比较的两个参考类型的变量指向同一个对象时，返回 true，否则返回 false。当然有些类例外，如字符串，相关内容在后续部分给出。

(2) public final void notify()：唤醒在此对象监视器上等待的单个线程。

(3) public final void notifyAll()：唤醒在此对象监视器上等待的所有线程。

(4) public final void wait()：等待，直到其他线程调用此对象的 notify()方法或 notifyAll()方法。

(5) public String toString()：返回该对象的字符串表示。通常，toString()方法会返回一个“以文本方式表示”此对象的字符串，结果应简明而易于读懂。很多子类都重写此方法。

6.5.2 比较运算

1. 运算符==的运算规则

运算符==用来判断两边的表达式是否相等，参加判断的既可以是简单数据类型也可以是参考数据类型。当==的两边都是简单数据类型的表达式时，只要值相等就为 true；当==的两边都是参考类型变量时，必须都指向同一个对象，结果才为 true。

例 6-7 运算符==使用

```
public class comp{
    public static void main(String args[ ]){
        Integer int1 = new Integer(1);
        Integer int2 = new Integer(1);
        Integer int3 = int1;
        int array1[ ] = new int[2];
        int array2[ ] = new int[2];
        array2[0] = 2;
        array2[1] = 2;
        System.out.println("int1 == int2 is " + (int1 == int2));
        System.out.println("int1 == int3 is " + (int1 == int3));
        System.out.println("array1 == array2 is " + (array1 == array2));
        System.out.println("array2[0] == array2[1] is " + (array2[0] == array2[1]));
    }
}
```

运行结果：

```
int1 == int2 is false
int1 == int3 is true
array1 == array2 is false
array2[0] == array2[1] is true
```

int1、int2、int3 都是参考类型变量，int1 和 int2 分别指向不同的对象，因此对它们进行 int1==int2 运算时，结果为 false；int3 和 int1 指向同一个对象，因此 int1==int3 的结果为 true。由于数组也是对象，array1 和 array2 指向的是不同的数组对象，因此 array1==array2 为 false，而数组元素的类型是简单数据类型 int，由于 array2[0]和 array2[1]都赋值为 2，因此 array2[0]==array2[1]为 true。

2. equals()方法

equals()方法在类 Object 中定义，每个类都继承了这个方法。equals()方法对两个参考类型数据进行比较，两个参考类型变量都指向同一个对象时，结果为 true。但是有四个类型除外，即 File、Date、String、基本数据类型类，对它们用 equals()进行比较时，如果类型一致，且与它们相联系的内容一致，则返回 true。在前面的字符串比较运算中，已经用过

equals()方法，对两个字符串进行相等比较时，比较的是字符串的内容，不要求两个句柄指向同一个字符串对象。

例 6-8 equals()方法的使用

```
public class comp1{
    public static void main(String args[ ]){
        Integer int1 = new Integer(1);
        Integer int2 = new Integer(1);
        Integer int3 = int1;
        int array1[ ] = new int[2];
        int array2[ ] = new int[2];
        System.out.println("int1.equals(int2) is " + (int1.equals(int2)));
        System.out.println("int1.equals(int3) is " + (int1.equals(int3)));
        System.out.println("array1.equals(array2) is " + (array1.equals(array2)));
    }
}
```

运行结果：

```
int1.equals(int2) is true
int1.equals(int3) is true
array1.equals(array2) is false
```

int1、int2、int3 都是参考类型变量，但是它们属于特殊类型——基本数据类型类，因此用 equals()方法对 int1 和 int2 进行比较时，只看其内容是否相等，由于 int1 和 int2 中的内容都是整数值 1，虽然它们分别指向不同的对象，但是用 equals()方法比较的结果还是 true。而 array1 和 array2 则不同，因为数组不属于那四类特殊的类型，所以对于 array1 和 array2 的比较结果仍然是 false，因为它们指向的是不同的对象，这跟用==进行比较是相同的结果。

习题 6

1. 填空题

(1) 有如下代码：

```
String s1 = "hello";
String s2 = "hello";
```

则 s1==s2 的结果为________。

(2) 有如下代码：

```
String s1 = new String("hello");
String s2 = new String("hello");
```

则 s1.equals(s2)的结果为________；s1==s2 的结果为________。

(3) 有如下代码：

```
x = Float.parseFloat(y);
```

则 x 是________类型。

（4）有如下代码：

```
x = Integer.parseInt(y);
```

则 x 是________类型。

2. 编程题

（1）将一个字符串反转后输出(利用 charAt()方法)。

（2）查找一个字符串中某个子串出现的次数以及出现的位置。

（3）任意输入一个字符串，判断该字符串是不是回文(从左往右读和从右往左读字符顺序一样，如 refer)。

（4）在一个 Vector 中存放 10 个 Collegian 对象(第 3 章中定义的)，输出并删除指定专业的对象。

第7章 异常处理机制

异常处理是Java程序设计中重要的容错方式。本章通过引例说明为什么要用异常进行容错，接下来介绍JDK中已经定义了的异常类，然后阐述异常处理规则，最后讲解异常类的定义及使用。

7.1 异常处理机制简介

7.1.1 为什么要用异常处理机制

在进行程序设计时，程序员要花费很大的工作量在容错上。所谓容错，就是在程序设计时，要考虑周密，针对各种可能发生的意外情况都采取预防措施，在程序中加上相应的处理指令。传统容错的方式，多是采用分支对一个或多个可能发生的错误进行判断。这样一来，程序的健壮性增加，但是程序的代码量增大，逻辑结构变得复杂，很难掌握程序的流程，使得程序可读性大大降低，同时，由于为了容错而增加的分支和循环也在程序运行时占用时间，大大降低了程序的运行效率。因此，容错成为程序员一件颇为头疼的工作。

例 7-1 传统的容错方式

```
class div{
    void d(int a,int b,int c){
        int s = 0;
        if(b!= 0)
           {s = a/b;
            if(c!= 0)
                {
                  s = s/c;
                  System.out.println("商为: " + s);
                }
            else
              System.out.println("除数为 0");
            }
        else
          System.out.println("除数为 0");
    }
}
class except{
```

```
    public static void main (String argsp[]) {
        div d = new div();
        d.d(16,2,4);
        d.d(18,3,0);
        d.d(15,0,5);
    }
}
```

运行结果：

```
商为：2
除数为 0
除数为 0
```

在方法 d()中为了做两次除法运算，用了分支的嵌套进行检测除数。容错工作几乎掩盖了方法 d()所要完成的主要工作——做两次除法。

Java 通过异常处理机制进行容错，大大地改进了传统的容错方式。异常处理机制可以很好地将程序的主流程和容错进行分隔，也就是说，程序员在写程序时，只要按照正常的流程书写程序，而把对各种可能发生的意外情况的处理写到单独的程序段中，甚至有些意外的处理直接由 Java 的运行时系统来完成。这样一来，程序员在写程序时就可以重点关注程序的主要流程，提高了程序员的工作效率，同时程序的流程变得简洁、清晰，增加了程序的可读性。

例 7-2 系统对异常的处理

```
class div{
    void d(int a, int b, int c){
        int s = 0;
        s = a/b;
        s = s/c;
        System.out.println("商为：" + s);
    }
}
class except1{
    public static void main (String argsp[]) {
        div d = new div();
        d.d(16,2,4);
        d.d(18,3,0);
        d.d(15,0,5);
    }
}
```

运行结果：

```
商为：2
Exception in thread "main" java.lang.ArithmeticException: / by zero
        at div.d(except1.java: 5)
        at except1.main(except1.java: 13)
```

在 d()中，没有用分支语句做容错，流程很清晰，代码很简洁。这个程序用了 Java 的异常处理机制，当除数为零时，由运行时系统抛出异常而中断程序。当然在需要的时候可以在程序中做异常处理，更好地完成容错，同时保证程序结构较为清晰。

例 7-3 程序中加入异常处理

```
class div{
    void d(int a, int b, int c){
        int s = 0;
        try{
            s = a/b;
            s = s/c;
            System.out.println("商为: " + s);
        }catch(Exception e){
            System.out.println("除数为 0");
        }
    }
}
class except1{
    public static void main (String argsp[]) {
        div d = new div();
        d.d(16,2,4);
        d.d(18,3,0);
        d.d(15,0,5);
    }
}
```

运行结果：

```
商为: 2
除数为 0
除数为 0
```

在 d()中，用到了 Java 的异常处理机制，当除数为零时，由程序中的异常处理语句捕获异常并进行处理，程序正常结束。代码简洁、流程清晰。

7.1.2 异常的概念

异常是 Java 用于处理错误的一种机制，Java 程序执行过程中如果出现异常事件，可以生成一个异常对象，这个异常对象封装了异常信息，并被提交给运行时系统，这个过程称为抛出异常。当运行时系统接收到异常对象时，会寻找能处理这一异常的代码并把当前异常对象交由其处理，这个过程称为捕获异常。

例 1-3 中的 try 语句块是抛出异常部分，但是这个异常对象的抛出不是由程序中的语句完成的，而是由虚拟机抛出的。catch 语句块是异常捕获。

7.2 异常分类

JDK 中定义了很多异常类，这些类对应了各种各样可能出现的异常事件。图 7-1 列出了异常类继承层次以及与错误类的关系。

从图 7-1 中可以看到，Throwable 类是 Java 语言中所有错误或异常的父类。只有当对

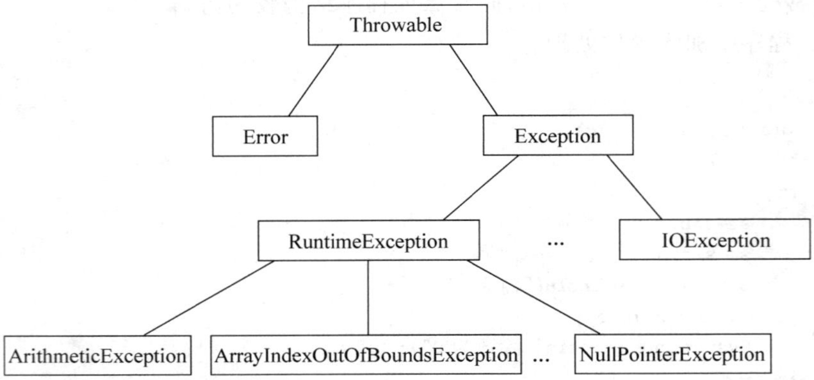

图 7-1 异常类的继承层次图

象是此类(或其子类之一)的实例时,才能通过 Java 虚拟机或者 Java 语句抛出。类似地,只有此类或其子类之一才可以是 catch 子句中的参数类型。

1. Error

Error 代表错误,用于指示合理的应用程序不应该试图捕获的严重问题,即程序中可能发生的、非常严重且无法恢复的非正常事件。如内存溢出、虚拟机出错等。

2. Exception

Exception 是所有异常的父类,其子类分别对应各种各样的异常事件,一般需要用户显式地声明和捕获。Exception 又分为了很多种类型,如 IOException、RuntimeException 等。

3. RuntimeException

这是一类特殊的异常,如,除数为 0 对应着 ArithmeticException,数组下标越界对应着 ArrayIndexOutOfBoundsException,当程序用一个未指向任何对象的参考类型变量来表示对象时,运行时系统会抛出 NullPointerException 等异常。这样的异常在程序中发生比较烦繁,处理比较烦琐,如果显式地声明或捕获会增加大量代码,使程序的可读性和运行效率大大降低,因此对这一类的异常的检测及抛出异常对象交由运行时系统完成,对其处理也由默认的异常处理程序完成,程序员在程序中可以不对此类异常做检测和处理,当然需要的时候也可以在程序中检测、处理。例 7-2 除数为 0 的检测和处理都是由系统完成的；例 7-3 是在程序中完成的异常检测、捕获和处理。

4. IOException

IOException 代表输入输出操作产生的异常,这些异常一般是由用户环境而非程序本身问题造成的,例如,从键盘输入数据时,键盘没有接入主机；从文件读入数据时,文件已经被删除,等等,这些问题的出现导致输入输出操作不能正常进行,但这又不是程序本身的原因造成的,因而 JDK 中一般强制要求在进行输入输出操作时进行异常检测和处理。

7.3 异常处理规则

7.3.1 异常捕获和处理

异常捕获和处理是用 try-catch-finally 语句结构来完成的。

1. 语句格式

```
try{
    语句组 1
}
catch(异常类 1 对象名)
{
    语句组 2
}
catch(异常类 2 对象名)
{
    语句组 3
}
⋮
finally{
    语句组 4
}
```

2. 说明

(1) try 后面大括号中的语句块 1(简称 try 语句块)中包含了可能产生异常的代码,一个 try 语句块可以抛出一个或多个异常,它后面的 catch 要分别对这些异常进行捕获和处理。try 代码块不能脱离 catch 代码块或 finally 代码块而单独存在。try 代码块后面至少有一个 catch 代码块或 finally 代码块。但是 finally 代码块只能是 0 个或 1 个。如果 try 语句块没有产生异常,则跳过 catch 语句块。

(2) catch 语句块是对异常的捕获和处理,每个 try 代码块后可以跟一个或多个 catch 语句块,用来处理可能产生的不同类型的异常对象。每个 catch 后面的小括号里会有一种异常类型,来说明本 catch 语句块能处理哪种类型的异常,它相当于方法的形参,这里称为异常参数。

(3) 当 try 语句块中某行代码抛出异常对象时,将终止执行 try 中该行以下的代码,并跳转到其后的第一个 catch 语句,抛出的异常与该 catch 块的异常参数比较,如果匹配则由该 catch 语句块进行异常处理;否则继续向下进行比较,直到匹配成功,其余的 catch 不再继续与其匹配,异常处理交由匹配成功的 catch 语句块处理。如果所有 catch 块的异常参数都不能与抛出对象匹配或某个 catch 块执行完成后还有异常没处理,则视为 try-catch-finally 语句结构没有完成异常处理。

(4) 抛出的异常与 catch 块的异常参数匹配成功,要满足下列条件之一:异常对象与异常参数属于相同的异常类；异常对象属于异常参数类的子类；异常对象实现了异常参数所定义的接口。这个匹配条件与实参与形参的匹配条件相同(当参数是参考类型时)。

(5) catch 语句块的异常对象封装了异常事件发生的信息，在 catch 语句块中可以使用异常对象的方法来获得这些信息。

getMessage()：返回异常信息。

printStackTrace()：用来跟踪异常事件发生时执行堆栈的内容。

(6) finally 语句块为异常处理提供了一个统一的出口，使得在控制流程转到其他部分以前，能够对程序的状态做统一的管理。通常在 finally 语句块中进行资源清除工作，如关闭打开的文件，清除临时文件。无论 try 语句块是否抛出异常，finally 语句块总要执行，finally 代码块不被执行的唯一情况是程序先执行了 System. exit()。如果 catch 代码块和 finally 代码块并存，finally 代码块必须放在 catch 代码块的后面。

3. 举例

例 7-4 异常处理语句的使用

```
public class ex1{
    public static void main(String args[]){
        int x[] = {4,2,0};
        try{
            System.out.println("商 1: " + x[0]/x[1]);
            x[3] = 100;
            System.out.println("商 2: " + x[1]/x[2]);
        } catch(ArithmeticException e){
            System.out.println("一");
        } catch(RuntimeException e){
            System.out.println("二");
        } catch(Exception e){
            System.out.println("三");
        }
        finally{
            System.out.println("四");
        }
        System.out.println("五");
    }
}
```

运行结果：

```
商 1: 2
二
四
五
```

在这个例子中，当执行到语句 x[3] = 100 时，由于数组下标越界，而抛出 ArrayIndexOutOfBoundsException 的异常对象，try 语句块中自这个语句之后的语句不再执行，程序跳转到 catch 部分。与第一个 catch 语句块的参数不匹配，再与第二个 catch 语句块的参数进行比较，虽然不是同种类型，但是符合匹配的条件，因为 ArrayIndexOutOfBoundsException

是 RuntimeException 的子类。因此该异常由第二个 catch 语句块捕获处理，后面的第三 catch 语句块虽然也满足匹配的条件，但是前面已经有一个匹配成功，第三个将不再进行比较。当执行完第二个 catch 语句块后再执行 finally 语句块，因为它总是被执行。由于 try 中抛出的异常已经被捕获、处理，因此程序可以继续执行 try-catch-finally 语句结构后面的语句，整个程序没有被中断，正常执行后续的语句。

在上面的例题中，还有一点请读者注意，三个 catch 语句块中的异常参数是具有继承关系的，而且它们的排列顺序是从子类到父类的，ArithmeticException 是 RuntimeException 的子类，RuntimeException 是 Exception 的子类，这就好比三张大小不同的网，为了接住从高处抛出的物体，三张网按照从小到大的顺序排列，这样小网才有机会。这里的 catch 语句块中的异常参数排列也是同样的道理。如果将异常参数逆序排列，编译会出错，即如果第一个 catch 语句块中参数是 Exception，这个 catch 语句块将捕获处理所有的异常，后面的 catch 语句块就没有意义了。读者可以自己测试。

例 7-5 未捕获的异常

```
public class ex2{
    public static void main(String args[]){
        int x[] = {4,2,0};
        try{
            System.out.println("商 1: " + x[0]/x[1]);
            x[3] = 100;
            System.out.println("商 2: " + x[1]/x[2]);
        } catch(NullPointerException e){
            System.out.println("一");
        } catch(ArithmeticException e){
            System.out.println("二");
        }
        finally{
            System.out.println("四");
        }
        System.out.println("五");
    }
}
```

运行结果：

```
商 1: 2
四
Exception in thread "main" java.lang.ArrayIndexOutOfBoundsException: 3
        at ex2.main(ex2.java: 6)
```

由于 try 语句块中抛出的异常在其后的 catch 语句块中没有被捕获处理，因此程序不能正常执行 try-catch-finally 后面的语句，将未解决的异常抛出到虚拟机并且程序中断。

例 7-6 catch 语句块抛出异常

```
public class ex3{
    public static void main(String args[]){
        int x[] = {4,2,0};
        try{
```

```
            System.out.println("商 1: " + x[0]/x[1]);
            x[3] = 100;
            System.out.println("商 2: " + x[1]/x[2]);
        } catch(ArithmeticException e){
            System.out.println("一");
        } catch(RuntimeException e){
            System.out.println("二");
            throw e;
        } catch(Exception e){
            System.out.println("三");
        }
        finally{
            System.out.println("四");
        }
        System.out.println("五");
    }
}
```

运行结果：

```
商 1: 2
二
四
Exception in thread "main" java.lang.ArrayIndexOutOfBoundsException: 3
        at ex3.main(ex3.java: 6)
```

这个例子只比例 7-4 多出一条语句 throw e，前面 try 语句块中抛出的异常已经被第二个 catch 语句块捕获处理，但是在第二个 catch 语句块中由 throw e 又抛出了新的异常，新的异常已经没有机会被捕获处理了，因此在这个 try-catch-finally 结果中，仍然存在未被捕获的异常，所有程序不能正常执行，在执行完 finally 后，程序中断。

例 7-7 finally 前面有 return 语句

```
public class ex4{
    public static void main(String args[ ]){
        int x[ ] = {4,2,0};
        try{
            System.out.println("商 1: " + x[0]/x[1]);
            x[3] = 100;
            System.out.println("商 2: " + x[1]/x[2]);
        } catch(ArithmeticException e){
            System.out.println("一");
        } catch(RuntimeException e){
            System.out.println("二");
            return;
        } catch(Exception e){
            System.out.println("三");
        }
        finally{
            System.out.println("四");
        }
```

```
        System.out.println("五");
    }
}
```

运行结果：

```
商 1: 2
二
四
```

虽然在第二个 catch 语句块中有 return 语句，但是在执行 return 之前，先执行 finally 语句块，再回到第二个语句块执行 return 语句。可是如果把本例中的 return 换成 System. exit(1)情况就不同了，因为 System. exit(1)是来停止虚拟机运行的，因此当在 finally 前遇到这个语句时，finally 语句块就没有机会执行了。

7.3.2 方法调用时的异常处理

若一个方法中没有对所发生的异常进行处理，那么会继续将该异常向上一级调用方法抛出，这个过程一直延续到某个方法将其捕获；若所有的方法都未捕获，则该异常被抛出给 main()方法，如果 main()方法也没有处理异常，则程序将中断。

例 7-8 方法调用时的异常处理

```
public class ex5{
    public static void main(String args[ ]){
        int x[ ] = {2,5,9};
        try{
            div d = new div();
            d.meth();
            x[3] = 100;
        } catch(ArithmeticException e){
            System.out.println("1");
        } catch(RuntimeException e){
            System.out.println("2");
        } catch(Exception e){
            System.out.println("3");
        }
    }
}
class div{
    void d(int a, int b){
        int s = 0;
        s = a/b;
        System.out.println("商为: " + s);
    }
    void meth(){
        d(16,2);
        d(15,0);
    }
}
```

运行结果：

```
商为：8
1
```

在这个例子中，方法 d()中产生了除数为零的异常，但是在 d()中并没有捕获和处理异常，因此该异常抛向它的调用者方法 meth()，而 meth()也没有捕获处理异常，该异常继续向上级调用者 main()抛出，main()对该异常进行了捕获和处理，程序正常结束。如果这个例子把 main()中的 try-catch 语句去掉，会出现什么样的情况？请读者自行测试。

7.4 异常类的定义及使用

在写程序时，除了使用 Java 类库中的异常类以外，有时需要在程序中根据具体情况定义一些异常类。自己定义的异常类通常是 Exception 的子类，或是 Throwable 的子类或其间接子类。

7.4.1 定义异常类

例 7-9 异常类的定义

```
class numException extends Exception{
    private String reason;
    public numException(String r){
        reason = r;
    }
    public String getReason(){
        return (reason);
    }
}
```

自定义的异常类 numException 是 Exception 的子类，异常类像普通类一样可以定义成员变量和成员方法，numException 异常类中定义了成员变量 reason 记录异常原因，方法 getReason()返回异常原因。

7.4.2 创建并抛出异常对象

创建、抛出异常对象是在方法体中完成的，一般具有如下格式。

1. 格式

```
修饰符  返回类型  方法名(参数列表)  throws  异常类名表
{
    ⋮
    throw 异常对象;
    ⋮
}
```

在方法中显式地抛出异常对象用"throw 异常对象；"语句，一般是在满足一定条件时抛出异常对象。当方法体中有 throw 语句时，说明这个方法可能会抛出异常对象，那么调用者就要在调用这个方法时进行相应的异常捕获和处理。一般调用方法时只看到方法头部而看不到方法体，因此为了让调用者明确该做何种异常处理，则在方法头部加"throws 异常类名表"说明，这个短语说明本方法中可能抛出的异常，如果抛出多个异常，则异常类之间用逗号分隔。当方法头部加了这个短语后，调用者在调用这个方法时必须做相应的异常捕获处理，否则编译出错。

2. 举例

例 7-10 创建并抛出异常对象

```
class Student {
    private String studentNo,name;
    void setStudent(String stno,String nm) throws numException{
        if(stno.length()!= 9)
          throw new numException("学号位数不对,应该是 9 位");
        studentNo = stno;
        name = nm;
    }
    void showInfo(){
        System.out.println("学号: " + studentNo);
        System.out.println("姓名: " + name);
    }
}
class testExc{
    public static void main(String args[]){
        Student st = new Student();
        try{
            st.setStudent("15081410","张三");
        }
        catch(numException e)
        {
            System.out.println(e.getReason());
        }
        st.showInfo();
    }
}
```

运行结果：

```
学号位数不对,应该是 9 位
学号: null
姓名: null
```

本例中，在 setStudent()中，对学号进行赋值前对其进行检测，学号位数如果不是七位则抛出 numException 异常对象。并且在 setStudent()头部加了 throws numException 短语，说明本方法可能抛出 numException 异常。当在 main()方法中调用 setStudent()时，就要把 setStudent()放在 try 语句块中，并随后对其进行异常捕获处理。若在 main()中没有进行异常处理，改为如下形式。

```
class testExc1{
    public static void main(String args[ ]){
        Student st = new Student();
        st.setStudent("15081410","张三");
        st.showInfo();
    }
}
```

则编译时显示如下错误提示。

```
testExc1.java: 19: unreported exception numException; must be caught or declared to be thrown
    st.setStudent("15081410","张三");
```

习题 7

1. 程序改错。下列程序有一处错误，请写出出错的行数及修改方法。

```
import java.io.* ;
class a1{
    void execute(){
        System.out.println("a1 is a class");
    }
}
class a2 extends a1{
    void execute () throws Exception{
        int a,b,c;
        b = 3;c = 0;
        a = b/c;
        System.out.println("a2 is a class");
    }
}
```

2. 阅读下列程序，完成题目。

```
public void example(){
    try{
        unsafe();
        System.out.println("Test1");
    }
    catch(SafeException e){
        System.out.println("Test2");
    }
    finally{
        System.out.println("Test3");
    }
```

```
    System.out.println("Test4");
}
```

如果方法 unsafe ()运行正常,输出结果是什么?

3. 这段程序的输出结果是什么?

```
public void compute(){
    try{
        System.out.println(3/0);
    }
    catch(Exception e){
        System.out.println("error");
    }
    finally{
        System.out.println("final");
    }
}
```

4. 选择题

若 try 语句块后面跟多个 catch,则 catch 子句根据其异常参数的排列方式,下面正确的是(　　)。

A. 子类异常在前,父类异常在后。

B. 父类异常在前,子类异常在后。

C. 只能有具有同一个父类的子类异常。

D. 父类异常和子类异常不能出现在同一个 try 程序段中。

5. 填空题

(1) 抛出异常应该使用关键字________。

(2) 在 try…catch…finally 结构中,try{}块中的代码为________。

6. 判断题

关于 try…catch…finally 语句结构,判断下列说法是否正确。

(1) try 语句块不能单独存在,后面只能跟 catch 语句块,不能跟其他语句块。　(　　)

(2) try 语句块后面至少跟一个 catch 代码块或一个 finally 代码块。　(　　)

(3) try 语句块中抛出的异常对象与 catch 子句的异常参数是同种类型,该 catch 子句才能捕获这个异常。　(　　)

7. 写出下列程序的输出结果。

```
public class test{
    public static void main (String[] args) {
        int[] text = {2,0,0,7,0,6};
        try{
            System.out.println(text[5]);
            System.out.println(text[6]);
            System.out.println(text[0]);
        }
```

```
        catch(Exception e){
            System.out.println("数组下标越界");
        }
    }
}
```

8. 自定义一个异常类，当程序中输入的邮政编码不合法时抛出这个异常。注：邮政编码必须是六个数字。定义一个 customer 类，该类中包括姓名，住址和邮政编码等属性，并有相应方法对属性进行赋值，在赋值时当邮政编码不合要求则抛出定义的异常类对象，并做相应处理。

第 8 章 输入输出系统

Java 中没有输入输出语句，输入输出操作都是通过 Java 类库中的类来实现的，这进一步说明 Java 的面向对象特性。Java 的输入输出功能是十分强大而灵活的，美中不足的是看上去输入输出的代码并不是很简洁，因为往往需要创建许多不同的对象。在 Java 类库中，输入输出部分的内容是很庞大的，因为它涉及的领域很广泛：标准输入输出，文件的操作，字节流，字符串流，对象流，等等。本章最后介绍了 Scanner 的用法，这个类可以简化部分输入操作。

8.1 输入输出简介

8.1.1 流的概念

在 Java 中，输入输出是通过流进行的。流是信息源与目标之间的一条信息通道。根据操作的类型，可以把 Java 的流分为输入流和输出流两种。数据从源（外存、外设）流向程序（内存），称为输入流，如图 8-1 所示；反之，数据从程序（内存）流向目的地（外存、外设）称为输出流，如图 8-2 所示。

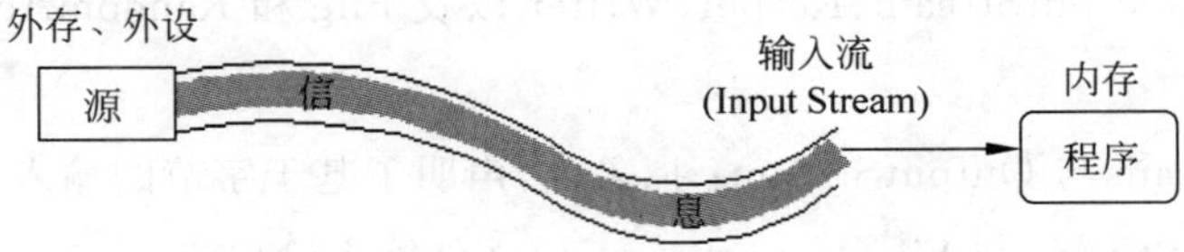

图 8-1 输入流

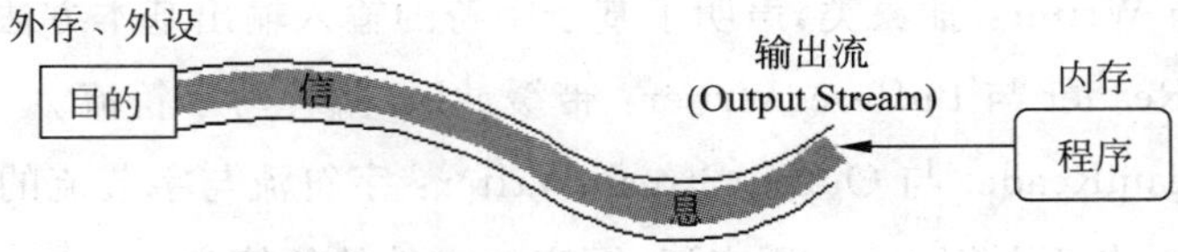

图 8-2 输出流

流是一个很形象的概念，当程序需要读取数据的时候，就会开启一个通向数据源的流，这个数据源可以是文件、外设（如键盘、鼠标）、或是网络连接。类似地，当程序需要写入数据时，就会开启一个通向目的地的流，目的地可以是文件、外设（显示器、打印机）或是网络连接。即程序通过输入流从数据源读取数据，通过输出流向目的地写数据，这时候就可以想象数据好像在这其中“流动”一样。

8.1.2 java.io包中的输入输出流

在Java中有关输入输出操作的类大都在java.io包中。Java的输入输出流又分为两种，一种是字节流，另一种是字符流，分别由四个抽象类来表示：InputStream，OutputStream，Reader，Writer。Java中其他多种多样的流均是由它们派生出来的。下面的类继承层次图(图8-3)只给出了本章中要介绍的流类，读者如果需要了解其他类可以查阅API。

```
InputStream                        OutputStream
 ├─FileInputStream                  ├─FileOutputStream
 └─ObjectInputStream                └─ObjectOutputStream

Reader                             Writer
 ├─BufferedReader                   ├─BufferedWriter
 ├─InputStreamReader                ├─OutputStreamWriter
 └─FileReader                       └─FileWriter

              Object
               ├─InputStream
               ├─OutputStream
               ├─Reader
               ├─Writer
               ├─File
               └─RandomAccessFile
```

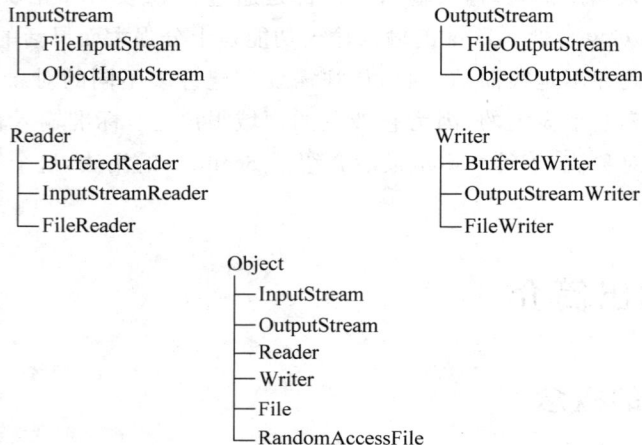

图8-3 输入输出流继承层次

图8-3中给出了两套输入输出流类，以InputStream和OutputStream为父类的一套输入输出流类是基于字节的；而以Reader和Writer为父类的一套输入输出流类是基于字符的。InputStream、OutputStream、Reader、Writer以及File和RandomAccessFile都是直接继承了Object。

(1) InputStream与OutputStream：抽象类，声明了基于字节的输入输出基本方法。

(2) FileInputStream与FileOutputStream：文件输入输出流。

(3) ObjectInputStream与ObjectOutputStream：对象输入输出流。

(4) Reader与Writer：抽象类，声明了基于字符的输入输出基本方法。

(5) BufferedReader与BufferedWriter：带缓冲区的读/写字符流。

(6) InputStreamReader与OutputStreamWriter：字符流与字节流的转换。

(7) FileReader与FileWriter：用来读、写字符文件的便捷类。

(8) File：表示文件路径名和文件名。

(9) RandomAccessFile：随机文件。

8.2 标准输入输出

8.2.1 基于字节的输入输出

基于字节的输入输出是Java输入输出的基本形式，也是早期的Java版本提供的输入输出形式。所谓基于字节的输入输出就是读写单位为一个字节。InputStream是字节输入流的所有类的父类，OutputStream是字节输出流的所有类的父类，在InputStream和OutputStream中定义的输入输出方法都是基于字节的数据操作方法。基于字节的输入输出是程序中最简单的输入输出方式。

1. 标准输入输出

在前面的例题中，经常用到的一个类System，它来自java.lang包，在System中定义了三个静态常量：标准输入、标准输出和错误输出流。它们的声明如下。

(1) public static final InputStream in：代表标准输入流，此流已打开并准备提供输入数据。通常，此流对应于键盘输入或者由主机环境或用户指定的另一个输入源。

(2) public static final PrintStream out：代表标准输出流，此流已打开并准备接受输出数据。通常，此流对应于显示器输出或者由主机环境或用户指定的另一个输出目标。经常用out中的方法print()和println()输出数据。

(3) public static final PrintStream err：代表标准错误输出流。此流已打开并准备接受输出数据。

2. InputStream中定义的常用方法

(1) public abstract int read() throws IOException：从输入流读取下一个数据字节，返回0～255范围内的int型字节值。如果因已到达流末尾而没有可用的字节，则返回值−1。

(2) public int read(byte[] b) throws IOException：从输入流中读取一定数量的字节并将其存储在缓冲区数组b中。以整数形式返回实际读取的字节数。如果因为已经到达流末尾而不再有数据可用，则返回−1。

(3) public int read(byte[] b,int off,int len) throws IOException：读取最多len个字节，写入字节数组，off为数组b的起始偏移量。返回读入缓冲区的总字节数，如果因为已经到达流末尾而不再有数据可用，则返回−1。

(4) public int available() throws IOException：返回此输入流可读取字节数。

(5) public long skip(long n) throws IOException：跳过和放弃此输入流中的n个数据字节，返回跳过的实际字节数。

(6) public void close() throws IOException：关闭此输入流并释放与该流关联的所有系统资源。

3. OutputStream中定义的常用方法

(1) public abstract void write(int b) throws IOException：将指定的字节写入此输出

流,要写入的字节是参数 b 的八个低位,b 的 24 个高位将被忽略。

(2) public void write(byte[] b) throws IOException：将 b.length 个字节从指定的字节数组写入此输出流。

(3) public void write(byte[] b,int off,int len) throws IOException：将指定字节数组中从偏移量 off 开始的 len 个字节写入此输出流。

(4) public void close() throws IOException：关闭此输出流并释放与此流有关的所有系统资源。

(5) public void flush() throws IOException：刷新此输出流并强制写出所有缓冲的输出字节。

4. 举例

例 8-1 输入输出字符

```
import java.io.*;
public class io1 {
    public static void main(String args[]){
        int ch;
        System.out.println("enter a char: ");
        try{
            while ((ch = System.in.read())!= -1){
            System.out.println("The char is " + (char)ch);
            System.in.skip(2);                    //跳过 Enter 键值
        }
    }
    catch(IOException e){
        System.out.println("The input is err");}
    }
}
```

运行结果：

```
enter a char:
j
The char is j
a
The char is a
v
The char is v
a
The char is a
^Z
```

通过标准输入 in 的方法 read()每次从键盘输入一个字母(一个字节)并返回该字节的值,后跟一个回车(两个字节),通过 skip(2)跳过 Enter 键值占用的两个字节。在输出语句中通过(char)ch 将字节值强制类型转换为字符并输出。当不再输入字符时,键入 Ctrl+Z(显示为：^Z)结束,由于 read()未能读取有效字节而返回-1,循环结束。

例 8-2 输入输出字符串

```
import java.io.*;
public class io2 {
    public static void main(String args[]) throws IOException{
        byte b[] = new byte[255];
        System.out.println("enter chars: ");
        int len = System.in.read(b,0,255);
        System.out.println("The chars'length is " + len);
        String s = new String(b,0,len - 2);    //通过 String 的构造器将输入的字节转换为字符
串,去掉 Enter 键值占的两个字节。本句的意义为将字节数组 b 中下标从 0 开始的 len - 2 个字节生
成字符串
        System.out.println("The chars is " + s);
        System.out.println("The String's length is " + s.length());
    }
}
```

运行结果:

```
enter chars:
java
The chars'length is 6
The chars is java
The String's length is 4
```

该例用标准输入 in 的方法 read(b,0,255)读入一个字符串,参数中指定最多输入 255 个字节。在输入 java 后按下 Enter 键,由于实际输入的字节数少,因此返回的字节数为 6,其中回车占据两个字节,实际输入的字符只有 4 个字节。通过 String 的构造器将输入的字节(已去掉回车占的两个字节)转换为字符串,字符串的长度为 4,只包含输入的有效字符。

8.2.2 基于字符的输入输出

Java 使用 Unicode 字符编码来表示字符串和字符,所有的字符都是 16 位。Reader 是读取字符流的抽象类,是基于字符输入流的所有类的父类,Writer 是写入字符流的抽象类,是基于字符输出流的所有类的父类。

1. Reader 中定义的常用方法

Reader 类中也定义了重载的 read()方法,与 InputStream 中定义的相比,这里的 read()方法读入的是字符,如果参数中有数组,则数组是字符类型的。下面以其中一个为例说明:

int read(char[] cbuf) throws IOException:将字符读入数组。返回读取的字符数,如果已到达流的末尾,则返回−1。

2. Writer 中定义的常用方法

Writer 类中也定义了重载的 write()方法,与 OutputStream 中定义的相比,这里的 write()方法写出的是字符,如果参数中有数组,则数组是字符类型的。下面以其中一个为例说明:

public void write(char[] cbuf) throws IOException：将字符数组写入输出流。

3. BufferedReader 及其定义的常用方法

由于 Reader 类的 read()方法每次从数据源读入一个字符并进行字符编码的转换，为了提高效率，可以采用 BufferedReader。BufferedReader 带有缓冲区，可以先把一批数据读到缓冲区内，接下来的操作都是从缓冲区内获取内容，从而提高效率。

1）构造器

public BufferedReader(Reader in)：创建一个使用默认大小输入缓冲区的缓冲字符输入流。

public BufferedReader(Reader in, int sz)：创建一个使用指定大小输入缓冲区的缓冲字符输入流，sz 指缓冲区大小。

2）方法

public String readLine() throws IOException：读取一个文本行。通过下列字符之一即可认为某行已终止：换行('\n')、回车('\r')或回车后直接跟着换行。返回包含该行内容的字符串，不包含任何行终止符，如果已到达流末尾，则返回 null。

4. BufferedWriter 及其定义的常用方法

将文本写入字符输出流，缓冲各个字符，从而提供单个字符、数组和字符串的高效写入。即先将写出的内容保存到缓冲区中，直到真正写入到输出目标时才进行编码转换。构造器如下。

public BufferedWriter(Writer out)：创建一个使用默认大小输出缓冲区的缓冲字符输出流。

public BufferedWriter(Writer out, int sz)：创建一个使用指定大小输出缓冲区的新缓冲字符输出流。

5. InputStreamReader 及其定义的常用方法

InputStreamReader 是字节流通向字符流的桥梁，即它能把采用其他编码的输入流中的数据转换为 Java 能处理的 Unicode 字符，它可以连接到一个输入流，如标准输入 System.in。它使用指定的字符集(一般为输入流的字符集)读取字节并将其解码为字符，如 UTF8、ISO8859-1 等，默认情况下为平台默认的字符编码方式。其部分构造器如下。

public InputStreamReader(InputStream in)：创建一个使用默认字符集的 InputStreamReader 对象。

public InputStreamReader(InputStream in,Charset cs)：用类 Charset 的一个对象作为字符集来创建一个 InputStreamReader 对象。

public InputStreamReader(InputStream in, String charsetName) throws UnsupportedEncodingException：用字符串给定的字符编码方式来创建一个 InputStreamReader 对象。

例如：

new InputStreamReader(System.in);//以标准输入作为参数创建 InputStreamReader 对象，采用平台默认字符集。

new InputStreamReader (new FileInputStream (" filetest. txt ")," utf8 ");//文件 filetest. txt 采用了 utf8 字符编码,将 InputStreamReader 连接到文件输入流。

为了提高效率,一般把 InputStreamReader 嵌套在 BufferedReader 里面。

6. OutputStreamWriter 及其定义的常用方法

OutputStreamWriter 是字符流通向字节流的桥梁,即它能把 Unicode 字符转换为其他字符编码形式,写到输出流。它使用指定的字符集将要写入流中的字符编码成字节,如 UTF8、ISO8859-1 等,默认情况下为平台默认的字符编码方式。由于 OutputStreamWriter 完成与 InputStreamReader 相反的操作,因此二者的构造器也类似,只是参数有些不同,InputStreamReader 构造器中的参数是 InputStream,而 OutputStreamWriter 构造器中的参数是 OutputStream。例如, public OutputStreamWriter (OutputStream out, String charsetName) throws UnsupportedEncodingException:创建一个使用指定字符集的 OutputStreamWriter 对象。

7. 举例

例 8-3 基于字符的输入输出

```
import java. io. * ;
public class linein {
    public static void main(String args[ ]) throws java. io. IOException{
        String s;
        InputStreamReader ir = new InputStreamReader(System. in);
        BufferedReader ln = new BufferedReader(ir);
        while((s = ln. readLine())!= null)
            System. out. println("Read " + s);
    }
}
```

运行结果:

```
java
Read java
语言
Read 语言
^Z
```

本例中,先通过创建 InputStreamReader 的对象,把标准输入 System. in 由字节流转换为字符流,然后把 InputStreamReader 嵌入到 BufferedReader 里面,就能用 BufferedReader 中的 readLine()输入字符串了。输入的过程由循环控制,每输入一行按下 Enter 键结束本行输入,接着将输入的内容输出到显示器。当不再输入时按下 Ctrl+Z 组合键,readLine() 返回 null,循环结束。这里要注意的是不能把标准输入 System. in 直接嵌入到 BufferedReader 里面,因为 BufferedReader 需要的参数是 Reader 类型,也就是说只能把一个字符输入流嵌入到 BufferedReader 里,由于 System. in 是字节流,因此需要先把字节流转换为字符流,用 System. in 做参数生成一个 InputStreamReader 的对象就完成了这个转换。

8.3 文件的输入输出

文件是操作系统对计算机外部设备上存储的数据进行有效管理的单位，在操作系统中，文件通常是以目录的组织形式进行管理的，目录可以是多级的，在多级目录中，文件的位置通过路径来表示。在 Java 中，按照文件的访问方式，文件可以分为顺序文件和随机访问文件，Java 提供了丰富的类可以实现顺序文件的输入输出操作和随机访问文件的输入输出操作。

8.3.1 File

Java 把操作系统中的文件以及文件所在的路径都用 File 类来表示，即 File 类对象表示文件路径名和文件名。java.io 包中的很多类都用 File 类的对象做参数。

1. 构造器

(1) public File(String pathname)：通过将给定路径名字符串来创建一个新 File 对象。

(2) public File(File parent，String child)：根据 parent 路径名和 child 路径名字符串创建一个新 File 对象。

以上给出了两个常用构造器，注意，在字符串表示的路径中分隔符应该是“\\”，这是因为第一个“\”表示转义符，第二个才是路径中的分隔符。

例如：File f1＝new File("F:\\dyp\\index.html")；

2. 常用方法

(1) public String toString()：返回此抽象路径名的路径名字符串。

(2) public boolean mkdir()：创建此路径对象指定的目录。

(3) public boolean isDirectory()：测试此路径对象表示的是否为一个目录。

(4) public boolean exists()：测试此路径名表示的文件或目录是否存在。

例 8-4 File 的使用 1

```
import java.io.*;
public class ftest1 {
    public static void main(String args[]){
        File f1 = new File("F:\\dyp\\index.html");  //路径中分隔符应该是"\\"
        System.out.println("f1:" + f1.toString());
        System.out.println("f1 is a directory: " + f1.isDirectory());
    }
}
```

运行结果：

```
f1: F:\dyp\index.html
f1 is a directory: false
```

例 8-5 File 的使用 2

```
import java.io.*;
public class ftest2 {
    public static void main(String args[]){
        String s = System.getProperty("file.separator"); //获取本操作系统的路径中的分隔符
        System.out.println("separator: " + s);
        File f1 = new File("F: " + s + "dyp");
        System.out.println("f1: " + f1.toString());
        System.out.println("f1 is a directory: " + f1.isDirectory());
    }
}
```

运行结果:

```
separator:\
f1: F:\dyp
f1 is a directory: true
```

因为不同的操作系统平台路径中的分隔符不同,可以通过 System 类中的 getProperty()方法获取本系统的分隔符,然后再构造路径。

例 8-6 File 的使用 3

```
import java.io.*;
public class ftest3 {
    public static void main(String args[]){
        File f1 = new File("r:\\temp1");
        System.out.println("D:\\temp1: " + f1.exists());
        if(!f1.exists())
            f1.mkdir();
        System.out.println("made,r:\\temp1: " + f1.exists());
        System.out.println("D:\\temp: is a directory: " + f1.isDirectory());
    }
}
```

运行结果:

```
D:\temp1: false
made,r:\temp1: true
D:\temp: is a directory: true
```

8.3.2 文件的顺序输入输出

Java 中,文件的顺序输入输出是指对文件进行操作时,只能从文件的起始处顺次对文件内容进行读写。

1. 基于字节流的文件输入输出

1) 输入

FileInputStream 从文件系统中的某个文件中获取输入字节,可以用于读取诸如图像数据之类的原始字节流，当然也可以读取文本文件。FileInputStream 继承了 InputStream 类中的方法 read()，所以当用 FileInputStream 创建了文件输入流后，可以用 read()方法的合适形式进行文件读入。FileInputStream 的构造器如下。

public FileInputStream(File file) throws FileNotFoundException：通过打开一个到实际文件的连接来创建一个 FileInputStream 对象，该文件通过文件系统中的 File 对象 file 指定。

public FileInputStream(String name) throws FileNotFoundException：通过打开一个到实际文件的连接来创建一个 FileInputStream 对象，该文件通过文件系统中的路径名 name 指定。

例 8-7 文件输入

```
// fapp1.java
import java.io.*;
class fapp1{
    public static void main(String args[]) throws java.io.IOException{
        int b;
        FileInputStream fin = new FileInputStream("fapp1.java");
        while((b = fin.read())!= -1)
        System.out.print((char)b);
    }
}
```

该程序运行时首先建立一个到文件 fapp1.java 的连接，文件名通过字符串给出，然后用 read()逐个字节从文件中读取数据，并将读取的数据直接输出到显示器。运行结果就是把本程序的源代码输出到了显示器。

2）输出

FileOutputStream 表示文件输出流，是用于将数据写入文件的输出。FileOutputStream 用于写入诸如图像数据之类的原始字节流，当然也可以写文本文件。FileOutputStream 继承了 OutputStream 类中的 write()方法，可以用 write()方法的合适形式进行文件写操作。FileOutputStream 的构造器形式与 FileInputStream 的一样。

例 8-8 文件输出

```
import java.io.*;
class fapp2{
    public static void main(String args[]){
        byte buffer[] = new byte[80];
        try{
            System.out.println("Enter: ");
            int bytes = System.in.read(buffer);
            FileOutputStream fout = new FileOutputStream("line.txt");
            fout.write(buffer,0,bytes);
        }
        catch(Exception e){}
    }
}
```

因为文件 line. txt 不存在，所以首先在当前目录下创建一个文件 line. txt，然后建立文件输出流。这个程序用一个数组做缓冲区，通过标准输入中的 read()方法将键盘输入的数据输入到缓冲区中，再将缓冲区中的数据写入文件。由于创建的是个文本文件，写入的是字符，该文件可以用文本编辑器打开。

3）文件复制

从一个文件到内存建立输入流，从内存到另一个文件建立输出流，就可以完成文件的复制。

例 8-9 文件复制

```
import java.io.*;
class fcopy{
    public static void main(String args[]) throws java.io.IOException{
        int b;
        FileInputStream fin = new FileInputStream("star.png");
        FileOutputStream fout = new FileOutputStream("star1.png");
        System.out.println("文件复制!");
        while((b = fin.read())!= -1)
        {
            fout.write(b);
            //System.out.print((char)b);
        }
        System.out.print("文件复制结束");
    }
}
```

这个程序复制了图像文件 star. png，生成新文件 star1. png。建立了从文件 star. png 到内存的输入流，又建立了从内存到文件 star1. png 的输出流，当然因为文件 star1. png 不存在，先建立该文件再建立输出流。然后逐个字节从 star. png 读入内存再从内存写到 star1. png。读者可以思考一下，比较两个文件相同与否如何完成？

2. 基于字符流的文件输入输出

1）将字节流转换为字符流

例 8-10 字节流转换为字符流，读取文本文件

```
import java.io.*;
class fapp3{
    public static void main(String args[]) throws java.io.IOException{
        String s;
        BufferedReader in;
        FileInputStream fin = new FileInputStream("fapp3.java");
        in = new BufferedReader(new InputStreamReader(fin));
        while((s = in.readLine())!= null)
            System.out.println("read: " + s);
    }
}
```

在建立了文件输入流以后，通过 InputStreamReader 把基于字节的文件输入流转换为

基于字符的输入流，然后再嵌入到带缓冲区的字符输入流中，这样就可以利用 BufferedReader 类中的 readLine()方法一次从文件中读取一行了。这个例子与例 8-3 类似，区别在于数据源不同，例 8-3 是对标准输入流进行了转换，这个例子是对文件输入流进行了转换，转换的方式都是一样的。

2）用 FileReader 进行文本文件输入

FileReader 是用来读取字符文件的便捷类，此类的构造器假定默认字符编码和默认字节缓冲区大小都是适当的。如果需要指定这些值，可以先在 FileInputStream 上构造一个 InputStreamReader，即用例 8-10 的方式进行文件读操作。构造器如下。

public FileReader(File file) throws FileNotFoundException：通过 File 对象指定的文件创建一个 FileReader 对象。

public FileReader(String fileName) throws FileNotFoundException：通过字符串指定的文件创建一个 FileReader 对象。

例 8-11 用 FileReader 读取文本文件

```
import java.io.*;
class fapp4{
    public static void main(String args[]) throws java.io.IOException{
        String s;
        BufferedReader in;
        FileReader fin = new FileReader("fapp4.java");
        in = new BufferedReader(fin);
        while((s = in.readLine())!= null)
            System.out.println("Fileread: " + s);
    }
}
```

在创建了基于字符的文件输入流 FileReader 后，又将这个输入流嵌入到带缓冲区的输入流 BufferedReader 中，因此也可以每次从文本文件中读入一行。

3）用 FileWriter 进行文本文件输出

FileWriter 是用来写入字符文件的便捷类，此类的构造器假定默认字符编码和默认字节缓冲区大小都是可接受的。要自己指定这些值，可以先在 FileOutputStream 上构造一个 OutputStreamWriter。FileWriter 的构造器的参数与 FileReader 类似。

例 8-12 用 FileWriter 完成文本文件写操作

```
import java.io.*;
class fapp5{
    public static void main(String args[]){
        String s;
        try{
            System.out.println("Enter: ");
              InputStreamReader ir = new InputStreamReader(System.in);
              BufferedReader ln = new BufferedReader(ir);
              FileWriter f = new FileWriter("t1.txt");
              while((s = ln.readLine())!= null)
                  f.write(s + "\r\n");
              ln.close();
```

```
            f.close();
        }
        catch(Exception e){}
    }
}
```

这个程序运行时，首先建立标准输入流，并将标准输入流进行转换；如果当前目录下没有文件 t1.txt，则首先创建该文件，并建立到该文件的基于字符的输出流，把从键盘输入的多行文本都写入该文件。如果依次从键盘输入如下内容，

```
java
面向对象程序设计语言
```

当用文本编辑器打开该文件时，可以看到文件 t1.txt 中的内容就是上述输入的文本行。

例 8-13 向文本文件中写入三条学生信息记录，每条记录包括学号、姓名和年龄，然后再从文件中把这三条记录读出。每条记录在文件中占一行，记录信息由键盘输入。

```
import java.io.*;
class fapp55{
    public static void main(String args[]){
        String s;
        int flag = 0,i;
        try{
            System.out.println("Enter:");
            InputStreamReader ir = new InputStreamReader(System.in);
            BufferedReader ln = new BufferedReader(ir);
            FileWriter f = new FileWriter("st.txt");
            while(flag<3)
              {System.out.println("Enter 学号,姓名,年龄");
                s = ln.readLine();
                f.write(s + "\r\n");
                flag++;
            }
            ln.close();
            f.close();
            FileReader fin = new FileReader("st.txt");
            ln = new BufferedReader(fin);
            i = 0;
            while((s = ln.readLine())!= null){
                i++;
                System.out.println("record" + i + ": " + s);
            }
        }
        catch(Exception e){}
    }
}
```

运行结果：

```
Enter 学号,姓名,年龄
```

```
150814101,张三,21
Enter 学号,姓名,年龄
150814103,李小四,20
Enter 学号,姓名,年龄
150814106,王老五,19
record1: 150814101,张三,21
record2: 150814103,李小四,20
record3: 150814106,王老五,19
```

8.3.3 文件的随机输入输出

文件的随机输入输出是指可以从文件的任意一个位置开始读写文件，Java 中用 RandomAccessFile 类实现文件的随机读写。随机存取文件的行为类似存储在文件系统中的一个大型字节数组，指向该隐含数组的光标或索引，称为文件指针。在读写文件时，文件指针随着读写操作在移动，进行文件读写时就是根据文件指针找到文件的某个位置开始读写操作。

1. 构造器

(1) public RandomAccessFile(String name, String mode) throws FileNotFoundException：创建从中读取和向其中写入(可选)的随机存取文件流，该文件的名称由字符串 name 给出。mode 参数指定用以打开文件的访问模式，访问模式分为：r——以只读方式打开，rw——打开以便读取和写入。

(2) public RandomAccessFile(File file, String mode) throws FileNotFoundException：创建从中读取和向其中写入随机存取文件流，该文件由 File 对象指定。

2. 常用方法

(1) public final char readChar() throws IOException：从此文件读取一个 Unicode 字符并返回。

(2) public final void writeChar(int v)throws IOException：按双字节值将 char 写入该文件，先写高字节。写入从文件指针的当前位置开始。

(3) public final void writeChars(String s) throws IOException：按字符序列将一个字符串写入该文件。

(4) public final int readInt() throws IOException：从此文件读取一个有符号的 32 位整数。此方法从该文件的当前文件指针开始读取 4 个字节。返回读取的 int 值。

(5) public final void writeInt(int v) throws IOException：按四个字节将 int 写入该文件，先写高字节。写入从文件指针的当前位置开始。

(6) public final double readDouble() throws IOException：从此文件读取一个 double 值。

(7) public final void writeDouble(double v) throws IOException ：使用 Double 类中的 doubleToLongBits 方法将双精度参数转换为一个 long，然后按八字节数量将该 long 值写入该文件，先定高字节。

(8) void seek(long pos)：设置相对于文件头的文件指针偏移量，即指针移动到文件开头 pos 个字节处。

(9) long length()：返回文件的长度。

(10) public long getFilePointer() throws IOException：以字节为单位返回此文件中的当前偏移量。

(11) public int skipBytes(int n) throws IOException：尝试跳过输入的 n 个字节以丢弃跳过的字节。

例 8-14 随机文件读写

```
import java.io.*;
class fapp6{
    public static void main(String args[]){
        String s;
        char ch;
        RandomAccessFile f;
        try{
            f = new RandomAccessFile("test.dat","rw");
                                    //以读写模式对文件 test.dat 建立随机文件输入输出流
            f.writeChars("Java");           //向文件中写入一个字符串
            f.writeChar(' ');               //以空格作为字符串结束
            f.writeInt(48);                 //向文件中写入整型数
            System.out.println("Pointer: " + f.getFilePointer());
                                            //获取当前文件指针的位置
            f.seek(0);                      //将文件指针置为文件开始位置
            System.out.println("Pointer: " + f.getFilePointer());
            System.out.print("String from the file: ");
            ch = f.readChar();              //读取字符
            while(ch!= ' ')
              {   System.out.print(ch);
                  ch = f.readChar();
              }                     //将文件中的字符串读出并输出到显示器,遇到空格结束
            System.out.println();
            System.out.println("int from the file: " + f.readInt());      //读出并输出整型数
        }
        catch(Exception e){}
    }
}
```

运行结果：

```
Pointer: 14
Pointer: 0
String from the file: Java
int from the file: 48
```

这个例子对文件的随机读写进行了测试，先向文件中写入一个字符串，字符串后面以空格作为分隔符，然后写入整型数。为了将文件中的数据读出，先将文件指针置为文件开始处，顺次读出字符串和整数值。

3. 综合举例

例 8-15 向随机文件中写入 3 个学生信息，每个学生记录包括学号、姓名和年龄。然后从文件中读出第 3 个学生的信息。学号长度固定为 9 个字符，姓名最多 4 个字符，可以少于 4 个字符。为了检索方便，要求每条记录长度相等。

```
import java.io.*;
class randrw{
    public static void main(String args[])
    {
        RandomAccessFile f;
            randrw r1 = new randrw();
            Student st[] = new Student[3];
            st[0] = new Student("150814101","张三",21);
            st[1] = new Student("150814103","李小四",20);
            st[2] = new Student("150814106","王老五",19);
        try{
            f = new RandomAccessFile("test.dat","rw");
            if(!r1.writedata(st,f))
              throw new Exception("WriteWrong");
            r1.readdata(3,st,f);
        }
        catch(Exception e){e.printStackTrace();}
    }
    boolean writedata(Student st[],RandomAccessFile fout) throws IOException
    {
        char ch;
        for(int i = 0;i < st.length;i++)
        {
            if((st[i].studentNo).length()!= st[i].stNo_length)
                return false;
            else
                fout.writeChars(st[i].studentNo);
                                    //向文件中写入学号,学号如果不足固定长度则本方法退出
            for(int j = 0;j < st[i].name_length;j++)
            {
                ch = ' ';
                if(j < st[i].name.length())
                    ch = st[i].name.charAt(j);
                fout.writeChar(ch);
            }                       //向文件中写入姓名,姓名如果不足固定长度则补空格
            fout.writeInt(st[i].age);         //向文件中写入年龄
        }
        return true;
    }
    void readdata(int n,Student st[],RandomAccessFile f) throws IOException
    {
        int size = Student.name_length;
        StringBuffer b = new StringBuffer(size);
        char ch[] = new char[size];
```

```
            char ch1;
            int i;
            boolean more = true;
            f.seek((n - 1) * Student.rec_length); //指针指到第 3 条记录起始处
            i = 0;
            while(i < Student.stNo_length)
            {
                ch1 = f.readChar();
                System.out.print(ch1);
                i++;
            }                                          //读出并输出学号
            System.out.println();
            i = 0;
            while(more && i < size)
            {
                ch1 = f.readChar();
                i++;
                if(ch1 == ' ')more = false;
                else b.append(ch1);
            }                  //读出姓名,因为姓名可能不足固定长度,指读出姓名中的有效字符
            f.skipBytes(2 * (size - i));
                               //当姓名不足 4 个字符时,跳过剩余的字节,将指针指向本条记录的年龄值
            System.out.println(b.toString() + " ");
            System.out.print(f.readInt() + " ");
        }
}
class Student {
    String studentNo,name;
    int age;
    static final int stNo_length = 9;          //学号长度固定为 9 个字符,如"150814101"
    static final int name_length = 4;          //姓名长度固定为 4 个字符
    static final int rec_length = (stNo_length + name_length) * 2 + 4;        //记录长度,字节数
    Student(String sn,String nm,int a){
        studentNo = sn;
        name = nm;
        age = a;
    }
    public String toString() {
        return (studentNo + ";" + name + ";" + age + ";");
    }
}
```

运行结果：

```
150814106
王老五
19
```

每条记录固定长度，每条记录的 3 个字段中有两个是字符串类型，一个 int 型，学号固定长度为 9 个字符，姓名最多包括 4 个字符，因此在类 Student 中分别定义了 3 个静态常量来存储学号、姓名及记录长度为后续的读写操作带来方便。

方法 writedata()向文件中写数据，注意这里参数传递的是3个 Student 对象，但是向文件中写的只是每个对象中的属性值，即学号、姓名和年龄的值。在写学号前先对学号的长度进行判断，如果长度不是要求的长度，则本方法向上级返回 false，在 main()中对 writedata()的返回值进行判断，如果为 false 则抛出异常。向文件中写入姓名，姓名如果不足固定长度则补空格，也就说，不管实际姓名长度是多少，在文件中姓名共占8个字节。最后写年龄。

方法 readdata()能够根据给定的参数 n 从文件中读出第 n 条记录的值，首先将指针指到第 n 条记录起始位置，先读出学号，由于学号是固定长度的，因此可以用学号长度来控制读出的字符，然后读姓名，读到空格时，表示姓名中的字符已经读完，然后指针跳过剩余的空格，读出年龄。

8.4 对象输入输出流

8.3 节中随机文件的操作只是把每个对象的属性值作为一条记录写入文件，然后再读出指定的记录。在某些情况下，需要将完整的对象存储到文件中，这就需要在数据存储时，把参考类型的信息进行存储，即把对象作为一个整体进行存储，以备再次读取信息时，能将整个对象完整再现。Java 中可以把对象作为整体进行存储，即对象可以通过流的方式处理，这称为对象的序列化(Serialization)。

1. 序列化

一个类只有实现了 Serializable 接口，其对象才能序列化，Serializable 接口没有方法或字段，仅用于标识可序列化的语义。

一个对象可能有各种类型的成员变量，对象序列化包括这些成员变量的值。如果这些成员变量是参考类型的，即它们指向另外的对象，在序列化时会将这些对象及其成员也进行序列化。这样一个对象序列化时实际上会将与其成员变量相关联的所有对象都序列化，构成对象图。

2. ObjectOutputStream

ObjectOutputStream 将 Java 对象的基本数据类型和对象图写入 OutputStream，通过使用流中的文件可以实现对象的持久存储。只能将支持 java.io.Serializable 接口的对象写入流中。每个 serializable 对象的类都被编码，编码内容包括类名和类签名、对象的字段值和数组值，以及与其成员变量相关联的所有对象。

(1) 构造器

ObjectOutputStream(OutputStream out) throws IOException：创建写入指定 OutputStream 的 ObjectOutputStream 对象。

(2) 常用方法

public final void writeObject(Object obj) throws IOException：将指定的对象写入 ObjectOutputStream，由于参数是 Object 类型，因此可以写任何类型的对象。

3. ObjectInputStream

ObjectInputStream 对以前使用 ObjectOutputStream 写入的基本数据和对象进行反序列化，即用于恢复那些以前序列化的对象。

ObjectOutputStream 和 ObjectInputStream 分别与 FileOutputStream 和 FileInput Stream 一起使用时，可以为应用程序提供对对象图的持久性存储。

（1）构造器

public ObjectInputStream(InputStream in) throws IOException：创建从指定 InputStream 进行读取的 ObjectInputStream 对象。

（2）常用方法

public final Object readObject() throws IOException，ClassNotFoundException：从 ObjectInputStream 读取对象。返回值是 Object 类型，可根据实际情况将返回类型进行强制类型转换为实际的类。

例 8-16 对象的输入输出

```
import java.io.*;
class StudentSer implements Serializable{
   String studentNo,name;
   int age;
   StudentSer(String sn,String nm,int a){
    studentNo = sn;
    name = nm;
    age = a;
  }
  public String toString() {
   return (studentNo + ";" + name + ";" + age + ";");
  }
}
class sertest{
  public static void main(String args[]) throws Exception
  {
    FileOutputStream fout = new FileOutputStream("my.dat");
    ObjectOutputStream bout = new ObjectOutputStream(fout);
    StudentSer st1,st2,st3,st4;
    st1 = new StudentSer("150814101","张三",21);
    st2 = new StudentSer("150814103","李小四",20);
    bout.writeObject(st1);
    bout.writeObject(st2);
        bout.close();
    FileInputStream fin = new FileInputStream("my.dat");
    ObjectInputStream bin = new ObjectInputStream(fin);
    st3 = (StudentSer)bin.readObject();
    System.out.println(st3.toString());
    st4 = (StudentSer)bin.readObject();
```

```
        System.out.println(st4.toString());
        bin.close();
    }
}
```

运行结果：

```
150814101;张三;21;
150814103;李小四;20;
```

从这个例子中可以看出实现对象输入输出的一般步骤：

（1）定义类实现接口 Serializable；

（2）创建文件输入输出流

```
FileOutputStream fout = new FileOutputStream("my.dat");
FileInputStream fin = new FileInputStream("my.dat");
```

（3）创建对象处理流

```
ObjectOutputStream bout = new ObjectOutputStream(fout);
ObjectInputStream bin = new ObjectInputStream(fin);
```

（4）从流中读写对象

```
bout.writeObject(st1);
bout.writeObject(st2);
st3 = (StudentSer)bin.readObject();
st4 = (StudentSer)bin.readObject();
```

因为 readObject()的返回类型为 Object 对象，因此在本例中对其返回值进行了强制类型转换，转换为 StudentSer 类型。

8.5 命令行参数

命令行参数在文本界面的应用程序运行时经常用到，很多在 CMD 窗口中运行的命令都可以带命令行参数，如运行 javac 命令编译含有 package 语句的源文件时，可以加-d 参数指出在哪里创建包。与之类似，Java 程序也一样，在运行时允许执行者通过命令行参数输入一些内容，使得程序的通用性提高。在程序中可以通过读取 main()方法的参数获取这些命令行传来的参数，main()方法的参数是一个字符串数组，Java 虚拟机开始执行 main()方法时，会自动根据命令行参数的个数来确定这个字符串数组的大小并创建它，然后把命令行参数分别赋值给数组元素。注意，由于这个数组是字符串类型的，所以命令行参数传到程序中都是字符串类型的，如果需要其他类型则要进行转换，如转换为整型等。

例 8-17 命令行参数的使用

```
import java.io.*;
class cmdl{
  public static void main(String args[]){
    int a,b;
```

```
        System.out.println(args[0]);
        System.out.println(args[1]);
        a = Integer.parseInt(args[0]);
        b = Integer.parseInt(args[1]);
        System.out.println("a + b = " + (a + b));
    }
}
```

在 cmd 窗口中键入如下命令：

```
java cmdl 3 4
```

其运行结果为：

```
3
4
a + b = 7
```

当运行这个程序时，如果命令行参数只给出了一个或没有，如键入命令：

```
java cmdl 3
```

则出现如下错误提示：

```
Exception in thread "main" java.lang.ArrayIndexOutOfBoundsException: 1
at cmdl.main(cmdl.java: 7)
```

这就是因为只给了一个命令行参数，因此数组 args 在创建时被指定只有一个元素，但是程序中用到了 args[1]，则数组下标越界。

8.6 Scanner

Scanner 类是 SDK1.5 新增的一个类，它是一个可以使用正则表达式来解析基本类型和字符串的简单文本扫描器，因此可以使得输入变得简单。Scanner 使用分隔符模式将其输入分解为标记，默认情况下该分隔符模式与空白匹配。然后可以使用不同的 next 方法将得到的标记转换为不同类型的值。可以从输入流、字符串、文件等来直接构建 Scanner 对象。

8.6.1 Scanner 的基本知识

1. 构造器

(1) public Scanner(InputStream source)：扫描输入流产生数据值，字节数据转换为字符采用底层平台默认字符集。

(2) public Scanner(InputStream source, String charsetName)：扫描输入流产生数据值，字节数据转换为字符时采用指定字符集。

(3) public Scanner(String source)：扫描给定字符串获取数据。

(4) public Scanner(File source)throws FileNotFoundException：扫描指定文件获取数

据，字节数据转换为字符时采用底层平台默认字符集。

(5) public Scanner(File source,String charsetName)throws FileNotFoundException：扫描指定文件获取数据，字节数据转换为字符时采用指定字符集。

2. 常用方法

(1) public void close()：关闭此扫描器。

(2) public boolean hasNext()：判断扫描器中当前扫描位置后是否还存在下一段。存在则返回 true，否则返回 false。

(3) public boolean hasNextLine()：如果在此扫描器的输入中存在另一行，则返回 true。

(4) public String nextLine()：此扫描器执行当前行，并返回跳过的输入信息。此方法返回当前行的其余部分，不包括结尾处的行分隔符。当前位置移至下一行的行首。

(5) public int nextInt()：将输入信息的下一个标记扫描为一个 int。

(6) public float nextFloat()：将输入信息的下一个标记扫描为一个 float。如果下一个标记不能转换为有效的 float 值，则此方法将抛出 InputMismatchException。如果此转换成功，则扫描器执行匹配的输入。

(7) public Scanner useDelimiter(String pattern)：将此扫描器的分隔模式设置为指定 String 构造的模式。

8.6.2 Scanner 的应用

1. 扫描标准输入

通过前面的知识可以看到，要想通过键盘输入一行字符串需要用到类 InputStreamReader 把字节流转化成字符流，还要通过类 BufferedReader 建立缓冲区，这个过程有些复杂。而用 Scanner 会使这个操作变得简单。通过 new Scanner(System. in)创建一个 Scanner 对象，控制台会一直等待输入，直到按 Enter 键结束，把所输入的内容传给 Scanner，作为扫描对象。如果要获取输入的内容，只需要调用 Scanner 的 nextLine()方法即可。

例 8-18 扫描标准输入

```
import java.util. * ;
import java.io. * ;
public class ScannerLine {
    public static void main (String argsp[ ]) {
      String str;
      Scanner s = new Scanner(System. in);
      System. out. print("请输入字符串: ");
      while(s. hasNext())
        {str = s. nextLine();
         System. out. print("str: " + str);
         System. out. println();
        }
```

```
        s.close();
    }
}
```

程序运行结果：

```
请输入字符串：java
str：java
语言
str：语言
^Z
```

该程序每次输入一行，通过方法 nextLine()读入一行，然后将读入的字符串加上前缀"str："再输出到屏幕，重复进行直到输入结束符，hasNext()的值为 false 结束。

2. 扫描字符串

Scanner 扫描字符串默认分隔符是空白，可以根据需要用 useDelimiter()设定新的分隔符。

例 8-19 扫描字符串，设定分隔符

```
import java.util.*;
import java.io.*;
public class ScannerStr {
    public static void main (String argsp[]) {
     String input = "1 bird 2 bird 3 red bird 4 blue bird";
     Scanner s = new Scanner(input).useDelimiter("\\s*bird\\s*");
     int x = s.nextInt() + s.nextInt();
     System.out.println("x = " + x);
     System.out.println(s.next());
     System.out.println(s.next());
     s.close();
    }
}
```

运行结果：

```
x = 3
3 red
4 blue
```

该程序通过"Scanner s = new Scanner(input).useDelimiter("\\s*bird\\s*");"语句将 s 的分隔符设置为 bird 和空白，"\\s*bird"表示 bird，"\\s*"表示空白。通过两次调用方法 nextInt()直接从字符串中提取整数值 1 和 2，相比前面学到的将数字字符串转换为整数值的操作要简单得多。Scanner 中定义的类似的方法还有 next.Byte()，nextDouble()，nextFloat，nextLong()，nextShot()等，这些方法可以很方便地从字符串中提取相应类型的数据值。

3. 扫描文件

例 8-20 扫描文件

```
import java.util.*;
import java.io.*;
public class ScannerFile {
    public static void main (String argsp[]) throws FileNotFoundException{
        File f = new File("ScannerFile.java");
        Scanner s = new Scanner(f);
        while(s.hasNextLine())
          System.out.println("read: " + s.nextLine());
        s.close();
    }
}
```

运行结果：

```
read: import java.util.*;
read: import java.io.*;
read: public class ScannerFile {
read:    public static void main (String argsp[]) throws FileNotFoundException{
read:      File f = new File("ScannerFile.java");
read:      Scanner s = new Scanner(f);
read:      while(s.hasNextLine())
read:          System.out.println("read: " + s.nextLine());
read:      s.close();
read:    }
read: }
```

读者可以对比前面读文件的例子，用 Scanner 扫描读取文件更简单。

习题 8

1. 选择题

建立从文件到内存的文件输入流时，可以用下列(　　)个类来进行读取。

A. FileOutputStream　　　　B. FileWriter

C. FileInputStream　　　　D. File

2. 填空题

(1) 可以在输入流中________(读/写)数据，可以向输出流中________(读/写)数据。

(2) 输入输出的类都在________包中，都需要对________异常进行处理。

3. 把以下程序段补全。

```
String s;
InputStreamReader ir = new ________(System.in);
BufferedReader ln = new BufferedReader(________);
while((s = ln.readLine())!= null)
```

```
        System.out.println("Read " + s);
```

4. Person 类定义如下。

```
class Person {
  String name;
  String birth;
  Person(String n,String b){
    name = n;
    birth = b;
  }
  public void getName() {
    System.out.println("name = " + name);
  }
  public void getBirth(){
    System.out.println("birth = " + birth);
  }
}
```

Person 类有一个子类 teacher,代表教师,其中有工号 tno 和工资 salary。在这个类中有相应的构造函数和 get 方法输出各个成员变量。

请完成以下要求:

(1) 编写 teacher 类。

(2) 编写 main()方法进行测试,要求在 main()方法中创建一个教师对象,属性值由键盘输入(利用 BufferedReader 类),并将该对象写入文件"teacher.dat"。

5. 在例 8-15 的基础上增加如下功能。

(1) 写一个与 writedata()方法重载的方法,其方法头部为 boolean writedata(Student s,RandomAccessFile fout) throws IOException。

(2) 向随机文件中追加记录,修改指定的记录。

6. 编程题

(1) 编程比较两个任意类型的文件是否相同,相同则输出“相同”,否则输出“不同”。

(2) 编程实现文本文件的复制。

(3) 编程逐行扫描一个文本文件,统计其中指定字符串出现的次数。

第9章 图形用户界面

图形用户界面(Graphical User Interface,简称 GUI)是指使用各种组件(如按钮、文本框、菜单等)组成一个图形界面,用户可以通过对鼠标和组件的操作与程序进行交互,如用户可以通过组件输入各种数据、完成各种选择,程序处理后可以将结果以图形的方式反馈给用户。前面几章所用到的 Java Application 中,用户是通过命令行的方式与程序交互,与这种方式相比,使用图形用户界面可以使得操作更加直观,交互更加生动,使用更加方便,因此这一章主要介绍 Java 图形用户界面的类库及使用方法。

9.1 图形用户界面概述

9.1.1 图形用户界面的构成

图形用户界面主要由以下几部分组成。

(1) 容器

顾名思义,容器对象就是可以容纳其他组件的组件。一般一个图形用户界面对应一个容器,组件必须放在容器中。

(2) 标准组件

标准组件是图形用户界面的基本单位,不能包含其他的成分,如按钮、文本框、菜单、下拉列表框等都是标准组件。

(3) 布局管理器

布局管理器是用来管理各类组件在容器中的位置、组件的大小及排列顺序等,容器可以选择不同的布局管理器来决定布局方式。

(4) 用户自定义成分

用户自定义成分不是标准组件,常用于显示文字、绘制图形、显示图像等,这部分自定义组件不能响应用户的动作,只能起修饰界面的作用。

9.1.2 软件包介绍

1. java.awt 软件包

AWT(Abstract Window Tookit)的含义是抽象窗口工具包,从 JDK1.0 开始,包含用于

创建图形界面和绘制图形图像的所有类。在该软件包中，包含容器类、组件类和布局管理器类等，所有这些类都是 Component 类的直接或间接子类。除了这些类之外，该软件包还包含事件处理的类，即通过事件处理完成用户与组件之间的交互，事件处理器类都在 java.awt.event 包中定义。

java.awt 软件包的类层次结构如图 9-1 和图 9-2 所示。

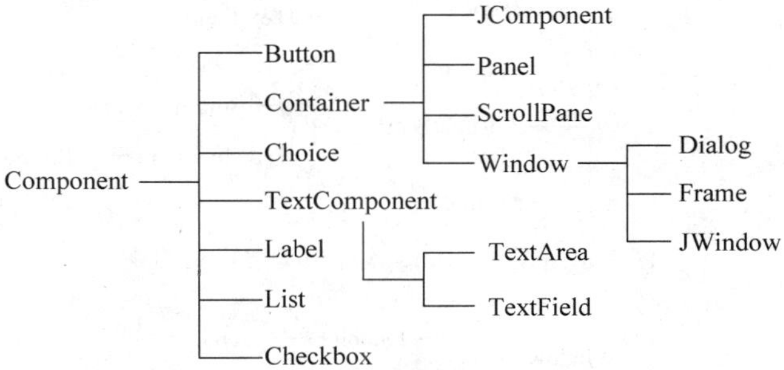

图 9-1 java.awt 软件包类层次结构 1

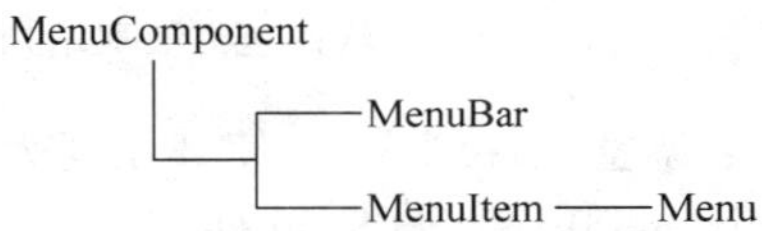

图 9-2 java.awt 软件包类层次结构 2

图 9-1 中列出了 java.awt 软件包中常用的组件和容器，图 9-2 中列出了菜单类的层次结构。布局管理器的常用类 FlowLayout、BorderLayout、CardLayout、GridLayout 和 GridBagLayout 均为 Component 的直接子类，因此在图中不再表示。

2. javax.swing 软件包

从 JDK1.2 开始包含该软件包，swing 是在 AWT 的基础上发展起来的，该软件包中的组件全部用 Java 语言编写，称为轻量级组件，目的就是使得组件在平台上的工作方式都相同，因此没有本地代码，与操作系统无关，这是 swing 和 AWT 的本质区别。swing 软件包中同样包含容器类、组件类和布局管理器类，这些类是 JComponent 的直接或间接子类。与 AWT 类似，事件处理器类在 javax.swing.event 包中定义。

javax.swing 软件包的类层次结构如图 9-3 和图 9-4 所示。

9.1.3 Swing 组件介绍

在 javax.swing 包中定义了顶层容器和轻量级组件。

1. 顶层容器

顶层容器主要包含的类有 JFrame、JDialog、JWindow，这些类都是 java.awt.Container 的直接或间接子类。Container 类是 Component 类的直接子类。

Component 类的常用方法如下。

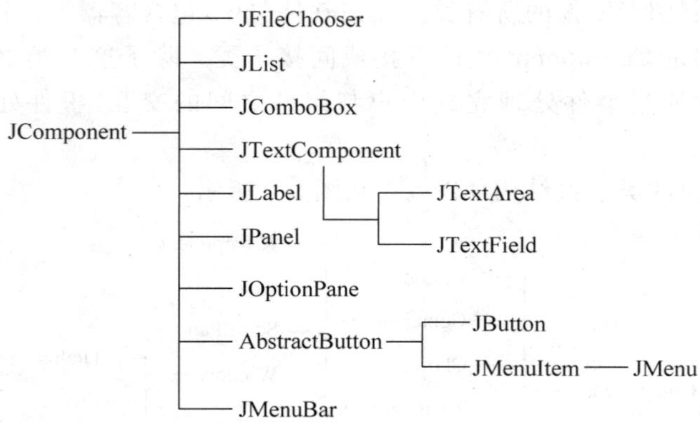

图 9-3　javax. swing 软件包类层次结构 1

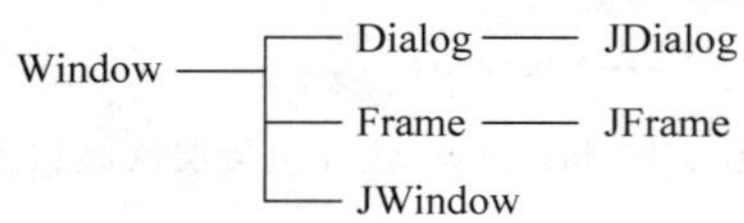

图 9-4　javax. swing 软件包类层次结构 2

(1) setSize(Dimension d)：调整组件的大小，使其宽度为 d. width，高度为 d. height。

(2) setSize(int width, int height)：调整组件的大小，使其宽度为 width，高度为 height。

(3) setVisible(boolean b)：根据参数 b 的值显示或隐藏该 Window。

Container 类的常用方法如下。

(1) add(Component comp)：将参数指定的组件追加到这个容器的尾部。

(2) remove(Component comp)：从这个容器中去掉参数所指定的组件。

(3) setLayout(LayoutManager mgr)：设置这个容器的布局管理器。

Window 类是 JWindow 类的直接父类，它的常用方法如下。

(1) dispose()：释放由该 Window、其子组件及其拥有的所有子组件使用的所有本机屏幕资源。

(2) pack()：调整该窗口的大小，以适合其子组件的首选大小和布局。

(3) setBounds(int x, int y, int width, int height)：移动组件并调整其大小。

(4) setBounds(Rectangle r)：移动组件并调整其大小，使其符合新的有界矩形 r。

根据类的继承关系，JFrame、JDialog、JWindow 可以从父类 Component、Container 和 Window 中继承常用的这些方法，具体实例将在后续的内容介绍。

2. 轻量级组件

javax. swing. JComponent 是除顶层容器以外的所有 swing 组件的基类，它的常用方法如下。

(1) getHeight()：返回该组件的当前高度。

(2) getWidth()：返回该组件的当前宽度。

(3) getX()：返回组件原点的当前 x 坐标。

(4) getY()：返回组件原点的当前 y 坐标。

(5) paint(Graphics g)：由 Swing 调用，用来绘制组件。

(6) setBackground(Color bg)：设置该组件的背景色。

(7) setForeground(Color fg)：设置该组件的前景色。

(8) setFont(Font font)：设置该组件的字体。

JComponent 的直接或间接子类中常用组件如图 9-3 所示，其中各个组件的含义如表 9-1 所示。

表 9-1 组件的含义

类名	组件名
JButton	按钮
JTextField	单行文本框
JTextArea	多行文本框
JLabel	标签
JMenu	菜单
JComboBox	下拉列表
JList	列表框
JOptionPane	标准对话框
JFileChooser	文件选择框

9.2 swing 中常用组件

9.2.1 JFrame

JFrame 是带有标题和边框的顶层窗口。使用 JFrame 至少需要下面三个步骤。

1. 创建对象

创建对象的常用构造方法如下。

(1) JFrame()：构造一个初始时不可见的新窗口。

(2) JFrame(String title)：创建一个新的、初始不可见的、具有指定标题的 Frame。参数代表标题字符串。

2. 设置大小

使用 setSize()方法，该方法是从 JFrame 的间接父类 Component 继承而来。其中将窗口设为指定像素宽、指定像素高的 setSize()方法的定义为：

public void setSize(int width, int height)：调整组件的大小，使其宽度为 width，高度为 height。width 是组件的新宽度，单位是像素。height 是组件的新高度，单位是像素。

3. 设置可见

使用 setVisible()方法，该方法是从 JFrame 的间接父类 Component 继承而来。该方法的定义如下。

public void setVisible(boolean b)：根据参数 b 的值显示或隐藏此 Window。b 值如果为 true，则使 Window 可见。如果为 false，则隐藏此 Window、此 Window 的子组件，以及它拥有的所有子级。

在 JFrame 中，还有一个常用方法为：getContentPane()，该方法的作用是返回此窗体的 contentPane 对象。此时该返回值就作为 JFrame 的主要容器，用于容纳后续添加的各类组件。

例 9-1 创建一个宽 200 像素，高 200 像素，可见，标题为 hello 的窗口。

```
import javax.swing.*;
class my1{
    public static void main(String args[]){
        JFrame f = new JFrame("hello");
        f.setSize(200,200);
        f.setVisible(true);
    }
}
```

图 9-5 标题为 hello 的窗口

程序运行结果如图 9-5 所示。

9.2.2 JWindow

JWindow 是一个容器，它没有标题栏、窗口管理按钮或者其他与 JFrame 关联的修饰，可以显示在用户桌面上的任何位置。

JWindow 的常用方法如下。

(1) getContentPane()：得到该窗口的一个 Container 容器。

(2) repaint(long time, int x, int y, int width, int height)：在 time 毫秒内重绘此组件的指定矩形区域。

(3) setContentPane(Container contentPane)：设置该窗口的容器为参数所指定的 Container 对象。

9.2.3 JDialog

JDialog 是创建对话框窗口的主要类。JDialog 的主要构造方法如下。

(1) JDialog()：创建一个没有标题，没有指定所有者的无模式对话框。

(2) JDialog(Dialog owner)：创建一个没有标题，将指定的 Dialog 对象 owner 作为其所有者的无模式对话框。

(3) JDialog(Dialog owner, String title, boolean modal)：创建一个具有指定标题、模式和指定所有者 owner 的对话框。参数 modal 指明是否阻塞向其他顶层窗口输入。

(4) JDialog(Frame owner)：创建一个没有标题，owner 作为其所有者的无模式对话框。

(5) JDialog(Frame owner, String title)：创建一个具有指定标题和指定所有者窗体的

无模式对话框。

(6) JDialog(Frame owner, String title, boolean modal)：创建一个具有指定标题、所有者 Frame 和模式的对话框。

(7) JDialog(Window owner)：创建一个具有指定所有者 Window 对象 owner 和空标题的无模式对话框。

(8) JDialog(Window owner, String title)：创建一个具有指定标题和所有者 owner 的无模式对话框。

例 9-2 在 300×300 的窗口上再创建一个 200×200 的对话框。

```
import javax.swing.*;
class my2{
    public static void main(String args[]){
        JFrame f = new JFrame("hello");
        f.setSize(300,300);
        f.setVisible(true);
        JDialog d = new JDialog(f,"mydialog",true);
        d.setSize(200,200);
        d.setVisible(true);
    }
}
```

程序运行结果如图 9-6 所示。

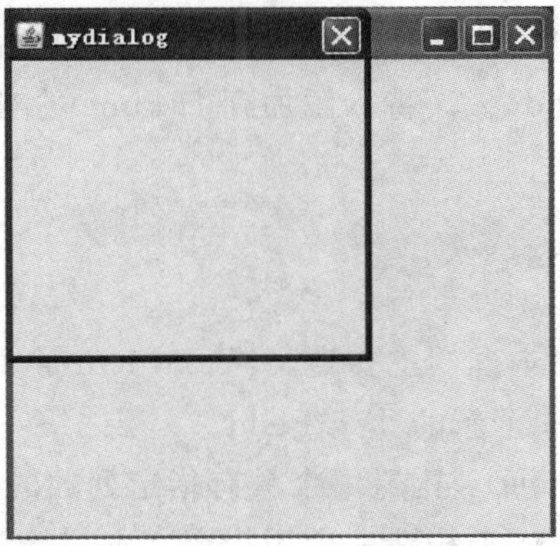

图 9-6 窗口上创建对话框

该例中，对话框 d 的所有者为 JFrame 对象 f，JDialog 构造方法的第三个参数为 true，表示对话框在显示时阻塞用户向其他顶层窗口输入。JDialog 的常用方法与 JWindow 类似，此处不再列举。

9.2.4 JButton

JButton 是创建按钮的主要类。JButton 类的主要构造方法如下。

(1) JButton()：创建不带有设置文本或图标的按钮。

(2) JButton(String text)：创建一个带文本的按钮。

例 9-3 创建按钮

```
import javax.swing.JButton;
import javax.swing.JFrame;
import javax.swing.JPanel;
public class comp1 {
    public static void main(String[ ] args) {
        JButton b1 = new JButton("test1");
        JButton b2 = new JButton("test2");
        JFrame jf = new JFrame("test");
        JPanel p = new JPanel();
        p.add(b1);
        p.add(b2);
        jf.add(p);
        jf.pack();
        jf.setVisible(true);
    }
}
```

程序运行结果如图 9-7 所示。

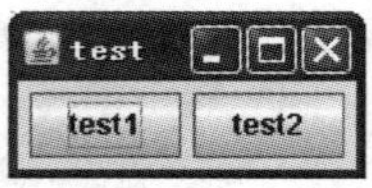

图 9-7 对话框中的按钮

该例中，b1 和 b2 是两个带文本的按钮组件，p. add(b1)和 p. add(b2)将这两个按钮添加到 JPanel 的对象 p 中，jf. add(p)又将 p 添加到 JFrame 的对象 jf 中。jf. pack()是根据组件大小调整窗口大小。

9.2.5 JTextField

JTextField 是创建单行文本框的主要类。JTextField 的主要构造方法如下：

(1) JTextField()：构造一个新的 TextField。

(2) JTextField(int columns)：构造一个具有指定列数的新的空 TextField。

(3) JTextField(String text)：构造一个用指定文本初始化的新 TextField。

(4) JTextField(String text, int columns)：构造一个用指定文本和列初始化的新 TextField。

例 9-4 创建单行文本框

```
import javax.swing. * ;
import java.awt. * ;
class my1{
    public static void main(String args[ ]){
        JFrame frame = new JFrame("hello");
        JPanel namePanel = new JPanel();
        JTextField nameField1 = new JTextField("请输入用户名,用户名不超过 25 个字符");
        JTextField nameField2 = new JTextField("请输入昵称,昵称不超过 25 个字符",25);
```

```
        JTextField nameField3 = new JTextField(20);
        JTextField nameField4 = new JTextField(20);
        JButton b1  =  new JButton("确定");
        JButton b2  =  new JButton("取消");
        Container content = frame.getContentPane();
        namePanel.add(nameField1);
        namePanel.add(nameField2);
        namePanel.add(nameField3);
        namePanel.add(nameField4);
        namePanel.add(b1);
        namePanel.add(b2);
        content.add(namePanel);
        frame.setSize(520,200);
        frame.setVisible(true);
    }
}
```

程序运行结果如图 9-8 所示。

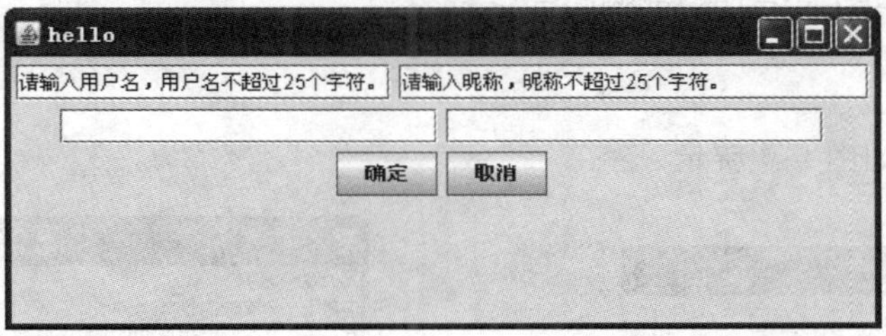

图 9-8　窗口中的文本框

nameField1 是用指定文本初始化的文本框，nameField2 指定了初始文本和列数，nameField3 和 nameField4 只指定了文本框的列数。这四个文本框对象使用了 JTextField 不同的构造方法。其他语句与前面的例子类似，不再赘述。

9.2.6　JTextArea

JTextArea 是显示纯文本的多行区域。JTextArea 具有自动换行的特性，默认情况下，该特性关闭，即不自动换行，可以通过 setLineWrap(true)方法将 JTextArea 设置为自动换行。如果要在 JTextArea 对象中加入滚动条，则可以把多行文本框对象放在 JScrollPane 的内部。

JTextArea 常用的构造方法如下。

(1) JTextArea()：构造新的 TextArea。

(2) JTextArea(int rows, int columns)：构造具有指定行数和列数的新的空白 TextArea。

(3) JTextArea(String text)：构造显示指定文本的新的 TextArea。

(4) JTextArea(String text, int rows, int columns)：构造具有指定文本、行数和列数的新的 TextArea。

例 9-5 创建多行文本框

```
import javax.swing.*;
public class taExample extends JFrame {
    String s = "Java 这个名字\n" + "来自于一个有趣的故事。\n" + "有一天,几个 Java 成员组的成
           员\n" + "正在一边喝咖啡\n" + "一边讨论着给 Oak 语言起个新名字,\n" + "当时他们
           正喝着 Java 咖啡\n" + "忽然有个成员说就叫 Java 怎么样?\n" + "这个提议\n" + "得
           到了其他人的一致同意。\n" + "从那时起\n" + "Java 就借着 Internet 的东风,飘香
           于世了。";
    JTextArea ta1 = new JTextArea(4,10);
    JScrollPane sp = new JScrollPane(ta1);
    taExample(){
        ta1.setText(s);
        this.add(sp);
        this.setSize(200,200);
        this.setVisible(true);
    }
    public static void main(String[] args) {
        taExample tae1 = new taExample();
    }
}
```

程序运行结果如图 9-9 所示。

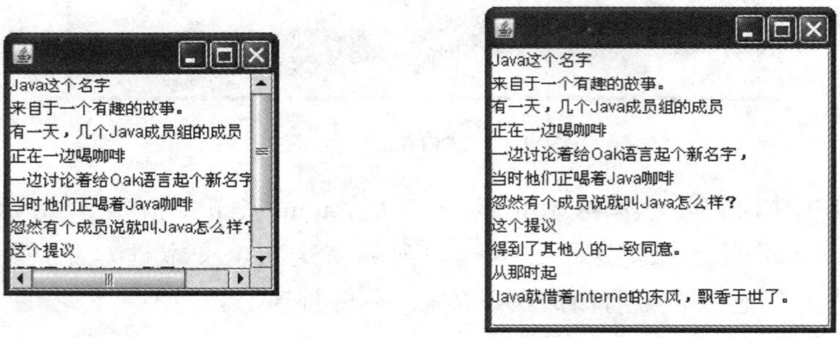

图 9-9 多行文本框

该例中，JTextArea ta1＝new JTextArea(4,10)创建了一个 4 行 10 列的多行文本区域，JScrollPane sp = new JScrollPane(ta1)将多行文本区域放置在 JScrollPane 内部，当文本区域内容大于 JScrollPane 时自动增加滚动条，图 9-9 左图就是加了滚动条后的显示效果。

setText()方法是从 JTextArea 的父类 JTextComponent 继承而来，该方法的定义如下。

public void setText(String t)，将此 TextComponent 文本设置为指定文本。参数 t 是要设置的新文本。

9.2.7 JLabel

JLabel 对象可以显示文本、图像或同时显示二者。JLabel 类的常用构造方法如下。

(1) JLabel(Icon image)：创建具有指定图像的 JLabel 实例。

(2) JLabel(String text)：创建具有指定文本的 JLabel 实例。

(3) JLabel(String text, Icon icon, int horizontalAlignment)：创建具有指定文本、图像和水平对齐方式的 JLabel 实例。

(4) JLabel(String text, int horizontalAlignment)：创建具有指定文本和水平对齐方式的 JLabel 实例。其中第二个参数代表水平对齐方式，是在 SwingConstants 中定义的以下常量之一。

CENTER：居中。

LEFT：左对齐。

RIGHT：右对齐。

LEADING：标识使用从左到右和从右到左的语言的文本开始边。

TRAILING：标识使用从左到右和从右到左的语言的文本结束边。

例 9-6 创建文本、图像标签

```
import javax.swing.*;
import java.awt.*;
class labelDemo extends JFrame{
    JLabel starLabel = new JLabel(new ImageIcon("e:\\java\\star.gif"));
    JLabel sunLabel = new JLabel(new ImageIcon("e:\\java\\sun.gif"));
    JLabel textLabel1 = new JLabel("星星",JLabel.CENTER);
    JLabel textLabel2 = new JLabel("太阳",JLabel.CENTER);
    Container content = this.getContentPane();
    public labelDemo(){
        content.setLayout(new GridLayout(2,2));
        content.add(textLabel1);
        content.add(starLabel);
        content.add(textLabel2);
        content.add(sunLabel);
    }
    public static void main(String args[]){
        labelDemo demo1 = new labelDemo();
        demo1.setSize(400,200);
        demo1.setVisible(true);
    }
}
```

程序运行结果如图 9-10 所示：

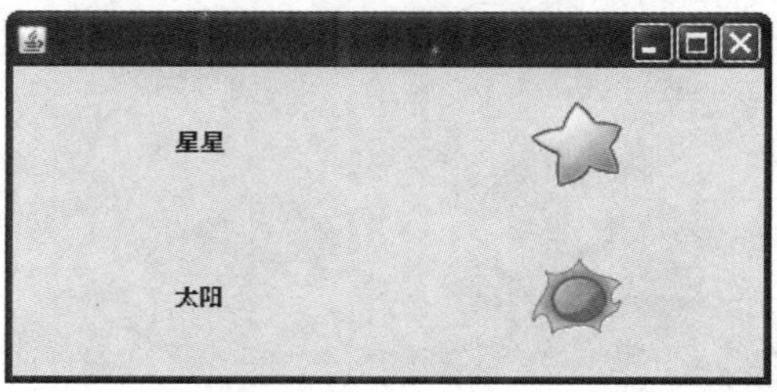

图 9-10 文本、图像标签

该例中，starLabel 和 sunLabel 是两个具有指定图像的 JLabel 对象，textLabel1 和 textLabel2 是两个具有指定文本和对齐方式的 JLabel 对象。Container 对象 content 的布局方式设为网格布局方式，将四个 JLabel 实例分成两行两列放置。

9.2.8 JComboBox

JComboBox 是将按钮或可编辑字段与下拉列表组合的组件。用户可以从下拉列表中选择值，下拉列表在用户单击下拉三角形时显示。如果组合框处于可编辑状态，则组合框将包括用户在其中输入的字段。JComboBox 的常用构造方法如下。

(1) JComboBox()：创建具有默认数据模型的 JComboBox。

(2) JComboBox(Object[] items)：创建包含指定数组中元素的 JComboBox。

(3) JComboBox(Vector<?> items)：创建包含指定 Vector 中元素的 JComboBox。

JComboBox 的常用方法如下。

(1) addItem(Object anObject)：为列表添加项。

(2) getItemAt(int index)：返回指定索引处的列表项。

(3) getSelectedItem()：返回当前所选项。

(4) removeItem(Object anObject)：从项列表中去掉某项。

(5) removeItemAt(int anIndex)：去掉 anIndex 处的项。

(6) setEditable(boolean aFlag)：确定 JComboBox 字段是否可编辑。

例 9-7 创建下拉列表

```
import java.awt.GridLayout;
import java.awt.event. * ;
import javax.swing. * ;
public class choice extends JFrame implements ItemListener {
    String num[] = { "08001", "08112", "02005", "06004" }, name[] = { "java","数据库", "软
    件工程", "C 语言" }, credit[] = { "4", "4", "3","5" };
    JTextField tf1 = new JTextField(10), tf2 = new JTextField(4);
    JLabel choiceLabel = new JLabel("请选择课程号: "),nameLabel = new JLabel("课程名: "),
    creLabel = new JLabel("学分: ");
    JComboBox jc = new JComboBox();
    choice() {
        this.setLayout(new GridLayout(3,2,10,10));
        for (int i = 0; i < num.length; i++)
            jc.addItem(num[i]);
        jc.addItemListener(this);
        this.add(choiceLabel);
        this.add(jc);
        this.add(nameLabel);
        this.add(tf1);
        this.add(creLabel);
        this.add(tf2);
        this.setSize(300, 200);
    }
    public void itemStateChanged(ItemEvent e) {
        int x = 0, y = 0;
```

```
        String s = (String) e.getItem();
        for (; y < num.length; y++)
            if (s == num[y])
                x = jc.getSelectedIndex();
        tf1.setText(name[x]);
        tf2.setText(credit[x]);
    }
    public static void main(String[ ] args) {
        choice c = new choice();
        c.setVisible(true);
        c.setDefaultCloseOperation(JFrame.EXIT_ON_CLOSE);
    }
}
```

程序运行结果如图 9-11 所示。

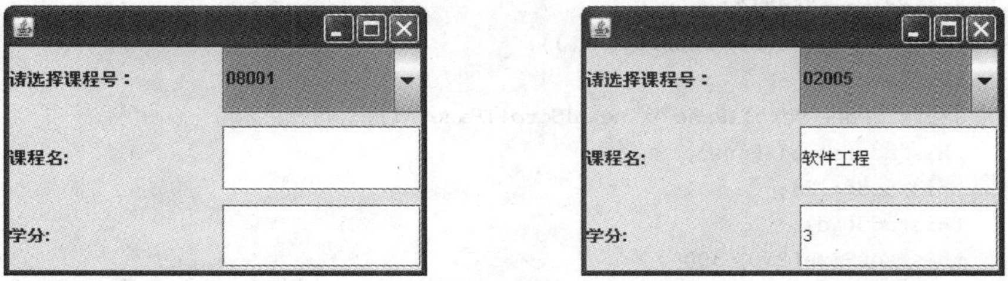

图 9-11 下拉列表

该例中，创建了三个字符串数组，分别是 num、name 和 credit，数组的内容分别是课程号、课程名和学分。jc. addItem(num[i])将 num 数组中的各项添加到 JComboBox 对象 jc 中。当单击 JComboBox 的下拉三角时，num 数组中的各项都会显示出来。当选择其中某项时，在课程名和学分后的两个文本框中将会显示该课程号对应的课程名和学分，如图 9-11 右图所示，这部分是在 itemStateChanged()方法中完成的，用到了事件处理，将在 9.4 节讲述。另外，本例中还用到了网格布局，确定了三个标签、一个下拉列表和两个单行文本框在窗体中的排放方式，该部分内容在 9.3 节讲述。例题中的语句 c. setDefaultCloseOperation(JFrame. EXIT_ON_CLOSE)功能是单击窗口右上角的×便可关闭窗口，结束程序。

9.2.9 JList

JList 是显示对象列表并允许用户选择一个或多个项的组件。JList 可以方便地显示对象数组或对象 Vector。JList 不实现直接滚动，要创建一个滚动的列表，请将它作为 JScrollPane 的视图。JList 的常用构造方法如下。

(1) JList()：构造一个具有空的、只读模型的 JList。

(2) JList(Object[] listData)：构造一个 JList，使其显示指定数组中的元素。

(3) JList(Vector<?> listData)：构造一个 JList，使其显示指定 Vector 中的元素。

例 9-8 创建复选框

```
import java.awt.FlowLayout;
```

```
import java.util.Vector;
import javax.swing.*;
public class jlExample extends JFrame {
    JComboBox jc = new JComboBox();
    JList jl;
    JLabel jl1 = new JLabel("选择汉堡种类: "),jl2 = new JLabel("选择饮料种类: ");
    jlExample(){
        Vector<String> v = new Vector<String>();
        v.add("鸡肉汉堡");
        v.add("火腿汉堡");
        v.add("芝士汉堡");
        jl = new JList(v);
        jc.addItem("可乐");
        jc.addItem("橙汁");
        jc.addItem("牛奶");
        jc.addItem("咖啡");
        this.setLayout(new FlowLayout());
        this.add(jl1);
        JScrollPane scrollPane = new JScrollPane(jl);
        this.add(scrollPane);
        this.add(jl2);
        this.add(jc);
        this.setSize(250, 300);
        this.setVisible(true);
    }
    public static void main(String[] args) {
        new jlExample();
    }
}
```

程序运行结果如图 9-12 所示。

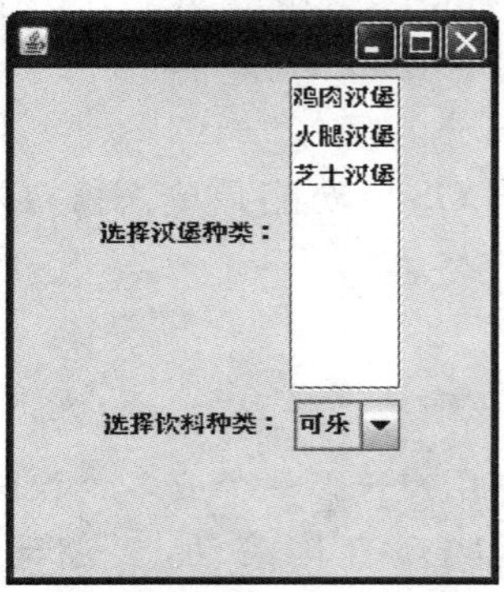

图 9-12　复选框

Vector 对象 v 中添加了三个字符串，分别是三种汉堡的名称，它们作为复选框的选项。下拉列表 jc 中添加了四项，分别代表四种饮料。this.setLayout(new FlowLayout())将该 JFrame 容器中各组件设为流布局方式。JScrollPane scrollPane = new JScrollPane(jl)将 JList 对象 jl 作为 JScrollPane 的构造器的参数，用于添加滚动条。读者可以在 JList 对象中继续增加选项，验证是否出现滚动条。

9.2.10 菜单

创建菜单主要用到三个类：JMenuBar、JMenu 和 JMenuItem。JMenuBar 是创建菜单栏的类，可以将 JMenu 对象添加到菜单栏，JMenu 对象中的每一项用 JMenuItem 来创建，如图 9-13 所示。

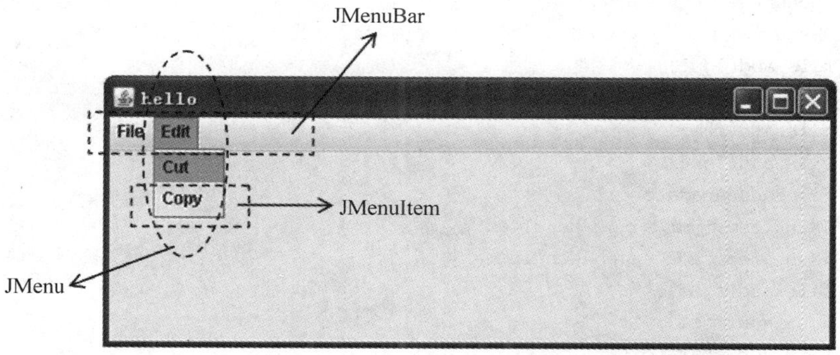

图 9-13 菜单类含义

JMenuBar 的常用方法如下。

(1) JMenuBar()：创建新的菜单栏。

(2) add(JMenu c)：将指定的菜单追加到菜单栏的末尾。

JMenu 的常用方法如下。

(1) JMenu()：构造没有文本的新 JMenu。

(2) JMenu(String s)：构造一个新 JMenu，用提供的字符串作为其文本。

(3) add(JMenuItem menuItem)：将某个菜单项追加到此菜单的末尾。

(4) addSeparator()：将新分隔符追加到菜单的末尾。

(5) remove(JMenuItem item)：从此菜单去掉指定的菜单项。

JMenuItem 的常用方法如下。

(1) JMenuItem()：创建不带有设置文本或图标的 JMenuItem。

(2) JMenuItem(Action a)：创建从指定的 Action 获取其属性的菜单项。

(3) JMenuItem(Icon icon)：创建带有指定图标的 JMenuItem。

(4) JMenuItem(String text)：创建带有指定文本的 JMenuItem。

(5) JMenuItem(String text, Icon icon)：创建带有指定文本和图标的 JMenuItem。

(6) JMenuItem(String text, int mnemonic)：创建带有指定文本和键盘助记符的 JMenuItem。

例 9-9 创建记事本菜单

```
import java.awt.*;
import java.awt.event.*;
import javax.swing.*;
public class jmExample extends JFrame {
    jmExample(){
```

```
        Container con = this.getContentPane();
        JPanel jp = new JPanel();
        con.add(jp);
        JMenuBar menubar = new JMenuBar();
        this.setJMenuBar(menubar);
        JMenu file = new JMenu("文件");
        JMenuItem fjm1  = new JMenuItem("新建");
        JMenuItem fjm2  = new JMenuItem("打开");
        JMenuItem fjm3  = new JMenuItem("保存");
        JMenuItem fjm4  = new JMenuItem("另存为");
        file.add(fjm1);
        file.add(fjm2);
        file.add(fjm3);
        file.add(fjm4);
        file.addSeparator();
        JMenuItem fjm5  = new JMenuItem("页面设置");
        JMenuItem fjm6  = new JMenuItem("打印");
        file.add(fjm5);
        file.add(fjm6);
        file.addSeparator();
        JMenuItem fjm7  = new JMenuItem("退出");
        file.add(fjm7);
        JMenu edit = new JMenu("编辑");
        JMenuItem ejm1  = new JMenuItem("撤销");
        edit.add(ejm1);
        edit.addSeparator();
        JMenuItem ejm2  = new JMenuItem("剪切");
        JMenuItem ejm3  = new JMenuItem("复制");
        JMenuItem ejm4  = new JMenuItem("粘贴");
        JMenuItem ejm5  = new JMenuItem("删除");
        edit.add(ejm2);
        edit.add(ejm3);
        edit.add(ejm4);
        edit.add(ejm5);
        edit.addSeparator();
        JMenuItem ejm6  = new JMenuItem("查找");
        JMenuItem ejm7  = new JMenuItem("替换");
        edit.add(ejm6);
        edit.add(ejm7);
        menubar.add(file);
        menubar.add(edit);
        this.setSize(300, 300);
        this.setVisible(true);
    }
    public static void main(String[] args) {
        jmExample jme = new jmExample();
    }
}
```

程序运行结果如图 9-14 所示。

该例中，jmExample 是 JFrame 的子类，代表一个窗口。menubar 是菜单栏 JMenuBar

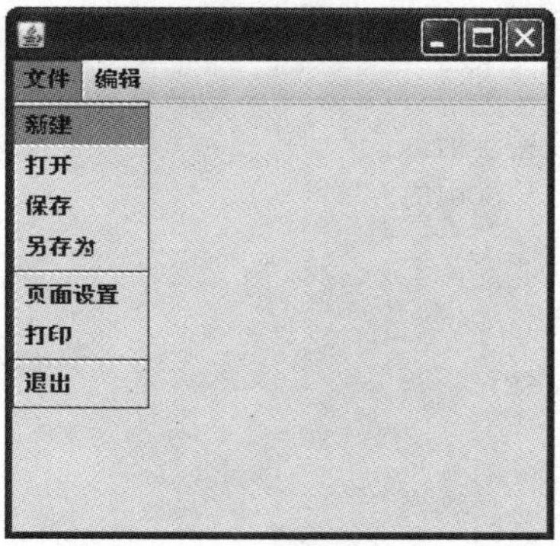

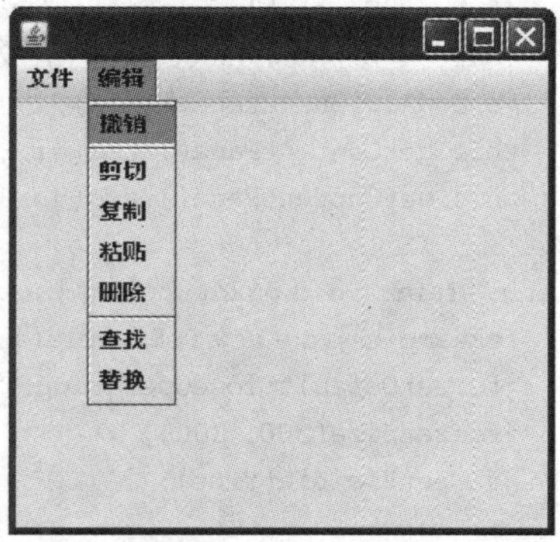

图 9-14　记事本菜单

的对象，this.setJMenuBar(menubar)是设置 jmExample 窗口的菜单栏为 menubar。file、edit 是两个 JMenu 的对象，代表两个菜单。文件菜单包含七个菜单项和两个分隔符，其中菜单项是通过创建 JMenuItem 的对象而实现的。“编辑”菜单也是类似的写法。在学完 9.4 节事件处理后，读者可以在该例中增加事件处理部分，从而完成一个完整的记事本程序。

9.2.11　JFileChooser

JFileChooser 是文件选择对话框。JFileChooser 常用的方法如下。

(1) addChoosableFileFilter(FileFilter filter)：向用户可选择的文件过滤器列表添加一个过滤器。

(2) showOpenDialog(Component parent)：弹出一个 Open File 文件选择器对话框。

(3) showSaveDialog(Component parent)：弹出一个 Save File 文件选择器对话框。

(4) getSelectedFile()：返回选中的文件。

FileFilter 是一个抽象类，JFileChooser 使用它过滤显示给用户的文件集合。该抽象类的主要方法如下。

(1) accept(File f)：此过滤器是否接受给定的文件。

(2) getDescription()：此过滤器的描述。

例 9-10　在窗口中添加一个打开文件按钮和一个标签，当单击打开文件按钮时，弹出一个文件打开对话框，用户选择文件后，将该文件的完整路径及文件名在标签中显示。

```
import java.awt.*;
import java.awt.event.*;
import java.io.File;
import javax.swing.*;
import javax.swing.filechooser.FileFilter;
public class fcExample extends JFrame implements ActionListener{
    private JLabel jl;
    private JFileChooser jfc1;
    fcExample(){
        jl = new JLabel();
        jfc1 = new JFileChooser();
        myFileFilter myf1 = new myFileFilter();
```

```
        jfc1.addChoosableFileFilter(myf1);
        JButton jb = new JButton("打开文件");
        jb.addActionListener(this);
        this.getContentPane().add(jl,BorderLayout.CENTER);
        this.getContentPane().add(jb,BorderLayout.SOUTH);
    }
    public static void main(String[] args) {
        fcExample jfc = new fcExample();
        jfc.setDefaultCloseOperation(EXIT_ON_CLOSE);
        jfc.setSize(300, 300);
        jfc.setVisible(true);
    }
    public void actionPerformed(ActionEvent e) {
        int result = jfc1.showOpenDialog(this);
            if (result == jfc1.APPROVE_OPTION) {
                String s = jfc1.getSelectedFile().getAbsolutePath();
            jl.setText(s);
        }
    }
}
class myFileFilter extends FileFilter{
    public boolean accept(File f) {
        return (f.isDirectory()||f.getName().endsWith(".java"));
    }
    public String getDescription() {
        return ("Java file ( * .java)");
    }
}
```

程序运行结果如图 9-15 所示。

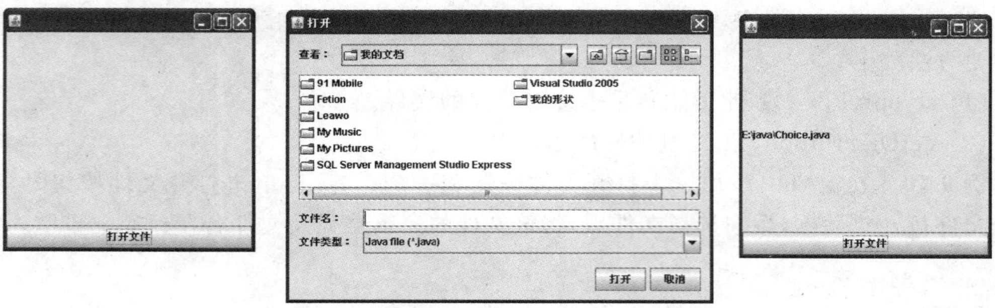

图 9-15　文件打开效果

myFileFilter 类是 FileFilter 的子类，在该类中实现了 FileFilter 的两个抽象方法。其中 getDescription ()的作用是在文件类型文本框中显示要打开的文件类型。accept()方法的作用是将目录和以 java 为后缀的文件显示在"打开"对话框中，其他类型的文件不显示。从而起到对文件的过滤作用。

在 fcExample 类的构造函数中，首先创建了 myFileFilter 类的对象 myf1，然后将 JFileChooser 的对象 jfc1 添加该文件过滤对象 myf1，在单击按钮时，执行 actionPerformed()方法，调用 showOpenDialog()方法打开文件对话框。当单击“打开”按钮时，即 result == jfc1.APPROVE_OPTION 时，获取文件的路径及文件名，并在标签中显示。

9.3 布局管理器

Java 是跨平台的语言，为了实现该特性并获得动态的布局效果，它在布局管理上采取了容器和布局管理分离的方案，即只将所需组件放置在容器中，组件的排列顺序、组件的大小和位置交给布局管理器类来管理。当窗口移动或大小发生变化时各组件的大小和位置也会随之变化，这也交给布局管理器类来管理。Java 中常用的布局管理器类有 FlowLayout、BorderLayout、GridLayout、CardLayout 和 GridBagLayout。这几种布局管理器类都在 java.awt 包中。容器可以选择不同的布局管理器。

9.3.1 流布局 FlowLayout

流布局用于安排有向流中的组件，类似于段落中的文本行。流的方向可以是从左向右、从右向左两种。流布局一般用来安排面板中的按钮。FlowLayout 的常用构造方法如下。

(1) FlowLayout()：构造一个新的 FlowLayout，它是居中对齐的，默认的水平和垂直间隙是 5 个单位。

(2) FlowLayout(int align)：构造一个新的 FlowLayout，它具有指定的对齐方式，默认的水平和垂直间隙是 5 个单位。

(3) FlowLayout(int align, int hgap, int vgap)：创建一个新的流布局管理器，它具有指定的对齐方式以及指定的水平和垂直间隙。

其中对齐方式 align 参数的值必须是以下值之一。

FlowLayout.LEFT：每一行组件都应该是左对齐的。

FlowLayout.RIGHT：每一行组件都应该是右对齐的。

FlowLayout.CENTER：每一行组件都应该是居中的。

FlowLayout.LEADING：每一行组件都应该与容器方向的开始边对齐，例如，对于从左到右的方向，则与左边对齐。

FlowLayout.TRAILING：每一行组件都应该与容器方向的结束边对齐，例如，对于从左到右的方向，则与右边对齐。

例 9-11 创建流式布局管理器

```
import java.awt.*;
import javax.swing.*;
public class flowExample {
    public static void main(String[] args) {
        JFrame f = new JFrame("流布局管理器");
        JPanel cp = new JPanel();
        JButton b1 = new JButton("first");
        JButton b2 = new JButton("second");
        JButton b3 = new JButton("third");
        JButton b4 = new JButton("fourth");
```

```
            JButton b5 = new JButton("fifth");
            JButton b6 = new JButton("sixth");
            cp.setLayout(new FlowLayout(FlowLayout.LEFT));
            f.setContentPane(cp);
            cp.add(b1);
            cp.add(b2);
            cp.add(b3);
            cp.add(b4);
            cp.add(b5);
            cp.add(b6);
            f.setDefaultCloseOperation(JFrame.EXIT_ON_CLOSE);
            f.setSize(600,100);
            f.setVisible(true);
        }
    }
```

程序运行结果如图 9-16 所示。

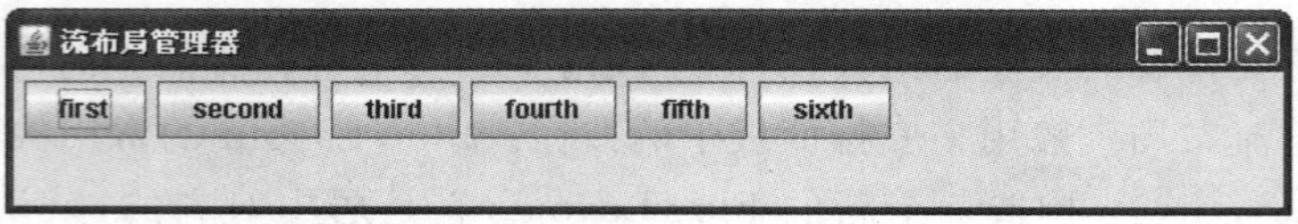

图 9-16　流式布局

当缩小窗口大小时，各个按钮的位置都会相应地发生变化，如图 9-17 所示。

图 9-17　当窗口缩小时，各组件的变化情况

该例中创建了六个按钮组件，分别是 b1、b2、b3、b4、b5、b6。

cp.setLayout(new FlowLayout(FlowLayout.LEFT))；等价于下面这两句：

```
FlowLayout fl1 = new FlowLayout(FlowLayout.LEFT);
cp.setLayout(fl1);
```

首先创建 FlowLayout 的对象，将对齐方式设为左对齐，然后通过 setLayout()方法将 JPanel 对象 cp 的布局方式设为流布局方式。JPanel 的默认布局方式是流式布局，而且是居中对齐。如果上例中的 cp 不要求是左对齐，便可省略布局方式设置。

最后将各个组件添加到 JPanel 容器中，通过 f.setContentPane(cp)将 JFrame 对象的 contentPane 设为 JPanel 对象即可。

9.3.2　边界布局 BorderLayout

边界布局将容器分为五个区域：北、南、东、西、中，每个区域最多只能包含一个组件，并通过相应的常量进行标识：NORTH、SOUTH、EAST、WEST、CENTER。如图 9-18 所示。

当使用边界布局将一个组件添加到容器中时，要使用这五个常量之一，例如：

```
Panel p = new Panel();
p. setLayout(new BorderLayout());
p. add(new Button("Okay"), BorderLayout. SOUTH);
```

该例中将容器 p 的布局方式设为边界布局，在向该容器中添加 Okay 按钮时指定将该按钮放在“南”这个区域。如果未指定某个区域，默认是 CENTER。因此下面这一句

```
p. add(new TextArea());
```

等价于

```
p. add(new TextArea(), BorderLayout. CENTER);
```

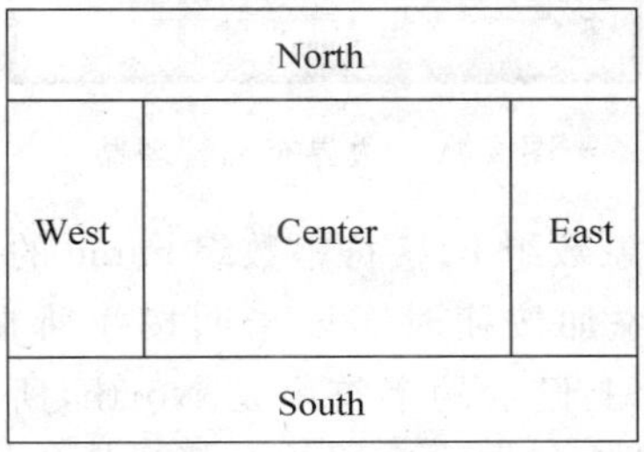

图 9-18　边界布局示意图

BorderLayout 类的常用构造方法如下。

(1) BorderLayout()：构造一个组件之间没有间距的新边界布局。

(2) BorderLayout(int hgap, int vgap)：构造一个具有指定组件间距的边界布局。水平间距由 hgap 指定，垂直间距由 vgap 指定。

例 9-12　创建边界布局管理器

```
import java. awt. * ;
import javax. swing. * ;
public class bordExample extends JFrame {
    private JButton b[];
    String name[] = {"North","South","East","West","Center"};
    private BorderLayout bl;
    public bordExample(String s){
        super(s);
        bl = new BorderLayout(10, 10);
        Container con = this. getContentPane();
        con. setLayout(bl);
        b = new JButton[name. length];
        for(int i = 0;i < name. length;i++)b[i] = new JButton(name[i]);
        con. add(b[0],BorderLayout. NORTH);
        con. add(b[1],BorderLayout. SOUTH);
        con. add(b[2],BorderLayout. EAST);
        con. add(b[3],BorderLayout. WEST);
        con. add(b[4],BorderLayout. CENTER);
        this. setSize(300, 200);
        this. setVisible(true);
```

```
    }
    public static void main(String[] args) {
        bordExample be = new bordExample("边界布局管理器");
        be.setDefaultCloseOperation(JFrame.EXIT_ON_CLOSE);
    }
}
```

程序运行结果如图 9-19 所示。

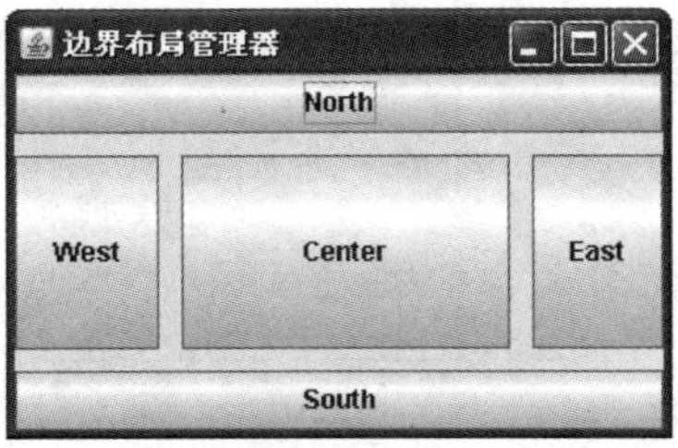

图 9-19 边界布局管理器

该例中创建了一个按钮对象数组 b，字符串数组 name 的各个字符串分别作为按钮上显示的字符串，在向 con 容器中添加按钮时需要指明按钮所在的区域。如 con.add(b[0], BorderLayout.NORTH)，b[0]上显示的字符串是 North，所在的区域通过 BorderLayout.NORTH 常量指定，即该按钮所在位置为容器的上部。其余各个按钮类似，不再赘述。

JFrame 的默认布局是 BorderLayout，对于 JFrame 及其子类，不用设置边界布局，只要把组件放置到边界布局的相应位置即可。

9.3.3 网格布局 GridLayout

GridLayout 类是网格布局管理器，它以矩形网格形式对容器的组件进行布置。容器被分成大小相等的矩形，一个矩形中放置一个组件。比如当创建三行三列的网格布局时，容器被分成大小相同的九个矩形，每个矩形中放置一个组件。该类的常用构造方法如下。

(1) GridLayout()：创建具有默认值的网格布局，即每个组件占据一行一列。

(2) GridLayout(int rows, int cols)：创建具有指定行数和列数的网格布局。

(3) GridLayout(int rows, int cols, int hgap, int vgap)：创建具有指定行数和列数的网格布局。hgap 是水平间距，vgap 是垂直间距。

例 9-13 创建网格布局管理器

```
import java.awt.*;
import java.awt.event.*;
import javax.swing.*;
public class gridExample {
    public static void main(String[] args) {
        JFrame jf = new JFrame("网格布局管理器");
        JPanel jp = new JPanel();
        jp.setLayout(new GridLayout(4, 4));
        jf.setContentPane(jp);
        JButton b[] = new JButton[16];
        for(int i = 0;i<4;i++)
```

```
            for(int j = 0;j < 4;j++){
                b[i] = new JButton("a" + i + "." + j);
                jp.add(b[i]);
            }
            jf.setSize(360, 160);
            jf.setVisible(true);
            jf.setDefaultCloseOperation(JFrame.EXIT_ON_CLOSE);
        }
    }
```

程序运行结果如图 9-20 所示，在该例中采用按钮数组 b 来管理 16 个按钮，这样可以简化代码，避免代码过多重复。

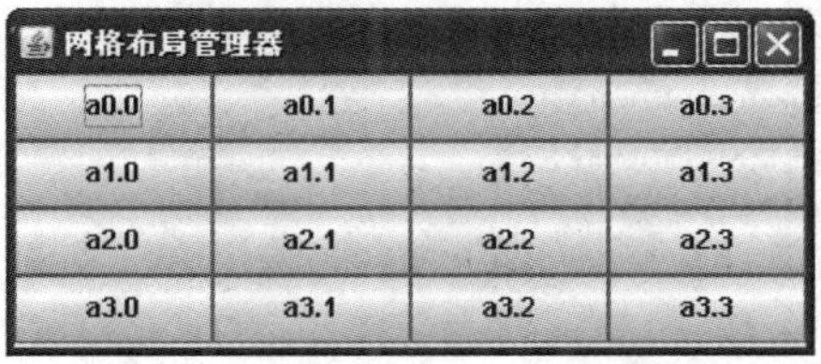

图 9-20 网格布局管理器

该例中通过 jp.setLayout(new GridLayout(4, 4))将 JPanel 对象 jp 的布局设为四行四列的网格布局方式。

9.3.4 卡片布局 CardLayout

CardLayout 对象是容器的布局管理器。它将容器中的每个组件看作一张卡片。一次只能看到一张卡片，容器则充当卡片的堆栈。当容器第一次显示时，第一个添加到 CardLayout 对象的组件为可见组件。CardLayout 的常用构造方法如下。

(1) CardLayout()：创建一个间距大小为 0 的新卡片布局。

(2) CardLayout(int hgap, int vgap)：创建一个具有指定水平间距和垂直间距的新卡片布局。

例 9-14 创建卡片布局管理器

```
import java.awt.*;
import java.awt.event.*;
import javax.swing.*;
public class cardExample implements MouseListener {
    JFrame jf = new JFrame("卡片布局管理器");
    JPanel jp = new JPanel();
    CardLayout cl = new CardLayout(10, 10);
    JPanel jp1 = new JPanel();
    JPanel jp2 = new JPanel();
    private JButton b[];
    String cn[] = { "第一", "第二", "第三" };
    JButton b1;
    JTextArea t2;
    JComboBox c3;
```

```
    public static void main(String[ ] args) {
        cardExample ce = new cardExample();
        ce.init();
    }
    public void init() {
        jf.setContentPane(jp);
        jp.setLayout(new BorderLayout());
        jp1.setLayout(new GridLayout(1, 3));
        jp2.setLayout(cl);
        b = new JButton[3];
        b[0] = new JButton("第一页");
        b[1] = new JButton("下一页");
        b[2] = new JButton("最后一页");
        b[0].addMouseListener(this);
        b[1].addMouseListener(this);
        b[2].addMouseListener(this);
        b1 = new JButton("第一页");
        t2 = new JTextArea("第二页");
        c3 = new JComboBox(cn);
        jp1.add(b[0]);
        jp1.add(b[1]);
        jp1.add(b[2]);
        jp2.add(b1, "card1");
        jp2.add(t2, "card2");
        jp2.add(c3, "card3");
        jp.add(jp1, BorderLayout.SOUTH);
        jp.add(jp2, BorderLayout.CENTER);
        jf.setSize(300, 200);
        jf.setVisible(true);
        jf.setDefaultCloseOperation(JFrame.EXIT_ON_CLOSE);
    }
    public void mouseClicked(MouseEvent e) {
        if (e.getComponent().equals(b[0]))
            cl.first(jp2);
        if (e.getComponent().equals(b[1]))
            cl.next(jp2);
        if (e.getComponent().equals(b[2]))
            cl.last(jp2);
    }
    public void mouseEntered(MouseEvent e) {
    }
    public void mouseExited(MouseEvent e) {
    }
    public void mousePressed(MouseEvent e) {
    }
    public void mouseReleased(MouseEvent e) {
    }
}
```

程序运行结果如图 9-21 所示。

该例中，共有三个 JPanel 对象，分别是 jp、jp1、jp2。其中，jp 是通过 jf.setContentPane(jp)

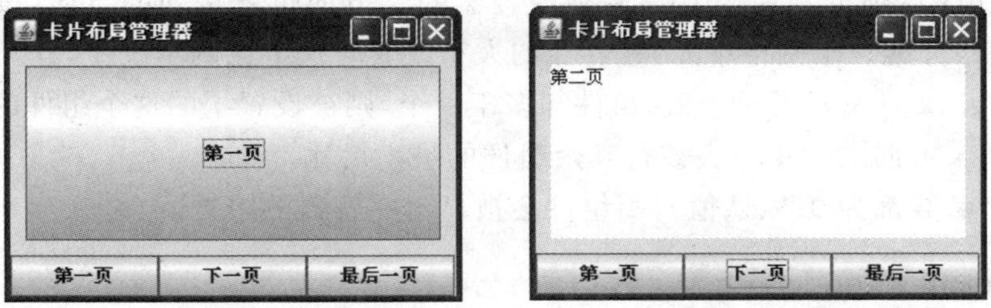

图 9-21 卡片布局管理器

来加到整个窗口中的,jp 通过 jp. setLayout(new BorderLayout())设置为边界布局,jp1 放置到 SOUTH 位置,jp2 放置到 CENTER 位置。jp1 采用了一行三列的网格布局方式,用来摆放三个按钮; jp2 采用了卡片布局的方式。在将各个组件添加到 jp2 中时,指定了各个卡片的字符串标识,比如第一张卡片的字符串标识为 card1,第二张卡片的字符串标识为 card2,以此类推。

```
jp2.add(b1, "card1");
jp2.add(t2, "card2");
jp2.add(c3, "card3");
```

事件处理部分放在 9.4 节中讲述。

9.3.5 网格包布局 GridBagLayout

网格包布局是将一个容器分成多个网格,每个组件占用一个或多个网格,因此这种布局管理器允许各个组件的大小不同,允许组件跨越多个网格,也允许组件存在相互重叠的部分。

网格包布局中,组件所占据的位置和大小是由一组与它们相关联的约束来决定的,这些约束由 GridBagConstraints 类型的对象来设置。

GridBagConstraints 的主要字段如下。

1. fill

该参数指定组件填充网格的方式,当某组件的网格单元大于组件的大小时被使用。如果不使用 fill 参数,则有可能组件占不完整个网格单元。该参数可取如下几个值。

(1) GridBagConstraints. NONE: 默认值,不改变组件的大小。

(2) GridBagConstraints. HORIZONTAL: 使组件足够大,以填充其网格单元的水平方向,但不改变高度,其值等于整数 2。

(3) GridBagConstraints. VERTICAL: 使组件足够大,以填充其网格单元的垂直方向,但不改变宽度,其值等于整数 3。

(4) GridBagConstraints. BOTH: 使组件足够大,以填充其整个网格单元,其值等于整数 1。

2. weightx 和 weighty

这两个参数对 x 方向和 y 方向指定一个加权值。这个加权值直接影响到网格单元的大小，比如 weightx 的值分别为 5,10,15，则在容器的 x 方向也就是列的方向，按一定的比例（比如 1∶2∶3）分配三个网格单元，在容器的大小改变时这个比例不改变。

如果 weightx 只设置了一个值，组件却多于一个，则被设置了的这个组件的网格单元的大小为容器在 x 方向的大小减去该行其余组件的最小尺寸。

如果两个参数都为 0（默认值），则组件会被显示在容器的中央。

3. gridheight 和 gridwidth

这两个参数指定组件占据多少个网格单元，gridwidth 指定组件占据多少个网格单元的宽度，gridheight 指定组件占据多少个网格单元的高度。两个参数的默认值都为 1。其中值 GridBagConstraints. REMAINDER 表示当前组件在其所在行或所在列上为最后一个组件，即如果是组件所在行的最后一个组件，那么下一个组件将会被添加到容器中的下一行。值 GridBagConstraints. RELATIVE 表示当前组件在其所在行或所在列上为倒数第二个组件。

4. gridx 和 gridy

该参数表示组件被添加到容器中的 X 或者 Y 坐标处，坐标以网格单元为单位，一个网格单元就是 1×1 的大小，也就是说如果把 gridx 和 gridy 都设为 1，那么该组件会被显示到第二行的第二列上。

使用网格包布局的一般步骤为：

(1) 创建一个 GridBagLayout 网格包布局对象，并使其成为当前容器的布局管理器。

(2) 创建一个 GridBagConstraints 类型的约束对象，然后使用该对象设置各种约束条件，这里设置的约束条件并没有针对某一组件。

(3) 使用 GridBagLayout 网格包布局中的 setConstraints（Component com, GridBagConstraints cons）方法将 GridBagConstraints 类型对象设置的约束添加到被设置的组件中，这样该组件就具有了 GridBagConstraints 设置的约束。其中 setConstraints() 的第一个参数是将要添加的组件，第二个参数是 GridBagConstraints 类型的约束对象。

(4) 将设置了约束的组件添加到容器中。

例 9-15 创建网格包布局

```
import java.awt.*;
import javax.swing.*;
public class gbExample {
    public static void main(String[] args) {
        JFrame jf = new JFrame("网格包布局管理器");
        JPanel jp = new JPanel();
        jf.setContentPane(jp);
        GridBagLayout gb = new GridBagLayout();
        jp.setLayout(gb);
        GridBagConstraints c = new GridBagConstraints();
        JButton jb[] = new JButton[8];
        String s[] = { "一", "二", "三", "四", "五", "六", "七", "八"};
        for (int i = 0; i < jb.length; i++)
            jb[i] = new JButton(s[i]);
        c.fill = new GridBagConstraints().BOTH;
```

```
        c.weightx = 1.0;
        gb.setConstraints(jb[0], c);
        jp.add(jb[0]);
        gb.setConstraints(jb[1], c);
        jp.add(jb[1]);
        gb.setConstraints(jb[2], c);
        jp.add(jb[2]);
        c.gridwidth = GridBagConstraints.REMAINDER;
        gb.setConstraints(jb[3], c);
        jp.add(jb[3]);
        c.gridheight = 2;
        c.gridwidth = 2;
        gb.setConstraints(jb[4], c);
        jp.add(jb[4]);
        c.gridwidth = GridBagConstraints.REMAINDER;
        c.gridheight = 1;
        gb.setConstraints(jb[5], c);
        jp.add(jb[5]);
        c.gridwidth = 3;
        c.gridx = 2;
        c.gridy = 2;
        gb.setConstraints(jb[6], c);
        jp.add(jb[6]);
        c.gridwidth = 1;
        c.gridx = 5;
        c.gridy = 2;
        gb.setConstraints(jb[7], c);
        jp.add(jb[7]);
        jf.pack();
        jf.setVisible(true);
        jf.setDefaultCloseOperation(JFrame.EXIT_ON_CLOSE);
    }
}
```

运行结果如图 9-22 所示。

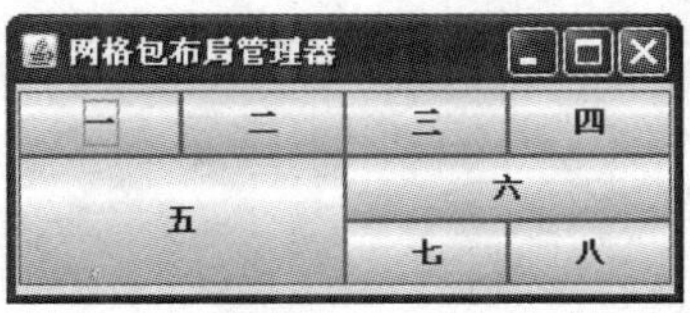

图 9-22 网格包布局管理器

该例中,通过

```
c. fill = new GridBagConstraints().BOTH;
c. weightx = 1.0;
```

将 GridBagConstraints 对象 c 设为 BOTH 形式,即将组件填满整个网格单元,weightx 也设置为 1。

在添加“一”、“二”和“三”三个按钮时,采用 c 的约束方式,即三个按钮占用的网格大小相同。添加“四”按钮时，通过 c. gridwidth = GridBagConstraints. REMAINDER 将第四个按钮设为该行最后一个组件，则“五”按钮将成为第二行的第一个组件。

添加“五”按钮时，通过设置

```
c.gridheight = 2;
c.gridwidth = 2;
```

将该按钮设为从行的角度占据两个单元格，从列的角度也占据两个单元格。

“六”按钮通过

```
c.gridwidth = GridBagConstraints.REMAINDER;
c.gridheight = 1;
```

将该按钮设为该行最后一个按钮，即从列的角度占据两个单元格。

其余按钮的位置与上述按钮类似，请读者自行分析。

9.3.6 空布局

如果不采用上述任何布局方式，而自定义组件的位置和大小，可以考虑采用空布局。空布局的设置方式如下。

```
容器.setLayout(null);
```

对每个组件，可以采用 setBounds(int x, int y, int width, int height)移动组件并调整其大小。由 x 和 y 指定左上角的新位置，由 width 和 height 指定新的大小。

例 9-16 创建空布局

```
import java.awt.*;
import java.awt.event.*;
import javax.swing.*;
public class nullExample extends JFrame {
    JLabel jlname = new JLabel("用户名：");
    JTextField jtname = new JTextField();
    JLabel jlpass = new JLabel("密码：");
    JTextField jtpass = new JTextField();
    JButton jblogin = new JButton("登录");
    JButton jbreset = new JButton("重置");
    public nullExample(String s){
        super(s);
        this.setLayout(null);
        jlname.setBounds(new Rectangle(20,30,50,30));
        jtname.setBounds(new Rectangle(80,30,180,30));
        jlpass.setBounds(new Rectangle(20,80,50,30));
        jtpass.setBounds(new Rectangle(80,80,180,30));
        jtpass.setEchoChar('*');
        jblogin.setBounds(new Rectangle(80, 120, 80, 30));
        jbreset.setBounds(new Rectangle(170, 120, 80, 30));
        this.add(jlname);
        this.add(jtname);
        this.add(jlpass);
```

```
        this.add(jtpass);
        this.add(jblogin);
        this.add(jbreset);
        this.setSize(355, 254);
        this.setVisible(true);
    }
    public static void main(String[] args) {
        nullExample nuex = new nullExample("空布局");
        nuex.addWindowListener(new WindowAdapter() {
            public void windowClosing(WindowEvent e){
                System.exit(0);
            }
        }
    }
}
```

程序运行结果如图 9-23 所示，此时即使改变窗口大小，各个组件的位置和大小也不会发生改变。通过方法 jtpass.setEchoChar('*')进行设置，使得输入的密码都显示为*。本例中还用到了匿名内部类，定义如下。

```
nuex.addWindowListener(new WindowAdapter() {
    public void windowClosing(WindowEvent e){
        System.exit(0);
    }
}
```

在 new WindowAdapter()后面部分就是匿名类的类体，是 WindowAdapter()的子类，因为没有名字只能在程序中使用一次。

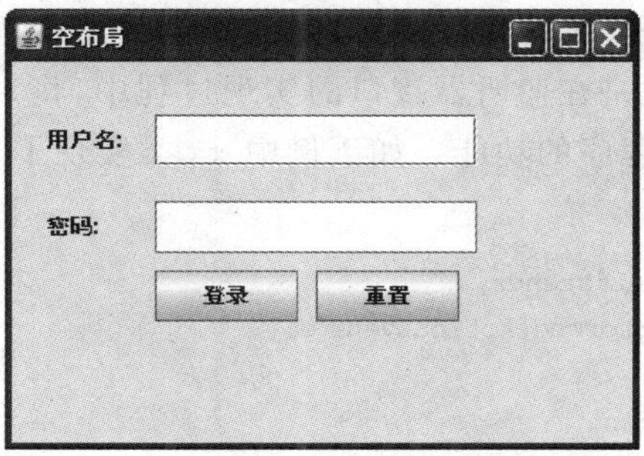

图 9-23　空布局

9.4 事件处理

9.4.1 事件处理机制

Java 的图形用户界面通过事件处理机制响应与用户的交互，事件处理机制分为三部分：事件源、事件对象和事件监听器。

1. 事件源

发生事件的 GUI 组件就是事件源。如单击按钮时，按钮就是事件源。

2. 事件对象

当用户在界面上操作时，会产生各种事件对象，如单击按钮，Java 虚拟机自动产生 ActionEvent 的对象。按动键盘，自动产生 KeyEvent 的对象。

3. 事件监听器

一些接口声明，在接口中定义事件处理方法。如，鼠标单击，编写事件处理过程，需要实现 ActionListener 接口，在这个接口中有一个方法 actionPerformed(ActionEvent e)需要实现。

9.4.2 事件处理方法

处理图形用户界面的事件，需要做到以下两个步骤。

① 为可能产生事件的组件注册一个事件监听器，形式为：

组件. addXXXListener(事件监听器)

其中 XXXListener 为某个事件监听器的接口名称。如为按钮 b1 的单击事件注册事件监听器的语句如下。

```
b1.addActionListener(m);
```

单击按钮 b1 后将交给 m 对象(事件监听器的对象)去处理。

② 编写一个类，实现相应的监听器接口，即实现监听器接口中声明的与程序设计意图有关的成员方法。实际上就是在监听器接口的实现过程中，将对该事件的处理语句写在相应方法体中，这样就实现了程序的功能。如下例中 xx 类实现了 ActionListener 接口。

```
import java.awt.event.*;
class xx implements ActionListener{
    public void actionPerformed(ActionEvent e){
     ⋮
    }
}
```

9.4.3 事件类与事件监听器接口

在 java.awt.event 包中定义了一些事件类及其对应的事件监听器接口。具体介绍如下。

1. 事件类

(1) ActionEvent：当单击按钮、选择某个菜单项或在文本框中按 Enter 键时，产生 ActionEvent 事件。该事件被传递给每一个 ActionListener 对象，这些对象是使用组件的

addActionListener 方法注册的,用以接收这类事件。

(2) ItemEvent:在单选框、复选框、列表框等选定或取消选定某项时产生 ItemEvent 事件。该事件被传递到每个 ItemListener 对象,这些对象都已使用组件的 addItemListener 方法注册接收此类事件。

(3) KeyEvent:键盘事件。当按下、释放或键入某个键时,组件对象将生成 KeyEvent 事件。该事件被传递给每一个 KeyListener 或 KeyAdapter 对象,这些对象使用组件的 addKeyListener 方法注册,以接收此类事件。

(4) MouseEvent:鼠标事件。当按下、释放、单击鼠标按键,移动、拖动鼠标时生成 MouseEvent 事件。MouseEvent 对象被传递给每一个 MouseListener 或 MouseAdapter 对象,这些对象使用组件的 addMouseListener 方法注册,以接收"感兴趣的"鼠标事件。

(5) TextEvent:当文本框和多行文本区域内容修改时生成 TextEvent 事件。该事件被传递给每一个使用组件的 addTextListener 方法注册以接收这种事件的 TextListener 对象。

(6) WindowEvent:窗口事件类。当打开、关闭、激活、停用、图标化或取消图标化 Window 对象时,或者焦点转移到 Window 内或移出 Window 时,由 Window 对象生成 WindowEvent 事件。该事件被传递给每一个使用窗口的 addWindowListener 方法注册以接收这种事件的 WindowListener 或 WindowAdapter 对象。

2. 事件监听器接口

(1) ActionListener:如果要对单击按钮、选择某项菜单或在文本框中按 Enter 键等操作进行处理,可以编写事件处理器类,该类需要实现 ActionListener 接口,该接口中有一个方法需要实现:actionPerformed(ActionEvent e),该方法的方法体就是具体的事件处理过程。

如 9.5 节的例 9-17 中,jb 是按钮组件,通过语句 JButton jb=new JButton("比较")创建,并且通过 jb.addActionListener(this)向当前对象进行注册,当单击"比较"按钮时,交给当前对象去处理。

当前对象是 tfExample 类的对象,它实现了 ActionListener 接口,因此它可以成为 ActionEvent 事件的监听器。对该事件具体的处理由 public void actionPerformed (ActionEvent e)方法完成,该方法在单击按钮后被系统执行,该方法的方法体就是对文本框中的内容进行比较,从而得到两个数的比较结果,当输入为空时,给出提示。在本章前面的例子中,还有几个例子也包含实现了 ActionListener 接口的事件处理器类,请读者自行分析。

(2) ItemListener:如果要对在单选框、复选框、列表框等组件中选定或取消选定某项等操作进行处理,可以编写事件处理器类,该类需要实现 ItemListener 接口。该接口中有一个方法需要实现:itemStateChanged(ItemEvent e),该方法的方法体就是具体的处理过程。

如例 9-7 中,choice 类实现了 ItemListener 接口,作为下拉列表选择项发生变化时的事件处理器类。jc 是 JComboBox 类的对象,通过下句来定义:JComboBox jc = new JComboBox();jc 的事件交给 choice 类的对象来处理,通过下句来完成:jc.addItemListener(this);

在 itemStateChanged()方法中，根据用户所选择的课程号，得到用户所选项的整数值 x，这是通过 jc.getSelectedIndex()而得到。然后将 x 下标对应的课程名和学分显示在 tf1 和 tf2 两个文本框中。

(3) KeyListener：如果按下、释放或键入某个键时需要执行处理，要编写相应的事件处理器类，该类需要实现 KeyListener 接口。该接口中有以下几个方法需要实现。

keyPressed(KeyEvent e)：按下某个键时调用此方法。

keyReleased(KeyEvent e)：释放某个键时调用此方法。

keyTyped(KeyEvent e)：键入某个键时调用此方法。

(4) MouseListener：当按下、释放、单击鼠标按键，移动、拖动鼠标时如果需要进行相应的处理，则需要编写事件处理器类，该类需要实现 MouseListener 接口。该接口中有以下几个方法需要实现。

mouseClicked(MouseEvent e)：鼠标按键在组件上单击(按下并释放)时调用。

mouseEntered(MouseEvent e)：鼠标进入到组件上时调用。

mouseExited(MouseEvent e)：鼠标离开组件时调用。

mousePressed(MouseEvent e)：鼠标按键在组件上按下时调用。

mouseReleased(MouseEvent e)：鼠标按钮在组件上释放时调用。

在例 9-14 中，cardExample 实现了 MouseListener 接口，在该类中对鼠标单击事件进行了处理，通过 mouseClicked()方法来实现。对于该接口中的其他方法，虽然没有具体的操作，但仍然要设置成方法体为空的方法，如下所示。

```
public void mouseEntered(MouseEvent e) {
}
public void mouseExited(MouseEvent e) {
}
public void mousePressed(MouseEvent e) {
}
public void mouseReleased(MouseEvent e) {
}
```

如果没有将 MouseListener 接口中的方法全部实现，cardExample 就仍然是一个抽象类，不能用来创建对象。

(5) TextListener：当文本框和多行文本区域内容修改时如果需要进行相应的处理，则需要编写事件处理器类，该类需要实现 TextListener 接口。该接口中需要实现的方法如下。

textValueChanged(TextEvent e)，该方法的方法体就是需要执行的具体处理过程。

(6) WindowListener：如果要对窗口事件进行处理，需要编写事件处理器类实现 WindowListener 接口。该接口中有以下方法需要实现。

windowActivated(WindowEvent e)：将 Window 设置为活动 Window 时调用。

windowClosed(WindowEvent e)：因对窗口调用 dispose 而将其关闭时调用。

windowClosing(WindowEvent e)：用户试图从窗口的系统菜单中关闭窗口时调用。

windowDeactivated(WindowEvent e)：当 Window 不再是活动 Window 时调用。

windowDeiconified(WindowEvent e)：窗口从最小化状态变为正常状态时调用。

windowIconified(WindowEvent e)：窗口从正常状态变为最小化状态时调用。

windowOpened(WindowEvent e)：窗口首次变为可见时调用。

关闭窗口的方法是 windowClosing()，关闭窗口有两种方式：一种是 f. dispose()，作用是关闭窗口，一种是 System. exit(0)，作用是退出程序。使用时要根据实际要求进行选择。

9.4.4 适配器类

适配器类是与 Listener 接口对应的类，实现了对应接口中的每个方法。例如，与 WindowListener 接口对应的适配器类为 WindowAdapter 类，如果要处理窗口事件，则可以有以下两种方式。

implements WindowListener：实现所有抽象方法

extends WindowAdapter：只重写需要的方法

与 KeyListener 对应的适配器类是 KeyAdapter。与 MouseListener 对应的适配器类是 MouseAdapter。

对于只有一个方法的接口：ActionListener、ItemListener、TextListener 没有相应的适配器类，因为使用适配器类也不会简化程序。读者可将例 9-14 的 cardExample 类改写为 MouseAdapter 的子类，看看代码是否得到了简化。

9.5 综合实例

例 9-17 用标签、文本框、多行文本区域、按钮等组件编写一个图形用户界面程序，比较输入的两个数的大小，如果输入为空则给出提示，如果输入正确则给出比较结果。

```
import java.awt.*;
import java.awt.event.*;
import javax.swing.*;
public class tfExample extends JFrame implements ActionListener{
    Container cp = this.getContentPane();
    JLabel jl1 = new JLabel("第一个数：",JLabel.CENTER), jl2 = new JLabel("第二个数：",
JLabel.CENTER),jl3 = new JLabel("比较结果：",JLabel.CENTER);
    JTextField tf1 = new JTextField(8), tf2 = new JTextField(8);
    JTextArea tf3 = new JTextArea(3,10);
    JButton jb = new JButton("比较");
    public tfExample() {
        cp.setLayout(new GridLayout(2,4));
        cp.add(jl1);
        cp.add(tf1);
        cp.add(jl2);
        cp.add(tf2);
        cp.add(jl3);
        cp.add(tf3);
        cp.add(jb);
        jb.addActionListener(this);
```

```
    }
    public static void main(String[ ] args) {
        tfExample tfe = new tfExample();
        tfe.setSize(600, 200);
        tfe.setVisible(true);
    }
    public void actionPerformed(ActionEvent e) {
        int x,y;
        String z;
        String xx = tf1.getText();
        String yy = tf2.getText();
        if((xx == null)||(xx.equals(""))||(yy == null)||(yy.equals("")))
            tf3.setText("参加比较的两个数不能为空");
        else{
            x = Integer.parseInt(xx);
            y = Integer.parseInt(yy);
            if(x > y) z = "第一个数大于第二个数";
            else
            if(x < y) z = "第二个数大于第一个数";
            else z = "两个数相等";
            tf3.setText(z);
        }
    }
}
```

程序运行结果如图 9-24 所示。

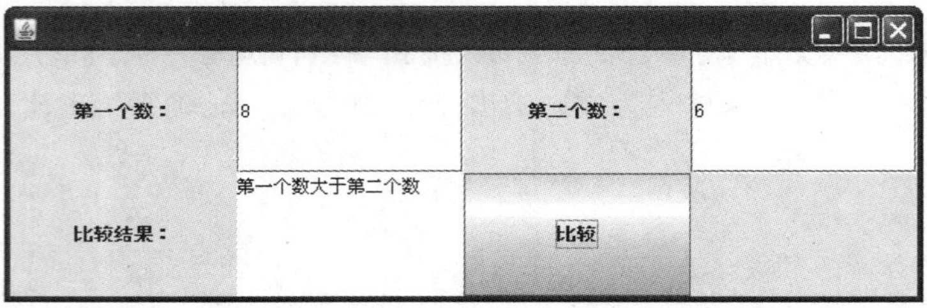

图 9-24　比较两个数大小的结果

JLabel jl1＝new JLabel("第一个数：",JLabel.CENTER)创建了具有指定文本和水平对齐方式为居中的 JLabel 实例。

cp.setLayout(new GridLayout(2,4))将 Container 对象设为网格布局，将该容器中的组件分成两行四列放置。

jb.addActionListener(this)是给按钮添加动作监听器，即当按下按钮时，执行 actionPerformed()方法。actionPerformed()方法完成的功能是利用 getText()方法获取用户在文本框中的输入 xx 和 yy，然后判断 xx 和 yy 是否为空，如果为空，给出相应的提示；如果不为空，将字符串 xx 和 yy 转换为整型，比较二者的大小，在多行文本区域中显示比较结果。

例 9-18　编写一个简单的计算器，可以实现加法和减法运算。

```
import java.awt.GridLayout;
import java.awt.event.*;
```

```
import javax.swing.*;
class calc extends WindowAdapter implements ActionListener {
    int i, k;
    JFrame f;
    JButton b[] = new JButton[10];
    JButton be, badd, bc, bm;
    JTextField answer;
    JPanel p;
    JPanel p2;
    String s = "";
    int t1, t2;
    public static void main(String args[]) {
        calc cg = new calc();
        cg.go();
    }
    public void go() {
        p = new JPanel();
        p2 = new JPanel();
        answer = new JTextField("0", 15);
        String s[] = {"0","1","2","3","4","5","6","7","8","9"};
        for (int i = 0; i < b.length; i++)
        b[i] = new JButton(s[i]);

        be = new JButton(" = ");
        badd = new JButton(" + ");
        bc = new JButton("C");
        bm = new JButton(" - ");
        p.setLayout(new GridLayout(4, 3));
        p2.setLayout(new GridLayout(1, 2));
        p.add(b[7]);
        p.add(b[8]);
        p.add(b[9]);
        p.add(b[4]);
        p.add(b[5]);
        p.add(b[6]);
        p.add(b[1]);
        p.add(b[2]);
        p.add(b[3]);
        p.add(b[0]);
        for (int i = 0; i < b.length; i++)
                    b[i].addActionListener(this);
        p2.add(bc);
        p2.add(bm);
        p.add(be);
        p.add(badd);
        bm.addActionListener(this);
        be.addActionListener(this);
        badd.addActionListener(this);
        f = new JFrame("calc");
        f.setSize(300, 300);
        f.add(answer, "North");
```

```
        f.add(p, "Center");
        f.add(p2, "South");
        bc.addActionListener(this);
        f.addWindowListener(this);
        f.pack();
        f.setVisible(true);
    }
    public void actionPerformed(ActionEvent e) {
        if (e.getSource() == bc) {
            s = "";
            t1 = 0;
            t2 = 0;
            i = 0;
            k = 0;
            answer.setText("0");
        } else if (e.getSource() == badd) {

            t1 = Integer.parseInt(answer.getText());
            k = 1;
            i = 0;
        } else if (e.getSource() == be) {
            if (s != null)
                t2 = Integer.parseInt(s);
            if (i == 1) {
                t1 = t1 - t2;
            }
            else {
                t1 = t2 + t1;
            }
            s = null;
            t2 = 0;
            k = 1;
            answer.setText((new Integer(t1)).toString());
        } else if (e.getSource() == bm) {
            i = 1;
            t1 = Integer.parseInt(answer.getText());
            k = 1;
        } else {
            JButton j = (JButton) e.getSource();
            if (k == 1) {
                s = "";
                k = 0;
            }
            s = s + j.getText();
            answer.setText(s);
        }
    }
    public void windowClosing(WindowEvent ev) {
        System.exit(0);
    }
}
```

程序运行结果如图 9-25 所示。

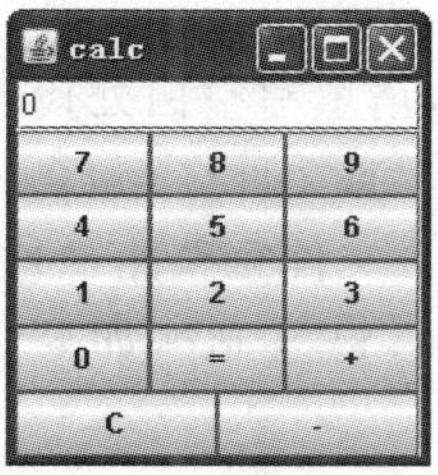

图 9-25 计算器

该例中，calc 类作为 WindowAdapter 的子类，可以对窗口事件进行处理，因此 windowClosing( ) 方法实现了当关闭窗口时退出整个程序。同时 calc 类实现了 ActionListener 接口，用于对单击按钮事件进行处理。因此不论哪个按钮的单击都交给 actionPerformed()方法来处理。对 actionPerformed()方法体读者可自行分析，并且可以修改程序，使得该计算器可以完成乘法和除法运算。

习题 9

1. 选择题

下列不属于容器的是(　　)。

A. Window　　B. TextField　　C. Panel　　D. ScrollPane

2. 填空题

(1) 如果要编写事件处理器响应鼠标单击，则事件处理器类应该实现的接口为________。

(2) 与 WindowListener 接口对应的适配器类为________。

(3) 事件类 ActionEvent 对应的监听器接口是________。

3. 编程设计一个用户注册页面，主题自定。要求页面内尽量包含所学各类组件，组件的布局采用布局管理器类完成。

4. 编程实现如下功能。

(1) 实现图 9-26 所示图形界面。

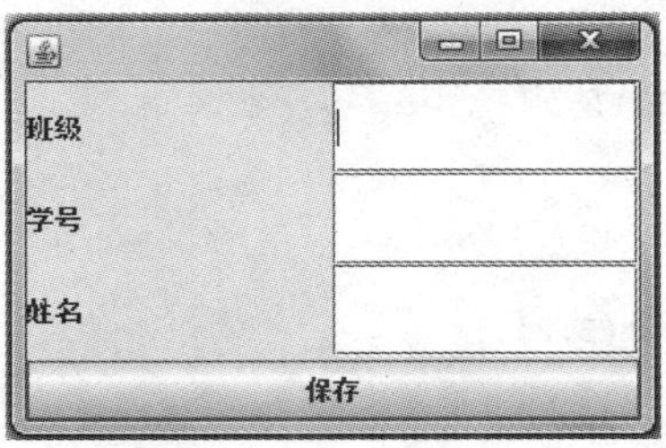

图 9-26

(2) 在三个文本框中分别输入你的班级、学号、姓名等信息，当单击“保存”按钮时将所有输入的信息保存到当前目录下名为 me. txt 的文件中。

(3) 在完成(2)时，当单击“保存”按钮时，弹出保存对话框，可以自定义文件名，并可以选择文件所在目录。

5. 已知类 fcopygui 的部分代码，请填写空白处代码使程序完整并实现如下功能。

在图 9-27 中第一个文本框中输入源文件名(包含文件完整路径)，源文件类型任意，在第二个文本框中输入目标文件名(包含文件完整路径)，当单击“复制”按钮时进行文件复制，复制成功在第三个文本框中显示”文件已复制”，如果源文件不存在，在第三个文本框中显示”这个文件不存在”。

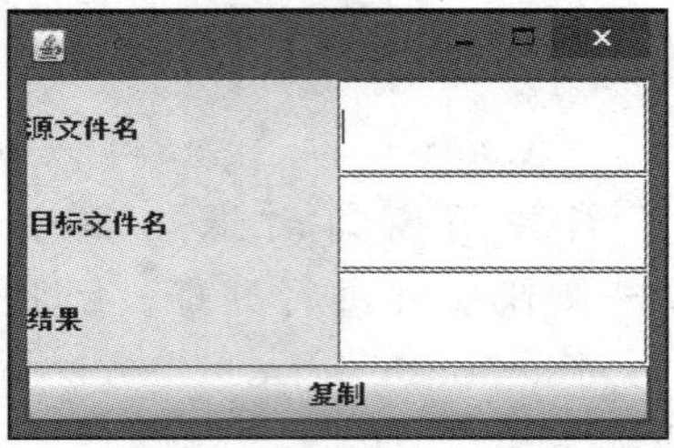

图 9-27

```
import java.awt.*;
import java.awt.event.*;
import javax.swing.*;
import java.io.*;
class fcopygui extends JFrame implements ActionListener{
  JPanel p;
  JLabel sf,df;
  JLabel res;
  JTextField sfn, dfn,rest;
  JButton fcopy;
public fcopygui()
{
   sf = new JLabel("源文件名");
   df = new JLabel("目标文件名");
   res = new JLabel("结果");
   sfn = new JTextField("",10);
   dfn = new JTextField("",10);
   rest = new JTextField("",10);
   fcopy = new JButton("复制");
   p = new JPanel();
   add(p,"Center");
   add(fcopy,"South");
   p.setLayout(new GridLayout(3,2));
   p.add(sf);p.add(sfn);
   p.add(df);p.add(dfn);
   p.add(res);p.add(rest);
   fcopy.addActionListener(this);
   setDefaultCloseOperation(JFrame.EXIT_ON_CLOSE);
}
```

```
public static void main(String args[ ])
  {
    fcopygui fcg = new fcopygui();
    fcg.setSize(300,200);
    fcg.setVisible(true);
  }

public void actionPerformed(ActionEvent e)
{
______________________________
}
}
```

6. 在例 9-8 的基础上，添加食品和饮料种类及价格，并根据选择的食品和饮料计算价格。

7. 在例 9-18 的基础上给计算器加上乘法和除法运算，而且运算能连续进行，即上一个运行的结果可以作为下一个运算的一个操作数。

第10章 多线程

本章主要介绍Java对多线程技术的支持、在Java中利用多线程编程的方法、多线程间的数据交流、线程的调度和同步、线程的死锁及解决方法等。

10.1 多线程的概念

Java语言支持多线程技术。这为Java编程带来了方便,因为很多情况下需要用多线程解决实际问题。例如,当编写Web服务器程序时对每个用户发来的请求都要执行一串处理流程,为了让用户感觉到自己的请求立即被响应,服务器软件就要支持并发用户,也就是对每个发来的请求启动一个线程去服务对应的用户,当多个用户发来请求时,每个用户都有一个线程去服务,这样服务器软件就提示执行多个线程。如果不用多线程技术,而是对多个用户的服务采用串行的方式,那么用户会感觉等待很长时间请求才会被响应,多数情况下这种等待是无法忍受的,直接导致这种服务无法进行。

10.1.1 线程的概念

在解释线程之前需要先介绍一下进程,进程是程序的一次动态执行过程,经历从代码加载、执行到执行完毕的一个完整过程,多进程操作系统能并发运行多个进程。所谓并发运行实际是交叉运行。因为计算机在某个时刻只能执行一个任务,因此多进程是指多个进程交叉运行,给人的感觉好像是同时运行的。

线程是程序中一个单一的顺序控制流程,是比进程更小的执行单位,是在进程的基础上进一步划分。所谓多线程是指在单个程序(或进程)中同时运行多个线程完成不同的工作,这些线程可以同时存在、同时运行,形成多条执行线索。

线程和进程既有相同之处也有不同之处。其相同点在于线程和进程一样,都是实现并发的一个基本单位,进程和线程都要系统进行调度以提高运行效率。其区别在于同样是作为基本的执行单元,线程是划分得比进程更小的执行单位;每个进程都有一段专用的内存区域,与此相反,线程却共享内存单元(包括代码和数据),通过共享的内存单元来实现数据交换、实时通信等操作。

10.1.2 线程的状态与生命周期

每个Java程序都有一个默认的主线程,对于Application程序来说,主线程是main()方法执行的线索。要想实现多线程就要在主线程中创建新线程对象,新建的线程在它一个完整的生命周期中通常要经历五种状态,如图 10-1 所示。

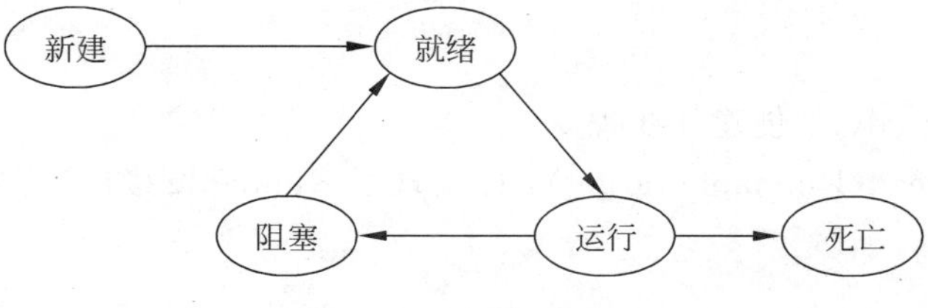

图 10-1 线程的生命周期

(1) 新建:一个线程对象被创建之后,新生的线程就处于新建状态,此时的线程拥有了相应的内存空间和其他资源,被初始化了。

(2) 就绪:新线程被启动后就进入就绪队列,等待获得 CPU 时间,一旦获得了 CPU 时间就可转化为运行态;被阻塞的线程在解除阻塞后也进入就绪队列。

(3) 运行:就绪的线程被调度而占用 CPU 时间,此时线程会自动启动它的 run()方法运行线程。

(4) 阻塞:一个正在执行的线程遇到阻塞事件而被挂起,让出 CPU 时间,进入阻塞状态。阻塞事件如等待某个不能马上完成任务的线程,必须暂时等待该任务的终结。当阻塞解除就可以转化为就绪状态。

(5) 死亡:线程不再具备运行的能力,处于生命周期的终点,不能再转化为其他状态,其所占用的系统资源将被收回。

在一个系统中,任何时刻最多只有一个运行态线程。

10.2 创建线程

在 Java 中创建线程有两种方式,一种是通过继承 Thread 类创建线程,另一种是通过实现 Runnable 接口创建线程。Runnable 接口和 Thread 类都在 java. lang 包中。Runnable 接口中只定义了一个方法 run(),这个方法是线程执行的主体,在线程获取 CPU 时间运行时,就是自动执行线程的 run()方法,因此,新的线程要完成的任务流程应该写在 run()方法中,所以要创建新线程就必须有 run()方法。创建线程时,可以通过实现 Runnable 接口获取 run()方法。Thread 类是已经实现了 Runnable 接口的类,当然在这个类中除了拥有 run()方法,还提供了对线程操作的方法,因此可以通过继承 Thread 类创建新线程。

10.2.1 Thread 类

1. 格式

```
public class Thread extends Object implements Runnable
```

2. 静态属性

(1) public static final int MIN_PRIORITY:线程可以具有的最低优先级。

(2) public static final int NORM_PRIORITY：分配给线程的默认优先级。

(3) public static final int MAX_PRIORITY：线程可以具有的最高优先级。

3. 部分构造器

(1) public Thread()：创建新线程。

(2) public Thread(Runnable target)：以实现了 Runnable 接口的类对象做参数创建新线程。

4. 常用方法

(1) public void start()：启动一个线程,使线程处于就绪状态。

(2) public void run()：该方法的方法体就是线程的主体,当 run()返回时,当前线程也就结束了。

(3) public void interrupt()：中断线程。

(4) public final boolean isAlive()：测试线程是否处于活动状态。如果线程已经启动且尚未终止,则为活动状态。

(5) public final void setPriority(int newPriority)：更改线程的优先级。

(6) public final int getPriority()：返回线程的优先级。

(7) public final void join(long millis) throws InterruptedException：等待该线程终止的时间最长为 millis 毫秒。

(8) public static void sleep(long millis) throws InterruptedException：在指定的毫秒数内让当前正在执行的线程休眠(暂停执行)。

(9) public static void yield()：暂停当前正在执行的线程对象,并执行其他线程。

10.2.2 通过继承 Thread 类创建线程

例 10-1 通过继承 Thread 类创建线程

```
class tthread1 extends Thread{
    public void run(){
        for(int i = 0;i < 100;i++)
        System.out.println("Thread1 在运行");
    }
}
public class cret1{
    public static void main(String[ ] args){
        tthread1 a1 = new tthread1();
        a1.start();
        for(int i = 0;i < 100;i++)
        System.out.println("main 在运行");
    }
}
```

这个例子是通过继承 Thread 类创建线程,具体分为如下几个步骤。

(1) 定义一个 Thread 类的子类并覆盖 run()方法,即把线程完成的任务写在 run()方法中。

(2) 在 main()中创建 Thread 类的子类的对象,即创建了新线程。

(3) 通过 start()方法启动新线程。

注意 main()是该程序的主线程,在创建新线程后,共有两个执行线索。程序中的循环就演示了这两个线程执行的情况。

还有一点要说明,由于线程的执行速度取决于 CPU 时间及速度,因此线程的程序在不同的机器上运行时,线程交替占用 CPU 的情况可能不一样。因此运行结果也出现一些差别。

10.2.3 通过实现 Runnable 接口创建线程

例 10-2 通过实现 Runnable 接口创建线程

```
class tthread2 implements Runnable{
    public void run(){
        for(int i = 0;i < 1000;i++)
        System.out.println("Thread2 在运行");
    }
}
public class cret2{
    public static void main(String[ ] args){
        tthread2 a = new tthread2();
        Thread t1 = new Thread(a);
        t1.start();
        for(int i = 0;i < 1000;i++)
        System.out.println("main 在运行");
    }
}
```

这个例子是通过实现 Runnable 接口创建线程,具体分为如下几个步骤。

(1) 定义一个类实现 Runnable 接口,由于 Java 中一个类只能继承一个父类但可以实现多个接口,当一个类本来已经继承一个父类时,就不能再通过继承 Thread 类来创建线程了,因此,实现 Runnable 接口的方式可以避免单重继承带来的局限。

(2) 创建实现了 Runnable 接口的类对象。

(3) 将(2)中创建的对象作为参数创建 Thread 对象,即生成新线程。

(4) 通过 start()方法启动新线程。

10.2.4 综合举例

一个程序中除了主线程,还可以生成多个新线程,下面的例子就生成了两个新线程。

例 10-3 以乌龟和兔子赛跑为例创建两个线程,分别代表乌龟和兔子。假设二者赛跑的距离是 10 米,他们每跑 1 米都会通过输出来提示。

```
//rabbit_tortoise.java
class tortoise implements Runnable{
    int i;
```

```
    public void run(){
        for(i = 1;i <= 10;i++)
            System.out.println("乌龟跑到了" + i + "米处");
    }
}
class rabbit implements Runnable{
    int i;
    public void run(){
        for(i = 1;i <= 10;i++)
            System.out.println("兔子跑到了" + i + "米处");
    }
}
class thr1{
    public static void main(String args[ ]){
        tortoise r1 = new tortoise();
        rabbit r2 = new rabbit();
        Thread t1 = new Thread(r1);
        Thread t2 = new Thread(r2);
        t1.start();
        t2.start();
    }
}
```

运行结果如图 10-2 所示。

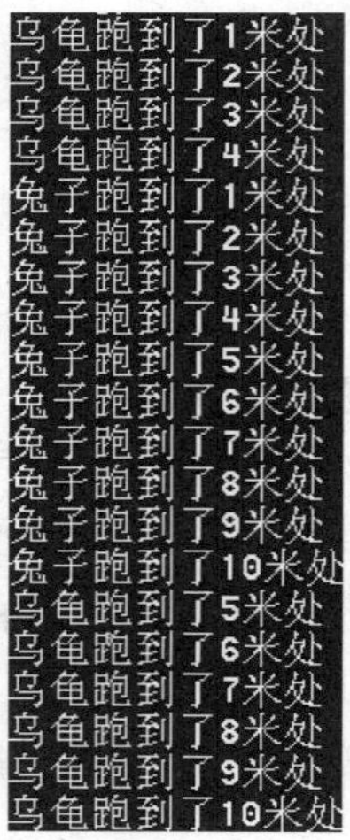

图 10-2　龟兔赛跑的线程

10.3 线程之间的数据交流

同一个进程中的几个线程之间是可以共享数据的，很多时候它们之间也有共享数据的要求。例如在龟兔赛跑中，可以通过奖励它们食物的方式激励它们快跑。总共有 10 个食物，每跑一米就可以得到一个食物，直到食物吃完为止，即前半段谁跑得快谁就可以吃到更多的食物。因此代表食物个数的数据是乌龟和兔子共享的数据，而且这个数据随着它们的比赛进行在不断地改变(减少)，这个数据在两个线程中都要用到。对于这样的数据可以通过两种方式共享。

10.3.1　通过内类创建线程

内类的作用是可以直接访问外类的成员变量，把共享的数据，例如龟兔赛跑中的食物定义成外类的成员变量，乌龟和兔子定义成内类，就可以实现两个线程间的数据交流了。

例 10-4　通过内类创建线程，共享数据定义为外类的成员

```
//inrabtort.java
class thr1{
    int food = 10;
    public static void main(String args[ ]){
        thr1 tt = new thr1();
        tt.go();
    }
    public void go(){
        tortoise r1 = new tortoise();
        rabbit r2 = new rabbit();
        r1.start();
        r2.start();
    }
    class tortoise extends Thread{
        int i,f = 0;
        public void run(){
            for(i = 1;i <= 10;i++){
                System.out.println("乌龟跑到了" + i + "米处");
                if(food > 0){
                    food -- ;f++;
                    System.out.println("乌龟吃了第" + f + "个食物,还剩 food = " + food);
                }
            }
        }
    }
    class rabbit extends Thread{
        int i,f = 0;
        public void run(){
            for(i = 1;i <= 10;i++){
                System.out.println("兔子跑到了" + i + "米处");
                if(food > 0){
                    food -- ;f++;
                    System.out.println("兔子吃了第" + f + "个食物,还剩 food = " + food);
                }
            }
        }
    }
```

这个程序中只有 food 是共享数据，因此把它定义为外类的成员变量。其他如记录乌龟

和兔子各吃了多少个 food 的变量 f 不是共享数据，把它定义为内类的成员变量，标记乌龟和兔子跑了多少米的变量 i 也是这样。细心的读者也许已经发现乌龟跑了第 1 米后，吃了第 1 个食物，但是没来得及显示食物的剩余，接着就显示了兔子跑完第 1 米以及吃了第 2 个食物以后，剩余的食物情况（剩余 8 个），然后才显示乌龟吃完第 1 个食物后的剩余食物情况（剩余 9 个）。这是因为没有解决线程同步的问题，在后面会讲解这部分内容。

运行结果如图 10-3 所示。

```
乌龟跑到了1米处
兔子跑到了1米处
兔子吃了第1个食物，还剩food=8
乌龟吃了第1个食物，还剩food=9
乌龟跑到了2米处
兔子跑到了2米处
兔子吃了第2个食物，还剩food=6
兔子跑到了3米处
兔子吃了第3个食物，还剩food=5
兔子跑到了4米处
兔子吃了第4个食物，还剩food=4
兔子跑到了5米处
兔子吃了第5个食物，还剩food=3
兔子跑到了6米处
兔子吃了第6个食物，还剩food=2
兔子跑到了7米处
兔子吃了第7个食物，还剩food=1
兔子跑到了8米处
兔子吃了第8个食物，还剩food=0
兔子跑到了9米处
兔子跑到了10米处
乌龟吃了第2个食物，还剩food=7
乌龟跑到了3米处
乌龟跑到了4米处
乌龟跑到了5米处
乌龟跑到了6米处
乌龟跑到了7米处
乌龟跑到了8米处
乌龟跑到了9米处
乌龟跑到了10米处
```

图 10-3　线程之间共享数据

10.3.2 通过构造器传递参数

把几个线程共用的数据放在一个对象中，通过构造函数传递给各个线程。也可以对公用数据定义方法，供各个线程使用。

例 10-5　通过构造器传递参数

```
//structrabtort.java
class food{
    public int food = 10;
}              //共同访问的数据
class thr2{
    public static void main(String args[ ]){
        thr2 tt = new thr2();
        tt.go();
    }
    public void go(){
```

```
            food f1 = new food();
            tortoise r1 = new tortoise(f1);
            rabbit r2 = new rabbit(f1);
            r1.start();
            r2.start();
        }
    }
    class tortoise extends Thread{
        int i;
        food fd;
        int f = 0;
        public tortoise(food fd){this.fd = fd;}
        public void run(){
            for(i = 1;i < 11;i++){
                System.out.println("乌龟跑到了" + i + "米处");
                    if(fd.food > 0){
                    fd.food-- ;f++;
                    System.out.println("乌龟吃了第" + f + "个食物,还剩 food = " + fd.food);
                }
            }
        }
    }
    class rabbit extends Thread{
        int i;
        food fd;
        int f = 0;
        public rabbit(food fd){this.fd = fd;}
        public void run(){
            for(i = 1;i < 11;i++){
                System.out.println("兔子跑到了" + i + "米处");
                if(fd.food > 0)
                {
                    fd.food-- ;f++;
                    System.out.println("乌龟吃了第" + f + "个食物,还剩 food = " + fd.food);
                }
            }
        }
    }
```

这个例子就是把 food 这个共享数据单独放到一个类中，tortoise 和 rabbit 中都含有 food 属性，并且通过构造器传参数的方式为其赋值。乌龟和兔子两个线程共享一个 food 对象，也就共享了该对象中的 food 属性。这样一来就不用把 tortoise 和 rabbit 定义为内类了。本例中的四个类是并列的。

10.4 线程调度

计算机通常只有一个 CPU，在任意时刻只能执行一条机器指令，每个线程只有获得 CPU 的使用权才能执行指令。所谓多线程的并发运行，其实是指从宏观上看，各个线程轮流获得 CPU 的使用权，分别执行各自的任务。在运行池中，会有多个处于就绪状态的线程在等待 CPU，Java 虚拟机的一项任务就是负责线程的调度，线程调度是指按照特定机制为多个线程分配 CPU 的使用权。

线程调度的目的是对处于就绪状态的多个线程对象进行系统级的协调，防止多个线程争用有限资源而导致系统死机或崩溃。

为了控制线程的运行策略，Java 定义了线程调度器来监控系统中处于就绪状态的所有线程。线程调度器按照线程的优先级决定哪个线程投入处理器运行。在多个线程处于就绪状态的条件下，具有高优先级的线程会在低优先级线程之前得到执行。线程调度器采用"抢占式"策略来调度线程执行，即当前线程执行过程中有较高优先级的线程进入就绪状态，则高优先级的线程立即被调度执行。具有相同优先级的所有线程采用轮转的方式来共同分配 CPU 时间片。

需要注意的是，线程的调度不是跨平台的，它不仅仅取决于 Java 虚拟机，还依赖于操作系统。在某些操作系统中，只要运行中的线程没有遇到阻塞，就不会放弃 CPU；在某些操作系统中，即使线程没有遇到阻塞，也会运行一段时间后放弃 CPU，给其他线程运行的机会。

如果希望明确地让一个线程给另外一个线程运行的机会，可以采取以下方法之一。

(1) 调整各个线程的优先级。

(2) 让处于运行状态的线程调用 Thread. sleep()方法。

(3) 让处于运行状态的线程调用 Thread. yield()方法。

(4) 让处于运行状态的线程调用另一个线程的 join()方法。

10.4.1 优先级

Java 中的每一个线程都有优先级，线程的优先级是介于 Thead. MIN_PRIORITY 到 Thread. MAX_PRIORITY 之间，对应 1～10 之间的整数。默认情况下，线程的优先级是 5，即 NORM_PRIORITY。在程序中可以用 Thread. MIN_PRIORITY 这样的表达式来设置线程的优先级。也可以通过方法 getPriority()来得到线程的优先级，还可以通过方法 setPriority()在线程创建之后的任意时间改变线程的优先级。

例 10-6 在例 10-3 的程序基础上，给乌龟的线程加上优先级

主类代码如下。

```
class thr1{
    public static void main(String args[ ]){
        tortoise r1 = new tortoise();
        rabbit r2 = new rabbit();
        Thread t1 = new Thread(r1);
        Thread t2 = new Thread(r2);
        t1.start();
        t2.start();
        t1.setPriority(10);
    }
}
```

运行结果如图 10-4 所示。

与例 10-3 的运行结果比较，可以看到乌龟由于获得了高优先级，就获得了更多的运行

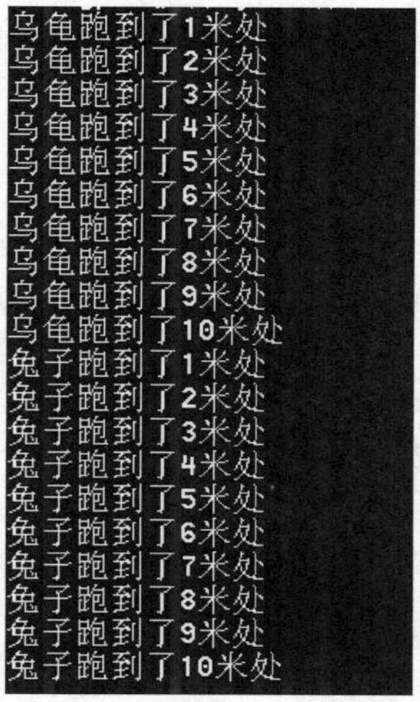

图 10-4　乌龟线程的优先级

机会。

10.4.2　休眠

有些系统中优先级高的线程执行时，优先级低的线程必须等待，优先级高的线程在执行耗时的操作时通过 sleep()主动暂停一会，释放 CPU 时间给低优先级线程用。

sleep()是个静态方法，而且是可以中断的。一个处于休眠状态的线程可以被 interrupt()方法中断，即发出一个 Interrupted Exception，休眠状态的线程能够捕获这个异常，并退出休眠状态。

一个处于休眠状态的线程，如果在休眠期中没有遇到中断就会一直休眠，即在休眠期内不恢复运行。当休眠期结束就变为就绪状态。

例 10-7　在例 10-3 的程序基础上，把兔子的线程稍作修改，让兔子休眠 1000 毫秒。可以自己运行改后的程序来体会。

```
class rabbit implements Runnable{
    int i;
    public void run(){
        try{
            Thread.sleep(1000);
        }
        catch(InterruptedException e){}
        for(i = 0;i < 10;i++)
            System.out.println("兔子跑到了" + i + "米处");
    }
}
```

10.4.3　暂停当前正在执行的线程

暂停当前正在执行的线程可以通过 yield()方法完成。

例 10-8

```
//rabbit_tortoise.java
class tortoise implements Runnable{
    int i;
    public void run(){
        for(i=1;i<=10;i++)
            System.out.println("乌龟跑到了"+i+"米处");
    }
}
class rabbit implements Runnable{
    int i;
    public void run(){
        for(i=1;i<=10;i++)
          { System.out.println("兔子跑到了"+i+"米处");
            if(i==5)
              Thread.yield();
        }
    }
}
class thr1{
    public static void main(String args[]){
        tortoise r1=new tortoise();
        rabbit r2=new rabbit();
        Thread t1=new Thread(r1);
        Thread t2=new Thread(r2);
        t2.start();
        t1.start();
    }
}
```

该程序在兔子跑到 5 米处执行了 Thread.yield()语句而停下来，乌龟线程运行，直到乌龟跑完全程，兔子才继续跑完剩余的部分。运行结果如图 10-5 所示。

图 10-5　兔子线程的暂停状态

注意方法 sleep()和 yield()的不同,sleep()使当前线程进入停滞状态,所以执行 sleep()方法的线程在指定的休眠时间内如果不被打断是不会执行的; yield()是使当前线程重新回到就绪状态,所以执行 yield()方法的线程有可能在进入就绪状态后马上又被执行了。

10.4.4 等待其他线程结束

当前运行的线程可以调用另一个线程的 join()方法,这样当前运行的线程将停下来等待,直到另一个线程终止运行,它才会恢复运行。

例 10-9 等待其他线程结束

```
import java.io. * ;
class jointest{
    public static void main(String args[ ])throws Exception{
        xx a = new xx();
        yy b = new yy();
        Thread t1 = new Thread(a);
        Thread t2 = new Thread(b);
        t1.setPriority(1);
        t1.start();
        try{
            t1.join(4000);  //在 main()中等待 t14000 毫秒,当 t1 在 4000 毫秒内未结束,则不
                              再等待而继续向下执行。等待 t1 最多时间为 4000 毫秒
          //t1.join();        //t1 执行不完
        }catch(Exception e){}
        t2.start();
    }
}
class xx implements Runnable{
    public void run(){
        while(true){
            System.out.println("aa");
        }
    }
}
class yy implements Runnable{
    public void run(){
        while(true){
            System.out.println("bb");
        }
    }
}
```

这个程序在运行时,在主线程中调用了线程 t1 的 join(4000)方法,因此等待 t1 执行 4000 毫秒,4000 毫秒以后再执行主线程中的其他语句。从程序运行结果可以看到先输出了若干 aa,然后再输出 bb。

如果把本程序中的 t1.join(4000)改为 t1.join(),由于线程 t1 是死循环,因此永远也等不到 t1 结束,因此主线程中的其他后续代码将没有机会运行。

例 10-10 在例 10-3 的程序基础上,把 main()方法改为如下形式,就相当于让乌龟先

跑完后兔子再跑。

```
class thr1{
    public static void main(String args[]){
        tortoise r1 = new tortoise();
        rabbit r2 = new rabbit();
        Thread t1 = new Thread(r1);
        Thread t2 = new Thread(r2);
        t1.start();
        try{t1.join();}
        catch(Exception e){}
        t2.start();
    }
}
```

10.5 线程同步

在例 10-4 中，food 是共享资源，而在运行结果中已经看到，先显示的是剩余食物 8 个（兔子吃了第二个），然后显示的是剩余食物 9 个（乌龟吃了第一个）。之所以出现这样的问题，就是在乌龟跑完第一米以后，吃了第一个食物，food 的值由 10 减为 9，在输出 food 值之前，即乌龟线程的本次循环还没有执行完，兔子抢占了 CPU 时间，接着兔子吃了第二个食物并且输出了剩余食物情况，然后乌龟线程又获得 CPU 时间，输出乌龟吃完第一个食物的剩余情况。这样一来，由于一个线程在没有对共享资源处理完整的情况下，另一个线程运行并对共享资源进行了修改处理，就给结果带来了混乱。这样的问题在例 10-5 中也存在（通过构造器传递参数）。所以在多个线程共享资源时，保证每个线程对共享资源的完整处理是很有必要的。

对于共用资源，任何时刻只允许最多一个线程独占该资源，只有当独占资源的线程完成了自己的操作，并释放了资源之后，其他线程才有机会占有该资源，否则只能处于等待状态。这种线程在访问共享资源时不允许其他线程对该资源访问的情况称为线程互斥或线程同步。

同步是保证共享资源完整性的手段。如果同步了一段代码，则当第一个线程进入这段代码时，就设置了一个“锁”。只有当该线程退出这段代码，或者调用 wait()方法显示释放这段代码，其他程序才能进入这段代码。

10.5.1 synchronized 标记

例 10-11 在例 10-5 的基础上修改程序，把共享数据和对共享数据的操作单独放到一个类中，通过构造器传递参数的方式将共享数据传递到不同的线程中。

```
//structrabtort1.java
class food{
    public int food = 10;
    int i;
    String s;
```

```
    public void show(){
        System.out.println(s + "跑到了" + i + "米处");
            if(food > 0){
              food -- ;
              System.out.println(s + "吃了第" + i + "个食物,还剩 food = " + food);
        }
    }
}               //共同访问的数据
class thr2{
    public static void main(String args[ ]){
        thr2 tt = new thr2();
        tt.go();
    }
    public void go(){
        food f1 = new food();
        tortoise r1 = new tortoise(f1);
        rabbit r2 = new rabbit(f1);
        r1.start();
        r2.start();
    }
}
class tortoise extends Thread{
    int i;
    food fd;
    public tortoise(food fd1)
      {fd = fd1;}
    public void run(){
        for(i = 1;i < 11;i++){
            fd.i = i;
            fd.s = "tortoise";
            fd.show();
        }
    }
}
class rabbit extends Thread{
    int i;
    food fd;
    public rabbit(food fd1){fd = fd1;}
    public void run(){
        for(i = 1;i < 11;i++){
            fd.i = i;
            fd.s = "rabbit";
            fd.show();
        }
    }
}
```

这个程序运行后,仍是出现两个线程搅在一起,下面截取了部分运行结果,如图 10-6 所示,可以看到很混乱。这就是因为乌龟和兔子线程对共用对象的属性赋值及方法 show()没有访问完整而造成的。

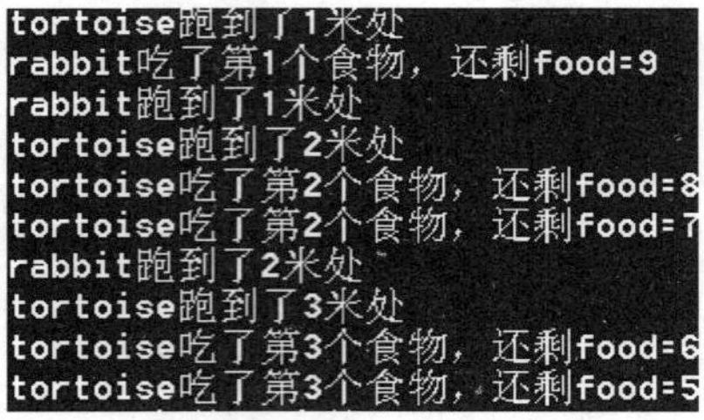
tortoise跑到了1米处
rabbit吃了第1个食物，还剩food=9
rabbit跑到了1米处
tortoise跑到了2米处
tortoise吃了第2个食物，还剩food=8
tortoise吃了第2个食物，还剩food=7
rabbit跑到了2米处
tortoise跑到了3米处
tortoise吃了第3个食物，还剩food=6
tortoise吃了第3个食物，还剩food=5

图 10-6　乌龟和兔子线程共用对象的结果

可以通过下面的办法改进。

1）对共用对象加锁

在乌龟和兔子的线程中，为共用对象 food 的对象 fd 加上 synchronized 标记，相当于为这个对象加上了锁，使得这个对象的每一次操作都是完整的。为共用对象加标记的格式如下。

```
synchronized(共用对象){
    对共用对象访问的代码
}
```

synchronized(共用对象)作用是可以保证在任一时刻，只有一个线程访问该对象。当一个线程要使用共用对象时，首先检查这个对象是否已经被加锁，如果没有加锁，则为该共用对象加锁，即加上 synchronized 标记，并执行 synchronized 大括号内的代码；如果共用对象已经被加锁，说明共用对象正在被另一个线程使用，则要等到另一个线程暂时停止执行，即当前线程要进入对象的等锁池中等待，直至另一个线程将共用对象的锁释放。正在使用共用对象的线程执行到 synchronized 代码块结束时，释放锁；当在 synchronized 代码块中遇到中断、返回或异常时，也自动释放锁。

例 10-12　对例 10-11 进行线程同步

```
//syn1.java
class food{
    public int food = 10;
    int i;
    String s;
    public void show(){
        System.out.println(s + "跑到了" + i + "米处");
        if(food > 0){
            food -- ;
            System.out.println(s + "吃了第" + i + "个食物,还剩 food = " + food);
        }
    }
}               //共同访问的数据

class thr2{
    public static void main(String args[ ]){
        thr2 tt = new thr2();
        tt.go();
```

```
    }
    public void go(){
        food f1 = new food();
        tortoise r1 = new tortoise(f1);
        rabbit r2 = new rabbit(f1);
        r1.start();
        r2.start();
    }
}
class tortoise extends Thread{
    int i;
    food fd;
    public tortoise(food fd1){
      fd = fd1;}
    public void run(){
        for(i = 1;i < 11;i++){
            try{
                Thread.sleep(1000);
            }
            catch(InterruptedException e){}
            synchronized(fd){
                fd.i = i;
                fd.s = "tortoise";
                fd.show();
            }
        }
    }
}
class rabbit extends Thread{
    int i;
    food fd;
    public rabbit(food fd1){fd = fd1;}
    public void run(){
        for(i = 1;i < 11;i++){
            try{
                Thread.sleep(1000);
            }
            catch(InterruptedException e){}
            synchronized(fd){
                fd.i = i;
                fd.s = "rabbit";
                fd.show();
            }
        }
    }
}
```

这个程序在乌龟和兔子线程中,对共用对象的访问代码加了锁。注意,对 i 和 s 的赋值都属于共用对象的访问范围,因此也要放到 synchronized 标记大括号内。否则,对共用对象的访问依然不完整,结果还会混乱。本例中,为了使两个线程能出现交替运行的状态,让乌龟和兔子在每跑完1米后都休眠1000毫秒。读者可以自行运行这个程序，结果不再混乱。

2）对共用方法加锁

当共用代码是一个方法时，就可以在方法定义时对该方法加锁，即在方法头部加上synchronized标记，格式如下。

```
修饰符 synchronized 方法返回值  方法名(参数列表)
{方法体}
```

用这种方式重写上例。

例10-13 对共用方法加锁

```
//syn2.java
class food{
    public int food = 10;
    int i;
    String s;
    public synchronized void show(int i1,String s1){
        i = i1;
        s = s1;
        System.out.println(s + "跑到了" + i + "米处");
        if(food > 0){
            food --;
            System.out.println(s + "吃了第" + i + "个食物,还剩 food = " + food);
        }
    }
}               //共同访问的数据
class thr2{
    public static void main(String args[]){
        thr2 tt = new thr2();
        tt.go();
    }
    public void go(){
        food f1 = new food();
        tortoise r1 = new tortoise(f1);
        rabbit r2 = new rabbit(f1);
        r1.start();
        r2.start();
    }
}
class tortoise extends Thread{
    int i;
    food fd;
    public tortoise(food fd1){
      fd = fd1;
    }
    public void run(){
        for(i = 1;i < 11;i++){
            try{
                Thread.sleep(1000);
            }
```

```
            catch(InterruptedException e){}
              fd.show(i,"tortoise");
        }
    }
}
class rabbit extends Thread{
    int i;
    food fd;
    public rabbit(food fd1){
        fd = fd1;
    }
    public void run(){
        for(i = 1;i < 11;i++){
            try{
                Thread.sleep(1000);
            }
            catch(InterruptedException e){}
            fd.show(i,"rabbit");
        }
    }
}
```

这个程序首先把对共用对象操作的代码都放到了方法 show()中,通过传参数的方式,在方法 show()中为 i 和 s 赋值,这样就使得对共用对象的访问只要调用 show()方法就能完成,也就是说 show()方法就是线程中的共用代码,为了达到线程同步,就直接在方法 show()定义时,把 synchronized 标记加到了其头部,这样在线程中直接调用这个方法就行了。

10.5.2 wait()和 notify()方法

下面的程序在模拟生产和消费的过程,用随机产生的字符代表产品,有两个线程分别代表生产者和消费者,生产的产品存到一个容量为 6 的队列中,生产一个产品就入队一个字符,消费者消费一个产品就从队列里出队一个字符。由于队列是生产者和消费者的共用资源,因此对队列的操作(出队和入队)都做了 synchronized 标记,以保证线程同步。下面的程序满足这些要求。

例 10-14 生产者和消费者模拟

```
//syntest1.java
class synqueue{
    private int front = 0,rear = 0;
    final static int MaxSize = 6;
    private char b[] = new char[MaxSize];
    synchronized void enqueue(char c){
        if((rear + 1) % MaxSize == front) {
             System.out.println("存储空间用完!退出!");
             System.exit(1);
            }
        rear = (rear + 1) % MaxSize;
        b[rear] = c;
```

```
    }
    synchronized char outqueue(){
        if(front == rear) {
            System.out.println("队列已空,无法消费!");
            System.exit(1);
        }
        front = (front + 1) % MaxSize;
        return b[front];
    }
}
class producer implements Runnable{
    synqueue sq;
    producer(synqueue sq1){
        sq = sq1;
    }
    public void run(){
        char c;
        for(int i = 0;i < 20;i++){
            c = (char)(Math.random() * 26 + 'A');
            sq.enqueue(c);
            System.out.println("producer" + c);
            try{
                Thread.sleep(100);

            }catch(InterruptedException e){}
        }
    }
}
class consumer implements Runnable{
    synqueue sq;
    consumer(synqueue sq1){
        sq = sq1;
    }
    public void run(){
        char c;
        for(int i = 0;i < 20;i++){
            c = sq.outqueue();
            System.out.println("consumer" + c);
            try{
                Thread.sleep(1000);
            }catch(InterruptedException e){}
        }
    }
}
public class syntest1{
    public static void main(String args[]){
        synqueue sq = new synqueue();
        producer p1 = new producer(sq);
        consumer c1 = new consumer(sq);
        Thread t1 = new Thread(p1);
        Thread t2 = new Thread(c1);
```

```
        t1.start();
        t2.start();
    }
}
```

读者运行这个程序时会发现有时是不能正常运行的。例如在运行时出现如下结果。

```
队列已空,无法消费!
```

这是因为生产者还没有生产出产品,消费者就要消费,此时队列是空的,所以出现了上述结果。即使在开始时先让生产者生产一个产品,再让消费者开始消费,也不能保证在程序执行的过程中消费和生产的平衡。一旦生产过剩,队列会满,没有空间存放新的产品;一旦消费的速度提高,消费者就会把库存的产品都消费干净,没有产品供消费者消费。当生产和消费不平衡时,就要调控,使其达到平衡,在线程中是同样的道理。

可以在线程中用 wait()和 notify()方法来调控线程,解决上述问题。这些方法都是在 Object 类中定义的。

1) public final void wait() throws InterruptedException

导致当前的线程等待,直到其他线程调用此对象的 notify()方法或 notifyAll()方法。

2) public final void notify()

唤醒在此对象监视器上等待的单个线程。线程通过调用 wait()方法而在对象的监视器上等待。

通过以下三种方法之一,线程可以成为此对象监视器的所有者。

(1) 通过执行此对象的同步实例方法。

(2) 通过执行在此对象上进行同步的 synchronized 语句的正文。

(3) 对于 Class 类型的对象,可以通过执行该类的同步静态方法。

上面的例子中,producer 线程和 consumer 线程都执行了队列中的同步方法,所以 producer 线程和 consumer 线程都是队列对象监视器的所有者。

上面的例题只需修改类 synqueue,其余部分不变,就能达到生产者和消费者的平衡,修改后的 synqueue 如下。

```
class synqueue{
    private int front = 0,rear = 0;
    final static int MaxSize = 6;
    private char b[] = new char[MaxSize];
    synchronized void enqueue(char c){
        if((rear + 1) % MaxSize == front) {
            try{
                this.wait();   //队列已满,暂停执行入队的线程,使正在执行 enqueue()的线程
                                 进入队列的 wait 池
            }catch(InterruptedException e){}
        }
        this.notify();   //唤醒在此对象监视器上等待的单个线程。使队列的 wait 池中可能有
                           的消费者线程可以继续执行
        rear = (rear + 1) % MaxSize;
        b[rear] = c;
    }
```

```
    synchronized char outqueue(){
        if(front == rear) {
           try{
                 this.wait();  //队列为空,暂停执行出队的线程
            }catch(InterruptedException e){}
        }
        this.notify();          //唤醒在此对象监视器上等待的单个线程
        front = (front + 1) % MaxSize;
        return b[front];
    }
}
```

由于生产者执行的是入队操作,消费者执行的是出队操作。当消费者消费时,若队列为空,消费者线程暂停,成为该队列监视器上等待的线程;若队列不空,消费者先唤醒队列监视器上等待的线程,本例就是生产者线程,若生产者线程处于等待状态则唤醒它,让它开始生产,消费者也开始消费。当生产者生产产品时,若队列已满,则生产者线程暂停,成为该队列监视器上等待的线程;若队列不满,生产者先唤醒队列监视器上等待的线程,即消费者线程,若消费者线程处于等待状态则唤醒它,让它开始消费,生产者线程也生产。通过使用wait()和 notify()方法,使生产和消费达到平衡。

10.6 线程死锁

10.6.1 死锁的原因

当线程 A 和 B 共用两个或多个资源时,当线程 A 等待线程 B 持有的锁,而线程 B 正在等待线程 A 持有的锁时,就会发生死锁。这就像两个小孩一起玩,一共有两个玩具,一个是玩具汽车,一个是皮球。开始两个小孩一人一个玩具,小孩 A 拿着玩具汽车,小孩 B 拿着皮球,结果两个小孩都任性,小孩 A 还想玩皮球,小孩 B 还想玩玩具车,而且他们都不肯放下手中的玩具给对方。这样两个小孩就进入打架、哭闹的状态,这时,除非有一个小孩让步,否则就不能好好玩耍了。线程也是同样的道理,除非一个线程已经执行到了 synchronized 标记的程序块的末尾而释放锁,否则两个线程就处于死锁状态,没有一个线程能继续执行。例如下面的程序就发生了死锁。

例 10-15 死锁的产生

```
import java.io. * ;
class locktest{
    public static void main(String args[ ])throws Exception{
        data d1,d2;
        d1 = new data();
        d2 = new data();
        xx a = new xx(d1,d2);
        yy b = new yy(d1,d2);
        Thread t1 = new Thread(a);
        Thread t2 = new Thread(b);
        t1.start();
```

```
        t2.start();
    }
}
class data{
    int x,y;
};
class xx implements Runnable{
    data d1,d2;
    xx(data dd1,data dd2){
        d1 = dd1;d2 = dd2;
    }
    public void run(){
        synchronized(d1){
            d1.x = 10;d1.y = 10;
            System.out.println(d1.x + " " + d1.y + "t1 locks d1");
            try{
                Thread.sleep(4000);
            }catch(Exception e){}
            synchronized(d2){
                d2.x = 20;d2.y = 20;
                System.out.println(d2.x + " " + d2.y + "t1 locks d2");
                try{
                    Thread.sleep(4000);
                }catch(Exception e){}
            }
        }
    }
}
class yy implements Runnable{
    data d1,d2;
    yy(data dd1,data dd2){
        d1 = dd1;d2 = dd2;
    }
    public void run(){
        synchronized(d2){
            d2.x = 10;d2.y = 10;
            System.out.println(d2.x + " " + d2.y + "t2 locks d2");
              try{
                Thread.sleep(4000);
              }catch(Exception e){}
            synchronized(d1){
                d1.x = 20;d1.y = 20;
                System.out.println(d1.x + " " + d1.y + "t2 locks d1");
                try{
                    Thread.sleep(4000);
                }catch(Exception e){}
            }
        }
    }
}
```

这个程序中两个线程 t1 和 t2,他们共用两个对象 d1 和 d2。t1 线程先对 d1 加锁,并且在没有释放 d1 锁的情况下,继续对 d2 加锁；t2 线程正好相反,先对 d2 加锁,并且在没有释放 d2 锁的情况下,继续对 d1 加锁。因此就出现了如下运行结果。

```
10 10t1 locks d1
10 10t2 locks d2
```

然后程序就再也不能继续执行。原因是程序一开始 t1 线程先对 d1 加了锁,t2 线程先对 d2 加了锁,然后它们在各自占有当前对象并且不释放所占对象的锁的情况下,都在等待对方持有的锁,程序便陷入了死锁。

10.6.2 死锁的解决

Java 不检测也不试图避免死锁,因此保证不发生死锁就成了程序员的责任。在写程序时避免死锁的办法是,多个线程对多个共享资源的加锁顺序保持一致。

例 10-16 避免死锁

```
import java.io.*;
class unlock{
    public static void main(String args[])throws Exception{
        data d1,d2;
        d1 = new data();
        d2 = new data();
        xx a = new xx(d1,d2);
        yy b = new yy(d1,d2);
        Thread t1 = new Thread(a);
        Thread t2 = new Thread(b);
        t1.start();
        t2.start();
    }
}
class data{
    int x,y;
};
class xx implements Runnable{
    data d1,d2;
    xx(data dd1,data dd2){
        d1 = dd1;d2 = dd2;
    }
    public void run(){
        synchronized(d1){
            d1.x = 10;d1.y = 10;
            System.out.println(d1.x + " " + d1.y + "t1 d1");
            try{
                Thread.sleep(4000);
            }catch(Exception e){}
            synchronized(d2){
                d2.x = 20;d2.y = 20;
                System.out.println(d1.x + " " + d1.y + "t1 d2");
```

```
                try{
                    Thread.sleep(4000);
                }catch(Exception e){}
            }
        }
    }
}
class yy implements Runnable{
    data d1,d2;
    yy(data dd1,data dd2){
        d1 = dd1;d2 = dd2;
    }
    public void run(){
        synchronized(d1){
            d1.x = 10;d1.y = 10;
            System.out.println(d1.x + " " + d1.y + "t2 d1");
            try{
                Thread.sleep(4000);
            }catch(Exception e){}
            synchronized(d2){
                d2.x = 20;d2.y = 20;
                System.out.println(d2.x + " " + d2.y + "t2 d2");
                try{
                    Thread.sleep(4000);
                }catch(Exception e){}
            }
        }
    }
}
```

运行结果：

```
10 10t1 d1
20 20t1 d2
10 10t2 d1
20 20t2 d2
```

这个程序中，线程 t1 和线程 t2 对共用资源 d1 和 d2 的加锁顺序是相同的。当线程 t1 对 d1 和 d2 使用结束，并且分别释放标记它们的锁，然后线程 t2 再去使用 d1 和 d2 并对其加锁，这样就不会形成死锁。

习题 10

1. 填空题

实现线程同步化需要使用____________________关键字。

2. 选择题

(1) 线程的执行流程要写在下列(　　)方法中。

A. sleep()　　B. yield()　　C. run()　　D. join()

(2) 下面适用于线程调度的方法是(　　)。

A. sleep()　　B. yield()　　C. run()　　D. join()

(3) 下面关于线程同步说法正确的是(　　)。

A. 同步的资源不会引起死锁

B. 同步是保证资源完整性的手段

C. 可以用 synchronized 标记对共用方法加锁

D. 可以用 synchronized 标记对共用对象加锁

(4) 当线程的 run()方法运行完成，线程就转到(　　)状态。

A. 新建　　B. 就绪　　C. 阻塞　　D. 死亡

3. 简答题

(1) 创建一个新线程有几种方法？分别是什么？

(2) 死锁是如何产生的？如何避免？

4. 编程题

(1) 创建并启动两个线程，一个线程输出 1～100 的所有偶数，一个线程输出 1～100 的所有奇数。

(2) 定义两个类：兔子类、乌龟类，这两个类共享一个数据：food。假定：兔子每 300 毫秒吃掉一个食物，乌龟每 500 毫秒吃掉一个食物，食物的总数为 10 个。创建并启动两个线程。每个线程输出吃食物的信息。

(3) 有四个窗口同时且共同卖 100 张票，用多线程编程模拟卖票过程。

第11章 Client/Server 程序设计

本章主要介绍网络编程的主要概念，Java 中基于 Socket 和基于数据报的网络编程方法，以及编写简单的 Web 服务器和代理服务器的方法。

11.1 网络编程

11.1.1 客户机和服务器

客户机和服务器都是网络上的计算机，二者的区别在于上面运行的程序不同。有些程序可以提供服务，计算机运行了这些程序便称为服务器；有些程序可以使用服务，计算机运行了这些程序便成为客户机。服务器等待客户提出请求并予以响应，服务器一般始终运行，监听网络端口，一旦有客户请求，就会启动一个服务进程来响应客户，同时继续监听服务端口，使后来的客户也能得到服务。

11.1.2 IP 地址和端口号

网络上的机器要进行通信，必须先准确定位。在 TCP/IP 协议中，IP 层主要负责网络中主机的定位，IP 地址可以唯一地确定 Internet 上的一台主机。所谓 IP 地址就是给每个连接在 Internet 上的主机分配一个 32 位地址。根据 TCP/IP 协议规定，IP 地址用二进制来表示，每个 IP 地址长 32 位，换算成字节，就是 4 个字节。由于采用二进制形式的 IP 地址太长，不方便使用。为了方便，IP 地址经常被写成十进制的形式，每个字节对应一个不超过 255 的十进制整数，使用符号"."分开不同的字节。例如，211.64.120.1，IP 地址的这种表示法叫做"点分十进制表示法"，这显然比 1 和 0 构成的 32 位序列容易记忆。为了更好地记住和描述网络上的一台主机，采用给 IP 地址起别名的办法，这个别名就是域名。如 IP 地址 211.64.120.1 对应的别名就是 www.sdjtu.edu.cn。在网络上访问一台主机的方式通常是先输入域名，然后域名解析服务器(DNS)解析域名成为 IP 地址，最后访问 IP 地址对应的主机。在浏览器的地址栏中，输入 211.64.120.1 或 www.sdjtu.edu.cn 是一样的，按 Enter 键后都能打开山东交通学院的主页。

一台拥有 IP 地址的主机可以提供许多服务，比如 Web 服务、FTP 服务、SMTP 服务等，这些服务完全可以在一台主机上实现，即对应一个 IP 地址。那么，这台主机是怎样区分不同的服务呢？可以通过端口号来区分，即通过"IP 地址＋端口号"来唯一确定网络上一台主机上的一个服务。端口号用整数表示，范围是从 0 到 65 535。其中，任何 TCP/IP 所提供的服务都用 1 到 1023 之间的端口号，这个范围内的是知名端口号，是由 IANA（The Internet Assigned Numbers Authority，互联网数字分配机构）来管理的；大多数 TCP/IP 给临时端口分配 1024 到 5000 之间的端口号；大于 5000 的端口号是为其他 Internet 上并不常用的服务预留的。知名端口号一般固定分配给一些服务，如 21 端口分配给 FTP（文件传输协议）服务，25 端口分配给 SMTP（简单邮件传输协议）服务，80 端口分配给 HTTP 服务，135 端口分配给 RPC（远程过程调用）服务等等。

11.1.3 Java 提供的通信方式

1. Socket—面向连接

使用 TCP（Transfer Control Protocol）协议，TCP 是一种面向连接保证可靠传输的协议。通过 TCP 协议传输，得到的是一个顺序的无差错的数据流。Java 提供的 Socket 和 ServerSocket 类支持 TCP 协议。在发送数据之前，发送方与接收方各有一个 Socket，它们要建立连接，一旦这两个 Socket 建立了连接，双方就可以进行双向数据传输，并且所有发送的信息都会在另一端以同样的顺序被接收，安全性高，这种方式如同打电话。例如 HTTP 协议是基于连接的。

2. Datagram—无连接

使用 UDP 协议（User Datagram Protocol），UDP 是一种无连接的协议，一个数据报是一个独立的单元，包含目的地址和要发送的数据，无须建立连接，只是简单地投出数据报。Java 提供的 DatagramSocket 和 DatagramPacket 类支持 UDP 协议。效率高，但安全性不佳，这种方式如同邮递信件。TFTP（简单文件协议）是基于 UDP 的。

11.1.4 常用类（java.net 包中）

1. InetAddress

此类表示互联网中的 IP 地址。

主要方法如下。

（1） public static InetAddress getByName（String host） throws UnknownHostException：在给定主机名或 IP 地址的情况下确定返回 InetAddress 的对象。参数可以是 IP 地址或主机名的字符串形式，如 211.64.120.1 或 www.sdjtu.edu.cn。

（2） public String getHostName()：获取此 IP 地址的主机名。

（3） public static InetAddress getLocalHost() throws UnknownHostException：返回本地主机 InetAddress 的对象。

（4） public String getHostAddress()：字符串形式返回 IP 地址。

例 11-1 获取 IP 地址信息

```
//net1.java
import java.net.*;
```

```
public class net1 {
    public static void main(String args[]) {
        try{
            InetAddress address1 = InetAddress.getByName("211.64.120.1");
                                                    //获取给定 IP 地址的 InetAddress 对象
            System.out.println("211.64.120.1 的域名" + address1.getHostName());
                                                                //返回该主机的主机名
            InetAddress address2 = InetAddress.getLocalHost();
                                                        //获取本地机的 InetAddress 对象
            System.out.println("本机的机器名：" + address2.getHostName());
                                                                //返回本地机的主机名
            System.out.println("本机的 IP 地址：" + address2.getHostAddress());
                                                                //返回本地机的 IP 地址
        }catch(UnknownHostException e){
            System.out.println(e.toString());
        }
    }
}
```

运行结果：

```
211.64.120.1 的域名 www.sdjtu.edu.cn
本机的机器名：dyp-PC
本机的 IP 地址：192.168.11.100
```

上面的程序分别获取了给定 IP 地址的主机信息和本机的信息，注意，由于方法 getByName()和 getLocalHost()声明可能抛出 UnknownHostException 异常，因此要把它们放到 try 语句块中。

2. URL 类

类 URL 代表一个统一资源定位符(Uniform Resource Locator)，它是指向互联网“资源”的指针，用于指定资源在 Internet 上的具体位置。资源可以是简单的文件或目录，也可以是对更为复杂的对象的引用，例如对数据库或搜索引擎的查询。URL 通常包括协议、主机名、端口、文件路径等几部分。例如下面的 URL：

```
http://www.sdjtu.edu.cn/sdjtunet/xyxx.asp
```

包括：http 协议，主机名是 www.sdjtu.edu.cn，端口用 http 的默认端口号 80、文件路径是/sdjtunet/xyxx.asp。

(1) 构造器

public URL(String spec) throws MalformedURLException：根据 String 表示形式创建 URL 对象。

(2) 常用方法

public String getProtocol()：获得此 URL 的协议名称。

public String getHost()：获得此 URL 的主机名

public int getPort()：获得此 URL 的端口号，如果未设置端口号，则返回-1。

例 11-2 URL 类的使用

```
//urltest.java
import java.net.*;
public class urltest {
    public static void main(String args[]) {
        try{
            URL u1 = new URL("http://www.sdjtu.edu.cn/sdjtunet/xyxx.asp");
            System.out.println("URL: " + u1);
            System.out.println("Protocal: " + u1.getProtocol());
            System.out.println("Host: " + u1.getHost());
            System.out.println("Port: " + u1.getPort());          //URL 中无端口号则返回 -1
        }catch(MalformedURLException e){
            System.out.println(e.toString());
        }
    }
}
```

运行结果：

```
URL: http://www.sdjtu.edu.cn/sdjtunet/xyxx.asp
Protocal: http
Host: www.sdjtu.edu.cn
Port: -1
```

由于上述程序中的 URL 没有显式地给出端口号，因此得到的端口号为－1，此时用的是 http 协议的默认端口号 80。

11.2 基于 Socket 的网络编程

11.2.1 类

在 Java 中，基于 Socket 的网络编程主要涉及两个类，一个是 ServerSocket，另一个是 Socket。它们都在 java.net 包中。

1. ServerSocket

ServerSocket 实现服务器套接字。服务器套接字等待通过网络传入的请求。它基于该请求执行某些操作，然后向请求者返回结果。

(1) 构造器

public ServerSocket(int port) throws IOException：创建绑定到特定端口的服务器套接字。参数可以是有效的端口号，也可以为 0，0 表示使用任何空闲端口。

(2) 常用方法

public Socket accept() throws IOException：侦听并接收到此套接字的连接，返回新的套接字，与请求者套接字建立连接。此方法在进行连接之前一直阻塞，并一直侦听。

2. Socket

实现客户端套接字。套接字是两台机器之间的通信端点。客户端通过创建套接字对象向服务器端发出请求。

(1) 构造器

public Socket(String host, int port) throws UnknownHostException, IOException：创建一个流套接字并将其连接到指定主机上的指定端口号。

(2) 常用方法

public InputStream getInputStream() throws IOException：返回此套接字的输入流。

public OutputStream getOutputStream() throws IOException：返回此套接字的输出流。

11.2.2　服务器程序编写步骤

服务器程序能够接受客户端的请求，并能为客户端提供服务，提供服务的基础是与客户端进行数据传输。为了达到此目的，服务器程序包含了一些最基本的部分，下面给出用Java 编写最简单的服务器程序的步骤。

1. 创建 ServerSocket 对象

```
ServerSocket ss = new ServerSocket(4321);
```

通过创建 ServerSocket 对象实现服务器端套接字，并指明提供服务的端口号是 4 321。客户端可以通过向这个端口号发出请求来申请服务。

2. 等待客户连接

```
Socket s = ss.accept();
```

程序运行到此处时处于等待状态，一直在侦听客户端的请求，一旦接收到客户机的连接请求，则返回一个 Socket 对象，与请求者套接字建立连接。

3. 生成输入输出流

```
InputStreamReader ins = new InputStreamReader(s.getInputStream());
BufferedReader in = new BufferedReader(ins);
PrintStream out = new PrintStream(s.getOutputStream());
```

由于套接字中的输入输出流都是字节流，为了传输方便，把输入流转换成带缓冲区的字符流，可以看到转换过程与标准输入的转换是一样的，这就是说一旦服务器端和客户端的连接建立以后，服务端的输入流与单机的标准输入流只是数据源不同，前者的数据源是客户端，后者的数据源是键盘，但对于输入流的操作都是一样的。同样的道理，把输出流转换为PrintStream 类型，就跟标准输出操作一样了，可以用方法 print()以及 println()向客户端输出数据了，这个操作与单机中向显示器输出是一样的。

4. 处理输入输出操作

```
输入：in.readLine();
输出：out.println("Hi client!");
```

5. 关闭输入输出流及 Socket

由于输入输出流是建立在连接之上的，因此先关闭输入输出流，再关闭 Socket 连接。

```
in.close();
out.close();
s.close();
```

11.2.3 客户端程序编写步骤

客户端程序应该能向特定的服务器的特定端口发出请求信息，得到响应后，能与服务器程序进行数据传输。为了达到此目的，客户端程序也包含了一些最基本的部分，下面给出用 Java 编写最简单的客户端程序的步骤。

1. 创建 Socket 对象

```
Socket s = new Socket("127.0.0.1",4321);
```

通过创建 Socket 对象，向特定的服务器的特定端口发出请求，等待建立连接。本例中的服务器程序与客户端程序是在同一台机器上运行的，因此，服务器的 IP 地址是 127.0.0.1，由于前面服务器程序提供服务的端口是 4 321，所以客户端程序就向这个端口发出请求。

2. 生成输入输出流

```
InputStreamReader ins = new InputStreamReader(s.getInputStream());
BufferedReader in = new BufferedReader(ins);
PrintStream out = new PrintStream(s.getOutputStream());
```

生成输入输出流的方式与服务器程序中的一样。但是这里大家要清楚它们之间的关系。对于客户端程序来说，它的输入流与服务器程序的输出流是一对，也就是说客户端程序的输入流的数据源是服务器程序的输出流。同样的道理，客户端程序的输出流与服务器程序的输入流也是一对，客户端程序的输出流是服务器程序的输入流的数据源。

3. 处理输入输出操作

```
输入：in.readLine();
输出：out.println("Hi server!");
```

与服务器端的输入输出操作一样。

4. 关闭输入输出流及 Socket

与服务器端的关闭操作一样。

11.2.4 举例

例 11-3 服务器端程序

```
// msa.java
import java.io.*;
import java.net.*;
class msa{
    public static void main(String args[]){
        try{
            ServerSocket ss = new ServerSocket(4321);              //在 4 321 端口提供服务
            System.out.println("Server OK");
            while(true){
                Socket s = ss.accept();
                                    //监听客户端请求,一旦监听到就生成 Socket 对象,并建立连接
                InputStreamReader ins = new InputStreamReader(s.getInputStream());
                BufferedReader in = new BufferedReader(ins);       //服务器端的输入流
                String x = in.readLine();
                System.out.println("Information from client: " + x);
                                                          //将客户端发来的信息输出到显示器
                PrintStream out = new PrintStream(s.getOutputStream());//服务器端的输出流
                out.println("hello client!");                      //向客户端输出信息
                in.close();
                out.close();
                s.close();
            }
        }catch(IOException e){}
    }
}
```

这个程序当监听到来自客户端的请求时生成 Socket 对象,与请求者的 Socket 对象是一对,这一对 Socket 就建立了二者之间的连接。然后建立服务器端的输入输出流,并将来自客户端的信息输出到服务器的显示器上,然后向客户端传输信息。一般服务器程序都是一直运行的,在本例中通过一个死循环达到此目的,这样服务器就能不断地接受客户端(可以是不同的客户端)的请求并提供服务了。

例 11-4 客户端程序

```
// mca.java
import java.io.*;
import java.net.*;
class mca{
    public static void main(String args[]){
        try{
            Socket s = new Socket("127.0.0.1",4321);
                                          //提供创建 Socket 对象向服务器的 4 321 端口发出请求
            PrintStream out = new PrintStream(s.getOutputStream()); //客户端的输出流
            String c = "hello sever";
            out.println(c);                                    //向服务器输出信息
            InputStreamReader ins = new InputStreamReader(s.getInputStream());
```

```
                BufferedReader in = new BufferedReader(ins);              //客户端的输入流
                String x = in.readLine();
                System.out.println("Information from server: " + x);
                                                        //将服务器传来的信息输出到显示器
                out.close();
                in.close();
                s.close();
            }catch(IOException e){}
        }
    }
```

由于本例中的客户端程序与服务器程序在同一台机器上运行，因此 Socket 中的 IP 地址是 127.0.0.1，如果不在同一台机器上，要写服务器的实际 IP 地址。本程序通过创建 Socket 对象向服务器发出请求，服务器监听到该请求就建立了连接。然后向服务器发送信息，并接收服务器的信息输出到客户端的显示器。

需要注意的是，服务器程序和客户端程序如果运行在一台机器上，要开两个 CMD 窗口来运行，一个 CMD 窗口代表服务器，另一个 CMD 窗口代表客户端，而且服务器程序要先运行，再运行客户端程序。由于服务器程序是死循环，来模拟服务器一直处于运行的状态，因此服务器程序只要执行一次就可以，客户端程序每执行一次代表一个客户请求，可以多次运行，就代表多个客户请求了。

运行结果如图 11-1 所示。

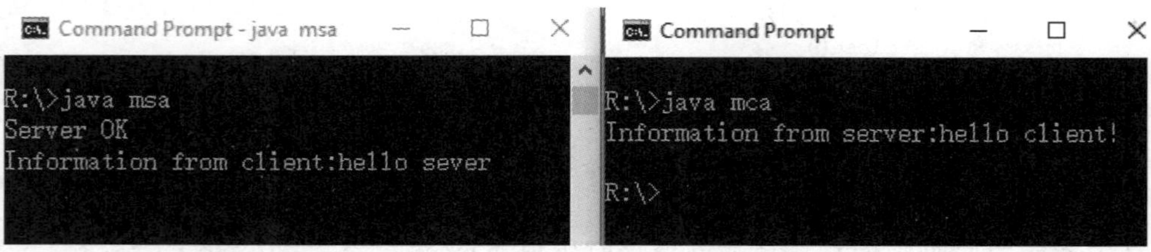

图 11-1　服务器和客户端程序模拟

11.2.5　用多线程重写服务器端程序

通常，多个客户端同时与服务器联系，即服务器与客户机是一对多的通信方式，因此在服务器程序中要用多线程。具体措施是将创建 ServerSocket 对象和等待客户机连接的代码放在主程序中，每当侦听到一个客户端的请求，就创建并启动一个线程进行响应和处理。

例 11-5　用多线程实现客户响应的服务器程序

```
// msa.java
import java.io.*;
import java.net.*;
class msa1{
    public static void main(String args[]){
        try{
            ServerSocket ss = new ServerSocket(4321);
            System.out.println("Server OK");
            while(true){
```

```
                Socket s = ss.accept();
                serv p = new serv(s);
                Thread t = new Thread(p);
                t.start();
            }
        }catch(IOException e){}
    }
}
class serv implements Runnable{
    Socket s;
    static int i;
    public serv(Socket s1) {
        s = s1;
    }
    public void run(){
        try{
            BufferedReader in = new BufferedReader(new InputStreamReader(s.getInputStream()));
            String info = in.readLine();
            ++i;                                                    //用静态变量记录来访者的个数
            System.out.println("Information from Number " + i + ": " + info);
            PrintStream out = new PrintStream(s.getOutputStream());
            out.println("You are Number " + i);
            in.close();
            out.close();
            s.close();
        }catch(IOException e){}
    }
}
```

这个服务器程序采用了多线程技术，对应每个客户端的请求都会创建一个线程来处理，线程和请求是一对一的。在创建线程时，把当前服务器监听后建立的 Socket 对象通过构造器的参数传递给新线程，并且定义了一个静态变量 i 来记录当前服务器的访问次数。运行时仍然用 mca.java 作为客户端进行测试。部分运行结果如下。

```
Server OK
Information from Number 1: hello sever
Information from Number 2: hello sever
Information from Number 3: hello sever
Information from Number 4: hello sever
Information from Number 5: hello sever
```

11.3 基于数据报的编程

11.3.1 类

在 Java 中，基于数据报的网络编程主要涉及两个类，一个是 DatagramSocket，另一个是 DatagramPacket。它们都在 java.net 包中。

1. DatagramSocket

DatagramSocket 表示用来发送和接收数据报包的套接字。数据报套接字是包投递服务的发送或接收点。每个在数据报套接字上发送或接收的包都是单独编址和路由的。从一台机器发送到另一台机器的多个包可能选择不同的路由，也可能按不同的顺序到达。在 DatagramSocket 上总是启用 UDP 广播发送。

（1）构造器

public DatagramSocket(int port) throws SocketException：创建数据报套接字并将其绑定到本地主机上的指定端口。

（2）常用方法

public void send(DatagramPacket p) throws IOException：从此套接字发送数据报包。DatagramPacket 包含的信息包括：将要发送的数据、其长度、远程主机的 IP 地址和远程主机的端口号。

publicvoid receive(DatagramPacket p) throws IOException：从此套接字接收数据报包。当此方法返回时，DatagramPacket 的缓冲区填充了接收的数据。数据报包也包含发送方的 IP 地址和发送方机器上的端口号。

2. DatagramPacket

DatagramPacket 表示数据报包。数据报包用来实现无连接包投递服务。每条报文仅根据该包中包含的信息从一台机器路由到另一台机器。

（1）构造器

public DatagramPacket(byte[] buf,int length,InetAddress address,int port)：发送方构造器，构造要发送的数据报包。将长度为 length 的包发送到指定主机上的指定端口号。length 参数必须小于或等于 buf. length。四个参数分别是数据，数据长度，目的地址和端口号。

public DatagramPacket(byte[] buf,int length)：接收方构造器，构造接收方的数据报包，用来接收长度为 length 的数据。

（2）常用方法

public byte[] getData()：返回数据缓冲区。

public int getLength()：返回将要发送或接收到的数据的长度。

public InetAddress getAddress()：返回某台机器的 IP 地址，此数据报将要发往该机器或者是从该机器接收到的。

public int getPort()：返回某台远程主机的端口号，此数据报将要发往该主机或者是从该主机接收到的。

11.3.2 发送方程序编写步骤

1. 创建发送方套接字

```
DatagramSocket ds = new DatagramSocket(3000);
```

通过创建 DatagramSocket 对象来创建套接字，并通过参数指定该套接字所绑定的端口。

2. 构造发送方数据报包

```
DatagramPacket dp = null;
dp = new DatagramPacket(str.getBytes(),str.getBytes().length,InetAddress.getByName
("localhost"),9000);
```

发送方数据报包包括四部分内容：数据，数据长度，目的地址和端口号。发送数据要存到字节数组中，因此把要发送的字符串先转换成字节数组。

3. 发送

```
ds.send(dp);
```

通过发送方套接字的 send()方法发送。

4. 关闭发送方套接字

```
ds.close();
```

11.3.3 接收方程序编写步骤

1. 创建接收方套接字

```
DatagramSocketds = new DatagramSocket(9 000);
```

接收方的套接字绑定在 9 000 号端口上。

2. 构造接收数据报包

```
byte[ ] buf = new byte[1 024];
DatagramPacket dp = new DatagramPacket(buf,1 024);
```

在构造接收方数据报包前，要先开辟缓冲区以备接收数据用，通过定义字节数组实现。接收方的数据报包包括数据和数据长度两部分内容。数据长度是预计接收的数据长度，因此要适当的大一些，不能小于发送方的数据报包的长度。

3. 接收数据报包

```
ds.receive(dp);
```

通过接收方套接字的 receive()方法接收。

4. 关闭接收方套接字

```
ds.close();
```

11.3.4 基于数据报的程序举例

例 11-6 发送方程序

```
//udps.java
import java.net.*;
import java.io.*;
public class udps {
    public static void main(String args[]) {
        DatagramSocket ds = null;
        DatagramPacket dp = null;
        try{
            ds = new DatagramSocket(3 000);                    //该套接字与端口号 3 000 绑定
        }catch(SocketException e){}
        String str = "Hello World";
        try{
            //int len = str.getBytes().length;
            //System.out.println(str + len);
            dp = new
            DatagramPacket(str.getBytes(),str.getBytes().length,InetAddress.getByName
            ("localhost"),9 000);                              //构造发送数据报包
        }catch(UnknownHostException e){}
        try{
            ds.send(dp);                                       //发送数据报包
        }catch(IOException e){}
        ds.close();
    }
}
```

例 11-7 接收方程序

```
//udprec.java
import java.net.*;
import java.io.*;
public class udprec {
    public static void main(String args[])
    {
        DatagramSocket ds = null;
        byte[] buf = new byte[1 024];
        DatagramPacket dp = null;
        try{
            ds = new DatagramSocket(9 000);                    //该套接字与端口号 9 000 绑定
        }catch(SocketException e){}
        dp = new DatagramPacket(buf,1 024);                    //构造接收数据报包
        try{
            ds.receive(dp);                                    //接收数据报包
        }catch(IOException e){}
        String str = new String(dp.getData(),0,dp.getLength()) + " from " + dp.getAddress().
        getHostAddress() + ": " + dp.getPort();
                          //从数据报包中解析出发来的数据、长度、发送方的 IP 地址及端口号
        System.out.println(str + " length = " + dp.getLength());
        ds.close();
```

```
    }
}
```

这两个程序运行时，仍然需要两个 CMD 窗口。一个代表发送方，一个代表接收方。由于本例只有发送方向接收方发送了信息，因此只在接收方的运行窗口中有输出结果，运行结果如下。

```
Hello World from 127.0.0.1: 3000 length = 11
```

这两个程序稍加改动就能变成双向发送信息的程序。只要在 udprec.java 中加上构造发送数据报包和发送的代码，就可以了，发送和接收数据报包可以共用一个套接字。同样的道理，在 udps.java 中只要加上构造接收数据报和接收的代码就可以了。下面只给出改后的 udprec.java(命名为 udprec1.java)程序。

例 11-8　双向通讯程序

```
//udprec1.java
import java.net.*;
import java.io.*;
public class udprec1 {
    public static void main(String args[])
    {
        DatagramSocket ds = null;
        byte[] buf = new byte[1 024];
        DatagramPacket dp = null,dp1 = null;
        try{
            ds = new DatagramSocket(9 000);                  //该套接字与端口号 9000 绑定
        }catch(SocketException e){}
        dp = new DatagramPacket(buf,1 024);                  //构造接收数据报包
        try{
            ds.receive(dp);                                  //接收数据报包
        }catch(IOException e){}
        String str = new String(dp.getData(),0,dp.getLength()) + " from " + dp.getAddress().
        getHostAddress() + ": " + dp.getPort();
                           //从数据报包中解析出发来的数据、长度、发送方的 IP 地址及端口号
        System.out.println(str);
        String s = "I have received!";
        try{
            dp1 = new
        DatagramPacket(s.getBytes(),s.getBytes().length,InetAddress.getByName("localhost"),
        3000);                                               //构造发送数据报包
            ds.send(dp1);
        }catch(UnknownHostException e){}
        catch(IOException e){}
        ds.close();
    }
}
```

这个程序在接收到发送方发来的信息后，向发送方发送回了反馈信息。当然为了使发送方能收到这个反馈信息，就要在原发送方的程序中加上接收代码。读者可以自己在 udps.java 的基础上尝试修改。

11.4 编写简单的 Web 服务器

由前面的内容可以看到,用 Java 编写服务器程序结构是比较简单的。在基本服务器程序结构的基础上,再加上特定服务器所用协议的解析,就可以实现特殊服务器的功能。

11.4.1 预备知识

Web 服务器是常用的一种服务器,Web 服务器使用的是 HTTP 协议(HyperText Transfer Protocol,超文本传输协议),HTTP 协议的默认端口号是 80。要编写 Web 服务器程序,就要符合 HTTP 协议的规则。当然,HTTP 协议完整的规则比较复杂,但在编程时只需要满足基本规则就可以了。

客户机通常通过浏览器与 Web 服务器交流,这就是所谓的 B/S 方式。浏览器与 Web 服务器的通信方式:

(1) GET:向服务器传递少量信息而得到大量信息,如利用搜索引擎搜索。

(2) POST:向服务器传递大量信息而得到少量信息,如提交表单。

HTTP 协议的基本规则:服务器先读取浏览器发来的数据(类似"GET /test. html HTTP/1. 1"的字符串),如果是 GET 请求,则根据请求的内容向浏览器发送如下信息。

(1) HTTP 版本 out. println("HTTP/1. 0");

(2) 数据类型 out. println("Content_Type: text/html");

(3) 一个空行 out. println();

浏览器接收到这三项信息,才认为 HTTP 协议执行正确,将后续接收到的"数据内容"作为网页内容显示出来。网页内容一般是 html 格式,html 文档中常用结构如下。

```
<html>
<head></head>
<body>
<h1></h1>
</body>
</html>
```

文档中由各种标记构成,各标记的含义如下。

<html>…</html>:标记 html 文档的开始与结束。

<head>…</head>:标记文档头部。

<body>…</body>:标记文档正文。

<h1>…</h1>:标记正文中的行。

11.4.2 简单 Web 服务器

例 11-9 简单的 Web 服务器程序

```
//webs.java
import java.io.*;
```

```
import java.net. * ;
class webs{
    public static void main(String args[ ]){
        try{
            ServerSocket ss = new ServerSocket(80);
            System.out.println("web server ok");
            while(true){
                Socket s = ss.accept();
                vebserv v = new vebserv(s);
                Thread t = new Thread(v);
                t.start();
            }
        }catch(Exception e){System.out.println(e);}
    }
}
class vebserv implements Runnable{
    Socket s;
    static int i;
    public vebserv(Socket s1){
        s = s1;
    }
    public void run(){
        try{
            PrintStream out = new PrintStream(s.getOutputStream());
            BufferedReader in = new BufferedReader(new InputStreamReader(s.getInputStream()));
            String info = in.readLine();
            System.out.println("now got" + info);
            out.println("HTTP/1.0");
            out.println("Content_Type: text/html");
            i++;
            String c = "<html><head></head><body><h1>hi this is" + i + "</h1></body>
</html>";
            out.println();
            out.println(c);
            out.close();
            s.close();
            in.close();
        }catch(Exception e){System.out.println(e);}
    }
}
```

这个程序就是一个简单的 Web 服务器程序，当它运行以后，在浏览器的地址栏中输入 http://127.0.0.1，就可以访问这个 Web 服务器了。本例在运行时与浏览器在同一台机器上，所以用了 127.0.0.1 这个 IP 地址，若不在一个机器上可以输入实际的 IP 地址。可以不断刷新浏览器，就可以得到服务器的如下运行结果。

```
web server ok
now gotGET / HTTP/1.1
now gotGET / HTTP/1.1
now gotGET / HTTP/1.1
```

而浏览器每次刷新相当于一次对服务器的访问，服务器程序有个静态变量 i 相当于计数器，来记录当前的访问次数，浏览器可以得到图 11-2 所示的页面。

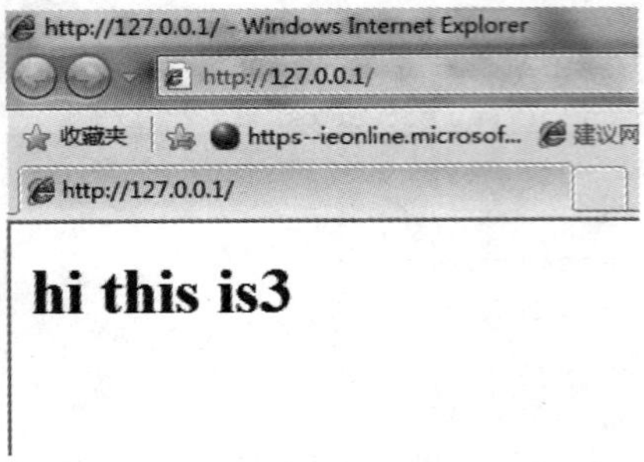

图 11-2　浏览器运行结果

11.4.3　可以传输文件的 Web 服务器

在实际应用中，用户要浏览不同的网页，Web 服务器应该按照用户的请求传输不同的文件给浏览器。例如，用户在浏览器中发送请求 http：//127.0.0.1/data/log.html，Web 服务器接收到的请求信息是 GET /data/log.html HTTP/1.1。

在服务器端可以用字符串的有关方法对用户请求的文件名及其路径进行提取。具体分为如下几种情况。

（1）用户输入请求 http：//127.0.0.1/data/log.html

```
info = "GET /data/log.html HTTP/1.1"                //info是服务器端得到的请求信息
int sp1 = info.indexOf(' ');                        //第一个空格的位置
int sp2 = info.indexOf(' ',sp1 + 1);                //第二个空格的位置
String fn = info.substring(sp1 + 2,sp2);
                        //从 sp1 + 2 开始到 sp2 的前一个字符为子串,即获取子串 data/log.html
```

（2）用户输入请求 http：//127.0.0.1/data/

```
info = "GET /data/ HTTP/1.1"
fn = "data/"                                        //只有路径,用上面的办法取得
```

（3）用户输入请求 http：//127.0.0.1

```
info = "GET / HTTP/1.1"
fn = ""                                             //空串
```

对于(2)和(3)来说，用户没有指明要访问哪个网页，按照惯例，要将网站的主页或指定目录下的主页（一般为 index.html）发送给用户，即

```
if (fn.equals("")||fn.endsWith("/")) fn = fn + "index.html";
```

在确定了要发送的文件后，服务器通过文件输入流读取文件内容，并将其发送到浏览器。对于服务器来说，要建立文件输入流，将指定文件内容读入到内存，然后建立到客户端的输出流，将文件内容从内存再输出到客户端。

```
InputStream fs = new FileInputStream(fn);
    byte buf[ ] = new byte[1 024];
    int n;
    while((n = fs.read(buf))> = 0) {
        out.write(buf,0,n);
    }
```

例 11-10　服务器向客户端传递页面文件

```
//webs1.java
import java.io. * ;
import java.net. * ;
class webs1{
    public static void main(String args[ ]){
        try{
            ServerSocket ss = new ServerSocket(80);
            System.out.println("web server ok");
            while(true){
                Socket s = ss.accept();
                vebserv1 p = new vebserv1(s);
                Thread t = new Thread(p);
                t.start();
            }
        }catch(Exception e){System.out.println(e);}
    }
}
class vebserv1 implements Runnable{
    Socket s;
    static int i;
    public vebserv1(Socket s1) {
        s = s1;
    }
    public void run(){
        try{
            PrintStream out = new PrintStream(s.getOutputStream());
            BufferedReader in = new BufferedReader(new InputStreamReader(s.getInputStream()));
            String info = in.readLine();
            System.out.println("now got" + info);
            out.println("HTTP/1.0");
            out.println("Content - type: text/html");
            out.println("");
            //从用户的请求字符串中提取出用户请求的文件名及其路径信息
            int sp1 = info.indexOf(' ');
            int sp2 = info.indexOf(' ',sp1 + 1);
            String fn = info.substring(sp1 + 2,sp2);
            //当用户请求信息中未指定文件名时,默认为 index.html
            if (fn.equals("")||fn.endsWith("/")) fn = fn + "index.html";
            System.out.println("sending file: " + fn + " to client");
            InputStream fs = new FileInputStream(fn);        //建立文件输入流
            byte buf[ ] = new byte[1 024];
            int n;
```

```
                while((n = fs.read(buf))>= 0) {
                    out.write(buf,0,n);
                }
                out.close();
                s.close();
                in.close();
            }catch(Exception e){System.out.println(e);}
        }
    }
```

这个程序就是一个能向客户端传递页面文件的简单 Web 服务器。当用户在浏览器中输入 http：//127.0.0.1/data/log.html 或 http：//127.0.0.1/data/或 http：//127.0.0.1 的请求时，就可以得到从服务器端传来的页面。当然服务器要在根目录中以及指定目录(本例为 data)中有默认页面文件 index.html。在实际应用中，可以用服务器的实际 IP 地址。本例运行时服务器与客户端在同一台机器上。

11.5 编写简单的代理服务器

11.5.1 代理服务器工作原理

有些局域网(如一个网吧或一个校园网)通常只有一台计算机连接到互联网，如果在这台机器上装上代理软件，同时在这个局域网的其他机器的浏览器中设置一下代理服务器，这个局域网中的其他机器就可以通过这台计算机访问互联网了。

其实设置代理服务器并不复杂，只需要将前面的 Web 服务器稍加改动就能变成代理服务器。它的工作原理是：代理服务器打开一个端口接收浏览器发来的访问某个站点的请求，从请求的字符串中解析出用户想访问哪个网页。然后通过 URL 对象建立输入流读取相应站点的网页内容，最后按照 Web 服务器的工作方式将网页内容发送给用户浏览器。

11.5.2 浏览器设置

按照下面的步骤可以在相应浏览器中设置代理服务器。

1. IE

选择“工具”→“Internet 选项”→“连接” →“局域网设置” →输入“IP 地址”和“端口号”命令(用户和代理在同一台机器，则代理地址为：127.0.0.1，端口号用代理服务器程序中设定的)。经过设置后，如果没有启动代理服务器程序，则无法访问 Internet 上的网页。但是由于 IE 的原因，用前面的 Web 服务器程序作为本地服务器时，即使代理服务器程序没有启动，当在 IE 中输入 http：//127.0.0.1 时，也能访问本地 Web 服务器；而当在 IE 中输入 http：//127.0.0.2 时，则不能访问本地 Web 服务器。

2. Firefox

选择“工具”→“选项”→“网络”→“设置”→输入“Http 代理”和“端口”命令，具体地址和端口号同上。经过设置后,如果没有启动代理服务器程序,则无法访问 Internet 上的网页,当在 Firefox 中输入 http://127.0.0.1 时,也不能访问本地的 Web 服务器。

11.5.3 代理服务器编程举例

代理服务器程序与前面的 Web 服务器相比,只有一点区别,就是在解析了用户的请求后,Web 服务器是与本地的文件建立文件输入流,而代理服务器可能是与另一台机器(用户要访问的目标机器)上的文件建立输入流,因此要先生成目标机器的 URL 对象,通过该对象建立文件输入流,具体如下。

```
URL con = new URL(targ);                        //建立目标站点的 URL 对象
InputStream gotoin = con.openStream();          //和目标站点建立输入流
```

例 11-11 代理服务器程序

```
//msp.java
import java.io.*;
import java.net.*;
class msp{
    public static void main(String args[]){
        try{
            ServerSocket ss = new ServerSocket(8080);
            System.out.println("proxy server ok");
            while(true){
                Socket s = ss.accept();
                mspserv p = new mspserv(s);
                Thread t = new Thread(p);
                t.start();
            }
        }catch(Exception e){System.out.println(e);}
    }
}
class mspserv implements Runnable{
    Socket s;
    static int i;
    public mspserv(Socket s1) {
        s = s1;
    }
    public void run(){
        try{
            PrintStream out = new PrintStream(s.getOutputStream());
            BufferedReader in = new BufferedReader(new InputStreamReader(s.getInputStream()));
            String info = in.readLine();
            System.out.println("client is: " + s.getInetAddress());
            System.out.println("now got " + info);
            //解析目标站点
            int sp1 = info.indexOf(' ');
            int sp2 = info.indexOf(' ',sp1 + 1);
            String targ = info.substring(sp1 + 1,sp2);
            System.out.println("now connecting " + targ);
            URL con = new URL(targ);                //建立目标站点的 URL 对象
            InputStream gotoin = con.openStream();  //和目标站点建立输入流
```

```
            int n;
            byte buf[] = new byte[1 024];
            out.println("HTTP/1.0");
            out.println("Content - type: text/html");
            out.println("");
            while((n = gotoin.read(buf))>= 0) {
                out.write(buf,0,n);
            }
            out.close();
            s.close();
            in.close();
        }catch(Exception e){System.out.println(e);}
    }
}
```

程序可以分为下面几种情况运行。

(1) 用户、代理、Web 服务器在同一台机器上

一个窗口运行 msp，一个窗口运行 webs1。

Firefox 设置使用 127.0.0.1 代理，端口号为 8 080(与 msp 中的端口号相同)。

Firefox 中输入 http://127.0.0.1，则得到 webs1 的默认网页。若用 IE 要输入 http://127.0.0.2。

代理服务器 msp 的窗口显示：

```
proxy server ok
client is: /127.0.0.1
now got GET http: //127.0.0.1/ HTTP/1.1
now connecting http: //127.0.0.1/
```

Web 服务器 webs1 的窗口显示：

```
web server ok
now gotGET / HTTP/1.1
sending file: index.html to client
```

(2) 用户和代理是一台机器

一个窗口运行 msp。

Firefox 设置使用 127.0.0.1 代理，端口号为 8 080。

Firefox 中输入需要访问网页的真实地址，如 http://www.google.com/，则代理服务器窗口显示：

```
proxy server ok
client is: /127.0.0.1
now got GET http: //www.google.com/ HTTP/1.1
now connecting http: //www.google.com/
… …
```

(3) 用户和代理不是同一台机器

机器 A 做代理，IP 地址为 192.168.11.100，运行代理服务器程序 mps；机器 B 是用户 IP 地址为 192.168.11.101，机器 B 将代理服务器设置为机器 A 的真实 IP，即 192.168.11.

100。机器 B 通过代理访问 http：//www.google.com/，则机器 A 的代理服务器窗口显示：

```
proxy server ok
client is: /192.168.11.101
now got GET http: //www.google.com/ HTTP/1.1
now connecting http: //www.google.com/
……
```

习题 11

1. 选择题

(1) 下面哪些语句是在编写最简单的服务器时要用到的？哪个语句是客户端 Socket 可以链接到本地服务器端 4 321 端口的？

A. Socket s=new Socket("127.0.0.1",4 321)；

B. ServerSocket ss=new ServerSocket(4 321)；

C. Socket s=ss.accept()；

D. DatagramSocket ds=new DatagramSocket(3 000)；

(2) 下列 IP 地址不正确的是(　　)。

A. 192.168.1.120　　B. 127.0.0.1

C. 255.255.0.0　　D. 255.256.0.1

(3) 下面(　　)表示用来发送和接收数据报包的套接字。

A. Socket　　B. DatagramSocket

C. ServerSocket　　D. DatagramPacket

2. 按要求完成下列程序。

下面是一个基于 Socket 通信服务器程序，请将其补全。

① 创建 ServerSocket 对象，使用 5 432 端口。

② 等待客户机程序连接，返回 Socket 对象 s。

③ 生成输入输出流。

```
PrintStream out = new PrintStream(s.getOutputStream());
```

④ 处理输入输出流。

```
out.println("Hi");
out.close();
s.close();
```

3. 在基于 Socket 的服务器(采用多线程，msa1)和客户端程序(mca)的基础上，增加如下功能：客户端发送一个文件名到服务器，服务器的当前目录下若有这个文件，就把该文件传给客户端，若没有就发送“没有该文件”给客户端。若客户端能接收到文件就将文件存储到目录 temp 下，若收到“没有该文件”则将该信息显示到显示器。

4. 编程实现与例 11-8 相配合使用的双向通讯的另一方程序。

第12章 数据库程序设计

在应用软件设计中，常常需要利用 Java 连接数据库，本章以 SQL Server 2005 和 MySQL5.7 为例，主要介绍 JDBC 和利用 JDBC 连接关系数据库管理系统的配置方法，最后介绍了一个 Java 连接数据库的综合实例。

12.1 JDBC 简介

12.1.1 关于 JDBC

Java 作为一种面向对象程序设计语言，在应用中，经常与关系数据库连接，以实现一些应用软件设计。这也就是经常所说的 Java 做前端、数据库管理系统做后台的应用系统。这样做的好处是：数据库管理系统可以完成大量数据的存储和处理，Java 做前端可以达到界面友好、一般用户能较容易与计算机交互的目的。

Java 语言可以通过 JDBC(Java DataBase Connectivity)实现与数据库系统的连接。JDBC 是 Java 数据库连接规范，是一种可执行 SQL 语句的 Java API，由一些 Java 语言写的类和接口组成，在 java.sql 包中。常用的有：

(1) DriverManager(类)：管理一组 JDBC 驱动程序的基本服务。

(2) Connection(接口)：与特定数据库的连接(会话)。在连接上下文中执行 SQL 语句并返回结果。

(3) Statement(接口)：用于执行 SQL 语句并返回它所生成结果的对象。

(4) ResultSet(接口)：表示数据库结果集的数据表，通常通过执行查询数据库的语句生成。

Java 通过上述类和接口可以方便地编写数据库的应用程序，大大扩展了 Java 处理数据库的能力。具体地说，JDBC 可以完成如下功能。

(1) 与数据库连接。通过 JDBC 可以与各种常用关系数据库连接，常用的关系数据库有：Microsoft SQL Server，MySQL，Sybase，Oracle 等。每种数据库系统对应特定的 JDBC 驱动程序。Java 通过 JDBC 驱动程序与特定数据库连接，具体通过类 DriverManager 完成。

(2) 向数据库发送 SQL 语句。JDBC 提供了一种标准的应用程序设计接口，可以在 Java 语言中嵌入执行数据库结构化查询语句，即 SQL 语句，实现对数据库的操作，具体通过接口 Statement 完成。

(3) 处理数据库返回的结果。数据库返回的结果可以通过接口 ResultSet 处理，并根据需要作为 Java 程序中的数据进行相应操作。

12.1.2　JDBC 访问数据库的类型

利用 JDBC 访问数据库有三种不同的途径，分别对应三种不同的 JDBC 驱动程序。

1. JDBC-ODBC 驱动(桥)

使用 JDBC-ODBC 桥实现 JDBC 到 ODBC 转化，然后用 ODBC 的数据库驱动程序与特定数据库相连。ODBC(Open DataBase Connectivity 开放式数据库连接规范)是用 C 语言写的，因此用这种方式连接数据库时，要将 Java 语言的指令转化为 ODBC 格式，通过 ODBC 实现对数据库的操作，丧失了 Java 的跨平台性。

2. JDBC 直接与数据库连接

采用 Java 编写的驱动程序与数据库连接，它将 JDBC 调用转换为特定数据库系统的 SQL 语句。虽然所有数据库管理系统都遵循 SQL 标准与数据库交互，但不是每一个数据库管理系统都支持 SQL 的所有特性。因此它与特定的数据库管理系统交互，是特定的数据库管理系统的专用驱动程序。在访问数据库时，这种驱动程序的速度要比其他类型的驱动程序快。

3. 协议连接

通过协议使 JDBC 与一种通用的数据库协议驱动程序相连，然后再利用中间件和协议解释器将驱动程序与某种数据库系统相连。这是纯 Java 的驱动程序，它将 JDBC 函数调用转化为中间网络协议调用，如 RMI、HTTP 等，这些网络协议再将这些调用翻译为标准 SQL 函数调用。这种连接方式使程序有很好的跨平台性，而且可以连接不同的数据库系统，具有很好的通用性。

12.2　与数据库连接

Java 可以与多种关系数据库连接，本书中以常用数据库系统 Microsoft SQL Server 2005 和 MySQL5.7 为例，讲述 Java 如何与数据库连接以及如何完成数据处理。

12.2.1　与 SQL Server 2005 的连接

1. 需准备的软件

要通过 JDBC 完成 Java 与 SQL Server 2005 的连接，所需要的软件有 SQL Server 2005、JDK 和 SQL Server 2005 driver for JDBC。由于用 JDBC 连接数据库的读者都有数据库的知识基础，因此，本书中对 SQL Server 2005 的安装和配置不再阐述，假定 SQL Server

2005 的安装和配置已经完成。下面重点介绍下载并安装 SQL Server 2005 driver for JDBC。

将 JDBC 解压缩到任意位置，比如解压到 C 盘 program files 或 D:\java 下面，并在安装目录里找到 sqljdbc.jar 文件，得到其路径并配置环境变量。在环境变量 classpath 后面追加路径 D:\jdbc\sqljdbc_1.2\enu\sqljdbc.jar 即可。要注意的是在 classpath 的值域中一定要有一个路径“.”，表示当前目录。这样在自动搜索 classpath 指定目录中的 class 文件时，才不会落下当前目录中的 class 文件。

2. 连接配置

1）设置 SQLEXPRESS 服务

第一步，打开 SQL Server Configuration Manager（配置管理器），在 SQL Server Configuration Manager 窗口中，单击“SQL Server 2005 网络配置”下的“SQLEXPRESS 的协议”，双击 TCP/IP，在打开的“TCP/IP 属性窗口”中的“IP 地址卡”中，把 IP 地址中的 IP all 中的 TCP 端口设置为 1433。如图 12-1 所示。

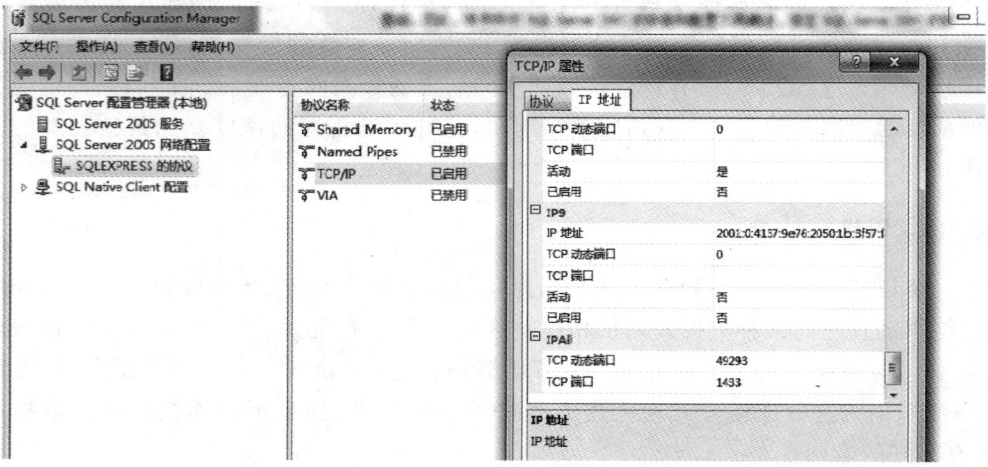

图 12-1 配置 SQLEXPRESS 协议

第二步，在“SQLSERVER 2005 服务”中，重新启动 SQL Server 2005 服务中的 SQLEXPRESS 服务器。右击 SQLEXPRESS，单击停止按钮，然后右击 SQLEXPRESS，单击启动按钮。

第三步，关闭 SQL Server Configuration Manager。

2）登录和验证设置

第一步，关于登录名的密码设置。启动 SQL Server Management Studio Express，依次选择“安全性”→“登录名”→sa 命令，右击 sa，在“登录属性-sa”页面，选择“状态”命令，将登录由“禁用”改为“启用”。在“常规”页面可设置 sa 登录密码或取消登录密码。设置完毕，单击“确定”按钮。如图 12-2 和图 12-3 所示。

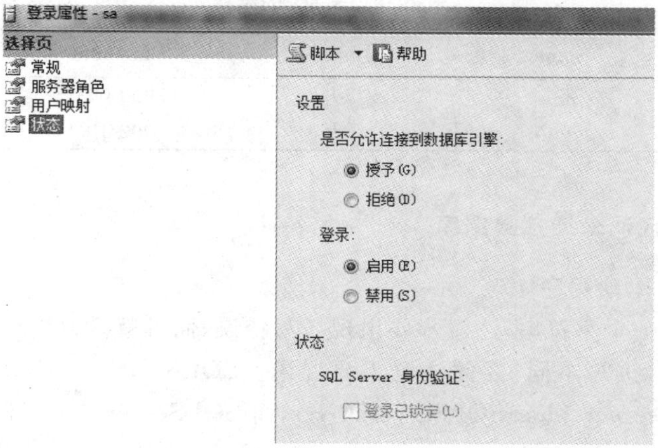

图 12-2 登录设置

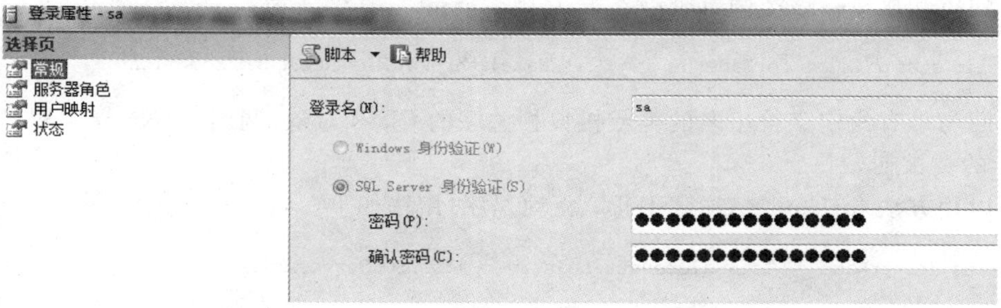

图 12-3 sa 密码设置

第二步,混合验证。在 SQL Server Management Studio Express 中,右击服务器名,如 DYP-PC\SQLEXPRESS,并单击“属性”,在属性页面中单击“安全性”,将“服务器身份验证”设置为“SQL Server 和 Windows”身份验证模式,然后单击“确定”按钮,如图 12-4 所示。

图 12-4 混合验证设置

完成第一步和第二步后,关闭 SQL Server Management Studio Express,启动 SQL Server Configuration Manager,在该窗口中重新启动 SQLEXPRESS。

3) 重新打开配置好的 SQL Server Management Studio Express,选“SQL Server 身份验证”,登录名为 sa,密码为 sa 的密码(在(1)中设置的,如 123456),连接 SQLEXPRESS 服务器。登录成功后,新建数据库,名字为 student。建立一张表 st1,结构如表 12-1 所示。

表 12-1 表 st1 的结构

no	name	sex	birthday	major
150814101	张一	男	1993-03-23	计算机
150814105	王雪	女	1992-10-11	计算机软件

3. 编写 Java 代码来连接数据库

1）载入 JDBC 驱动程序

驱动程序名是一个字符串，注意不要出现拼写错误，而且就 SQLServer 的 JDBC 驱动程序而言，不同的版本拼写不同，因此注意不要混淆。SQLServer 2005 JDBC 驱动程序名为 com. microsoft. sqlserver. jdbc. SQLServerDriver，而 SQLServer 2000 JDBC 驱动名为 com. microsoft. jdbc. sqlserver. SQLServerDriver。

加载驱动程序用 java. lang 包中的 Class 类，Class 类的实例表示正在运行的 Java 应用程序中的类和接口。该类中有个静态方法 forName()，其格式为：

```
public static Class forName(String className) throws ClassNotFoundException
```

返回与带有给定字符串名的类或接口相关联的 Class 对象，调用 forName("X")将导致名为 X 的类被初始化。

可以用方法 forName()加载 JDBC 驱动程序，用法如下。

```
String driverName = "com.microsoft.sqlserver.jdbc.SQLServerDriver";
                                                    // SQLServer 2005 JDBC 驱动程序
Class.forName(driverName);          //加载 JDBC 驱动程序
```

2）连接数据库

连接数据库管理系统要用 java. sql 包中的类 DriverManager，该类是 JDBC 驱动程序的管理者，并提供了连接到数据源的方法，如方法 getConnection()，该方法进行数据库与驱动程序之间的连接。在调用 getConnection()方法时，DriverManager 会试着从初始化时加载的那些驱动程序中查找合适的驱动程序。getConnection()方法有如下三种重载形式。

```
public static Connection getConnection(String url) throws SQLException
public static Connection getConnection(String url, Properties info) throws SQLException
public static Connection getConnection (String url, String user, String password)
throws SQLException
```

它们的功能都是试图建立到给定数据库 URL 的连接。DriverManager 试图从已注册的驱动程序集中选择一个适当的驱动程序。参数含义如下。

URL 是指形如 jdbc：subprotocol：subname 的数据库 url，即程序所要连接的数据源。包括协议、子协议、数据库名三部分。例如，"jdbc：sqlserver：//localhost：1433；DatabaseName＝student"是 SQLServer 2005 的数据库 URL，表示要连接的数据源的协议是 jdbc，子协议是 sqlserver，数据库名为//localhost：1433；DatabaseName＝student，即通过 1433 端口连接到本地数据库 student。

user 是指数据库用户，表示连接是为该用户建立的。

password 是指用户的密码。

info 是作为连接参数的任意字符串标记或值对的列表；通常至少应该包括 user 和 password 属性。

getConnection()连接成功则返回 Connection 对象，否则将抛出 SQLException 异常。Connection 是一个接口，表示与特定数据库的连接(会话)，通过它的方法 createStatement()可以创建 Statement 对象，以此来实现在 Java 中嵌入 SQL 语句。

以下程序片段是连接数据库的例子：

```
String dbURL = "jdbc: sqlserver: //localhost: 1433; DatabaseName = student";
                                                    //连接指定服务器的数据库 student
String userName = "sa";                    //默认用户名
String userPwd = "123456";                 //密码
ConnectiondbConn = DriverManager.getConnection(dbURL, userName, userPwd);
```

例 12-1　Java 与 SQL Server 2005 的连接

```
//Testjdbc.java
import java.sql.*;
public class Testjdbc {
    public static void main(String[] srg) {
        String driverName = "com.microsoft.sqlserver.jdbc.SQLServerDriver";
                                                                //JDBC 驱动程序
        String dbURL = "jdbc: sqlserver: //localhost: 1433; DatabaseName = student";
                                                        //指定服务器中的数据库 student
        String userName = "sa";            //默认用户名
        String userPwd = "123456";         //密码
        Connection dbConn;
        try {
            Class.forName(driverName);     //加载 JDBC 驱动程序
            dbConn = DriverManager.getConnection(dbURL, userName, userPwd);
                                                    //连接指定服务器中的数据库 student
            System.out.println("Connection Successful!");
                                        //如果连接成功,控制台输出 Connection Successful!
        } catch (Exception e) {
            e.printStackTrace();
        }
    }
}
```

当该程序运行时，成功连接数据库后会显示：

```
Connection Successful!
```

读者可以用这个例子作为数据库连接的测试程序。当成功连接后，再进行数据处理。

12.2.2　与 MySQL 5.7 的连接

由于 Java 和 MySQL 都已经归属 Oracle，又因为 MySQL 自身体积小、速度快等特点，Java 和 MySQL 的连接便是浑然天成，深受广大开发者喜爱。这部分内容是在 Windows 10

平台上测试的。

1. 需准备的软件

所需软件：mysql-installer-community-5.7.10.0.msi，可以到其官网上下载。MySQL的安装过程中，安装类型选择 developer default 方式，其他都是默认方式。

2. 连接配置

MySQL 安装以后，在 C:\Program Files (x86)\MySQL\Connector.J 5.1 目录中有个名为 mysql-connector-java-5.1.37-bin.jar 的文件，该文件中包含了 MySQL 与 Java 连接所用到的 API。有两种方式可对该文件进行配置。其一，把 mysql-connector-java-5.1.37-bin.jar 复制到 C:\Program Files (x86)\Java\jdk1.6.0_12\jre\lib\ext 目录中。其二，在环境变量 classpath 中增加路径 C:\Program Files (x86)\Apache Software Foundation\Tomcat 7.0\lib\mysql-connector-java-5.1.37-bin.jar。要注意的是在 classpath 的值域中一定要有一个路径“.”，表示当前目录。

3. 创建数据库

根据需要可以用以下语句对数据库进行操作。

(1) 创建数据库 student

```
create database student;
```

(2) 打开数据库 student

```
use student;
```

(3) 建立表 st1

```
CREATE TABLE st1
(
no CHAR(9) NOT NULL,
name CHAR(8) NOT NULL,
sex CHAR(2) NOT NULL,
birthday DATE NOT NULL,
major VARCHAR(20) NOT NULL
);
```

(4) 向表 st1 中插入记录

```
insert into st1 values ('110814101', 'Tom','m','91-01-02','computer');
```

(5) 显示记录

```
select * from st1;
select * from st1 where major = 'computer';
```

(6) 删除一条记录

```
delete from st1 where major = 'computer';
```

（7）删除数据库

```
drop database student;
```

建立数据库 student，并建立表 st1，后面例子以表 st1 为例进行操作。表 st1 结构如表 12-1 所示。

4. 编写 Java 代码来连接数据库

1）载入 JDBC 驱动程序

MySQL 驱动程序名为 com.mysql.jdbc.Driver，加载驱动程序用 java.lang 包中的 Class 类中的方法 forName()，加载 JDBC 驱动程序，用法如下。

```
String driverName = "com.mysql.jdbc.Driver";
Class.forName(driverName);                    //加载 JDBC 驱动程序
```

自从 JDBC4.0（它是 Java SE6 的一部分）就开始支持自动搜寻驱动程序了。所以若用 Java SE6 及以上版本此步可以省略。

2）连接数据库

连接数据库管理系统要用 java.sql 包中的类 DriverManager，该类是 JDBC 驱动程序的管理者，并提供了连接到数据源的方法。

```
public static Connection getConnection ( String url, String user, String password )
throws SQLException
```

该方法进行数据库与驱动程序之间的连接，参数解释如下。

（1）URL 是指形如 jdbc：subprotocol：subname 的数据库 url 。

例如："jdbc：mysql：//127.0.0.1：3306/student"

（2）user 是指数据库用户，表示连接是为该用户建立的。

（3）password 是指用户的密码。

（4）getConnection()连接成功则返回 Connection 对象，否则将抛出 SQLException 异常。

（5）Connection 是一个接口，表示与特定数据库的连接（会话），通过它的方法 createStatement()可以创建 Statement 对象，以此来实现在 Java 中嵌入 SQL 语句。

例如：

```
String dbURL = "jdbc: mysql: //127.0.0.1: 3306/student";
                                        //连接指定服务器中的数据库 student
String userName = "root";                     //默认用户名
String userPwd = "123456";                    //密码
Connection dbConn = DriverManager.getConnection(dbURL, userName, userPwd);
```

3）完整的例子

例 12-2 Java 与 MySQL5.7 的连接

```
//Testjdbc.java
import java.sql.*;
public class Testjdbc {
```

```
    public static void main(String[ ] srg) {
        String driverName = "com.mysql.jdbc.Driver";                    //JDBC 驱动程序
        String dbURL = "jdbc: mysql: //127.0.0.1: 3306/student";
                                                          //指定服务器中的数据库 student
        String userName = "root";          //默认用户名
        String userPwd = "123456";         //密码
        Connection dbConn;
        try {
            // Class.forName(driverName); //加载 JDBC 驱动程序
            dbConn = DriverManager.getConnection(dbURL, userName, userPwd);
                                                          //连接指定服务器中的数据库 student
            System.out.println("Connection Successful!");
                                              //如果连接成功,控制台输出 Connection Successful!
            dbConn.close();
        } catch (Exception e) {
            e.printStackTrace();
        }
    }
}
```

该程序运行时,成功连接数据库会显示:

```
Connection Successful!
```

12.3 数据处理

12.3.1 通过 Statement 对象发送 SQL 语句

首先通过 Connection 接口的 createStatement()方法创建 Statement 对象,然后调用 Statement 中的方法将 SQL 语句发送到数据库。

1. 创建 Statement 对象

通过 Connection 接口中的 createStatement()方法创建 Statement 对象。其格式如下。

```
Statement createStatement() throws SQLException
```

创建一个 Statement 对象来将 SQL 语句发送到数据库。

没有参数的 SQL 语句通常使用 Statement 对象执行。如果多次执行相同的 SQL 语句,使用 PreparedStatement 对象可能更有效。使用 Connection 接口中的 prepareStatement()方法可以创建 PreparedStatement 对象,其格式如下。

```
PreparedStatement prepareStatement(String sql) throws SQLException
```

创建一个 PreparedStatement 对象来将参数化(包含一个或多个"?")的 SQL 语句发送到数据库。

2. Statement 接口

Statement 是个接口，通过它的方法可以执行 SQL 语句并返回它所生成结果的对象。常用方法如下。

(1) ResultSet executeQuery(String sql) throws SQLException

把给定的字符串形式的 SQL 语句发送给数据库并执行，返回单个 ResultSet 对象，ResultSet 指结果集对象。

例如：

```
ResultSet rs = stmt.executeQuery( "SELECT * FROM st1" ) ;
```

(2) int executeUpdate(String sql) throws SQLException

执行给定 SQL 语句，该语句可能为 DML(data manipulation language)或者 DDL(data definition language)。DML 语句为 SELECT、INSERT、UPDATE 及 DELETE 语句；DDL 语句包括 CREATE、ALTER、DROP，都是不返回任何内容的 SQL 语句。如果是 DML 则返回 INSERT、UPDATE 或 DELETE 语句处理的行数；如果是 DDL 则返回 0。

例如：

```
stmt.executeUpdate("update st1 set major = 'computer' where name = 'Mary'");
```

(3) boolean execute(String sql) throws SQLException

执行任何给定的 SQL 语句，可以是一条 SQL 语句也可以是一个包含多条 SQL 语句的过程，并可能返回多个结果。如果第一个结果为 ResultSet 对象，则返回 true；如果其为更新计数或者不存在任何结果，则返回 false。

3. PreparedStatement

PreparedStatement 接口用于处理预编译的 SQL 语句。一个 SQL 语句必须在 DBMS 处理之前，Statement 对象的执行方法调用之后被编译。当一个 SQL 语句需要反复使用时，编译将被反复使用。使用 PreparedStatement 对象可以减少这种系统开销，SQL 语句被预编译并且存储在 PreparedStatement 对象中，然后可以使用此对象高效地多次执行该语句。

例如：

```
PreparedStatement pstmt = con.prepareStatement("insert into st1 values(?,?,?,?,?)");
```

在执行这个 PreparedStatement 之前需要用 PreparedStatement 中定义的方法确定所有“?”代表的字段值。

接口 PreparedStatement 中的常用方法如下。

(1) void setInt(int parameterIndex, int x) throws SQLException

将指定参数设置为给定 Java int 值。

parameterIndex 指参数序号，即第一个参数是 1，第二个参数是 2，以此类推。x 是对应参数的参数值。

(2) void setString(int parameterIndex, String x) throws SQLException

将指定参数设置为给定 Java String 值。

(3) boolean execute() throws SQLException

在此 PreparedStatement 对象中执行 SQL 语句，该语句可以是任何类型的 SQL 语句。

12.3.2 处理 DBMS 返回的数据

JDBC 接收查询结果是通过 ResultSet 对象(结果集)实现的。一个 ResultSet 对象包含了执行某个 SQL 查询语句后满足条件的所有行(记录)，ResultSet 提供了对这些行的访问方法。常用方法如下。

(1) boolean next() throws SQLException

将光标从当前位置向前移一行。ResultSet 光标最初位于第一行之前；第一次调用 next()方法使第一行成为当前行；第二次调用使第二行成为当前行，以此类推。当调用 next()方法返回 false 时，光标位于最后一行的后面。

(2) String getString(String columnName) throws SQLException

String getString(int columnIndex) throws SQLException

以 Java 语言中 String 的形式获取此 ResultSet 对象的当前行中指定列的值。由 columnName 指定列的名称，columnIndex 指定列号，1 代表第 1 列，以此类推。

例如：

getString(1)返回结果集中当前行的第 1 列。

getString("no")返回结果集中当前行的字段名为 no 的列。

(3) int getInt(String columnLabel)

以 Java 编程语言中 int 的形式获取此 ResultSet 对象的当前行中指定列的值。

12.3.3 关闭连接

1. 关闭结果集

ResultSet 中的 close()方法：

```
void close() throws SQLException
```

立即释放此 ResultSet 对象的数据库和 JDBC 资源。

2. 关闭连接

Connection 中的 close()方法：

```
void close()throws SQLException
```

立即释放此 Connection 对象的数据库和 JDBC 资源。

12.3.4 举例

例 12-3 与数据库建立连接并查询

```
//Testjdbc1.java
```

```
import java.sql.*;
public class Testjdbc1 {
    public static void main(String[] srg) {
        String driverName = "com.mysql.jdbc.Driver";                     //加载 JDBC 驱动
        String dbURL = "jdbc:mysql://127.0.0.1:3306/student";
                                                  //连接指定服务器中的数据库 student
        String userName = "root";          //默认用户名
        String userPwd = "123456";         //密码
        Connection dbConn;
        String major = "computer";
        try {
            Class.forName(driverName);
            dbConn = DriverManager.getConnection(dbURL, userName, userPwd);
            System.out.println("Connection Successful!");
                                        //如果连接成功,控制台输出 Connection Successful!
            Statement stmt = dbConn.createStatement();
            String s1 = "select * from st1 where major = '";
            String s = s1 + major + "'";
                        //SQL 语句的拼接,s1 是常量,再连接上 nm 中的值,构成完整的查询语句
            System.out.println(s);
            ResultSet rset = stmt.executeQuery(s);
            while(rset.next()){
                System.out.println(rset.getString(1) + " " + rset.getString(2) + " " + rset.
getString(5));                             //输出结果集中本行的第一、二、五列的值
            }
            rset.close();
            dbConn.close();
            } catch (Exception e) {
            e.printStackTrace();
        }
    }
}
```

程序的运行结果为

```
Connection Successful!
select * from st1 where major = 'computer'
110814101 Tom computer
110814102 刘蓝 computer
```

12.4 综合应用举例

例 12-4 已知数据库 student 中的表 st1(如表 12-1 所示),编写程序,连接该数据库,并对该表完成如下操作:①按给定专业查询;②添加一条记录,其值分别为:"150811203","王五","女","93-5-5","信息";③按姓名查询②中添加的记录;④添加另一条记录,其值分别为:"150811204","王六","男","93-6-6","计算机";⑤将表中专业“计算机软件”修改为“计算机”;⑥删除专业为“信息”的记录。

```
//useoperatedb.java
import java.io.*;
import java.sql.*;
public class useoperatedb
{
    public static void main(String[] srg) throws IOException
    {
        String s1,s2;
        int choice;
        operatedb op1 = new operatedb("root","123456");
        BufferedReader br = new BufferedReader(new InputStreamReader(System.in));

        do{
        System.out.println("0.查询所有记录");
        System.out.println("1.按专业查询");
        System.out.println("2.插入记录");
        System.out.println("3.按姓名查询");
        System.out.println("4.修改");
        System.out.println("5.删除");
        System.out.println("6.退出");
        System.out.println("请选择(0-6)");

        s2 = br.readLine();
        choice = Integer.parseInt(s2);
        switch(choice)
        {
            case(0):
                {System.out.println("查询所有记录:");
                s1 = "select * from st1";
                op1.query(s1);
                break;}

            case(1):
                {System.out.println("请输入专业:");
                s2 = br.readLine();
                s1 = "select * from st1 where major = '";
                s1 = s1 + s2 + "'";
                op1.query(s1);
                break;}

            case(2):
                {System.out.println("插入第一条记录");
                String[] v = {"150811203","王五","女","93-05-05","信息"};
                s1 = "insert into st1 values(?,?,?,?,?)";
                op1.insert(s1,v);
                System.out.println("插入第二条记录");
                String[] v1 = {"150811204","王六","男","93-06-06","计算机"};
                s1 = "insert into st1 values('" + v1[0] + "','" + v1[1] + "','" + v1[2] + "','" +
v1[3] + "','" + v1[4] + "')";
                op1.anyoperate(s1);
                break;}
```

```
            case(3):
                {System.out.println("请输入姓名: ");
                s2 = br.readLine();
                s1 = "select * from st1 where name = '";
                s1 = s1 + s2 + "'";
                op1.query(s1);
                break;}

            case(4):
                {System.out.println("修改");
                s1 = "update st1 set major = '计算机' where major = '计算机软件'";
                op1.anyoperate(s1);
                break;
                }
            case(5):
                {System.out.println("删除");
                s1 = "delete from st1 where major = '信息'";
                op1.anyoperate(s1);
                break;}
            }//end of switch
        }while(choice!= 6);
        op1.closeconn();
    }
}
class operatedb
{
    String driverName = "com.mysql.jdbc.Driver";                //加载 JDBC 驱动
    String dbURL = "jdbc: mysql: //127.0.0.1: 3306/student";  //要连接的服务器及数据库
    Connection dbConn;
    Statement stmt;
    public operatedb(String userName,String userPwd)
                                                //构造器的参数指明要连接的用户名和密码
    {
        try{
            Class.forName(driverName);
            dbConn = DriverManager.getConnection(dbURL, userName, userPwd);
        }catch (Exception e) {
            System.out.println("connection error!");
            e.printStackTrace();
        }
    }
    public void anyoperate(String sqls){
        try{
            stmt = dbConn.createStatement();
            stmt.execute(sqls);                         //将 SLQ 语句嵌入 execute()方法中
            stmt.close() ;
        }catch (Exception e) {
            System.out.println("anyoperate error!");
        }
    }
```

```
    public void insert(String sqls,String[] values){
        try{
            PreparedStatement prepare = dbConn.prepareStatement(sqls);
            for(int i = 0;i < values.length;i++)
            prepare.setString(i + 1,values[i]);  //指定 values[0]为第一个参数,也就是代替
                                                   sqls 中的第一个?,values[1]为第二个参
                                                   数,以此类推
            prepare.execute();
            prepare.close();
        }catch (Exception e) {
            System.out.println(e);
        }
    }
    public void query(String sqls)
        {
        try{
            stmt = dbConn.createStatement();
            ResultSet rset = stmt.executeQuery(sqls);
            while(rset.next())
            {
                for(int i = 1;i <= 5;i++) {
                    System.out.print(rset.getString(i) + "\t");
                }
            System.out.println();
            }
            rset.close() ;
            stmt.close() ;
        }catch (Exception e) {
            System.out.println("query error!");
        }
    }
    public void closeconn()
    {
        try{
            dbConn.close();
        }catch (Exception e) {
            System.out.println("close error!");
        }
    }
}
```

本程序运行结果如下。

```
0.查询所有记录
1.按专业查询
2.插入记录
3.按姓名查询
4.修改
5.删除
6.退出
请选择(0-6)
```

```
0
查询所有记录:
150814101   张一   男   1993-03-23   计算机
150814105   王雪   女   1992-10-11   计算机软件
0.查询所有记录
1.按专业查询
2.插入记录
3.按姓名查询
4.修改
5.删除
6.退出
请选择(0-6)
1
请输入专业:
计算机
150814101   张一   男   1993-03-23   计算机
0.查询所有记录
1.按专业查询
2.插入记录
3.按姓名查询
4.修改
5.删除
6.退出
请选择(0-6)
2
插入第一条记录
插入第二条记录
0.查询所有记录
1.按专业查询
2.插入记录
3.按姓名查询
4.修改
5.删除
6.退出
请选择(0-6)
0
查询所有记录:
150814101   张一   男   1993-03-23   计算机
150814105   王雪   女   1992-10-11   计算机软件
150811203   王五   女   1993-05-05   信息
150811204   王六   男   1993-06-06   计算机
0.查询所有记录
1.按专业查询
2.插入记录
3.按姓名查询
4.修改
5.删除
6.退出
请选择(0-6)
3
请输入姓名:
```

```
王五
150811203   王五   女   1993-05-05   信息
0.查询所有记录
1.按专业查询
2.插入记录
3.按姓名查询
4.修改
5.删除
6.退出
请选择(0-6)
4
修改
0.查询所有记录
1.按专业查询
2.插入记录
3.按姓名查询
4.修改
5.删除
6.退出
请选择(0-6)
0
查询所有记录:
150814101   张一   男   1993-03-23   计算机
150814105   王雪   女   1992-10-11   计算机
150811203   王五   女   1993-05-05   信息
150811204   王六   男   1993-06-06   计算机
0.查询所有记录
1.按专业查询
2.插入记录
3.按姓名查询
4.修改
5.删除
6.退出
请选择(0-6)
5
删除
0.查询所有记录
1.按专业查询
2.插入记录
3.按姓名查询
4.修改
5.删除
6.退出
请选择(0-6)
0
查询所有记录:
150814101   张一   男   1993-03-23   计算机
150814105   王雪   女   1992-10-11   计算机
150811204   王六   男   1993-06-06   计算机
0.查询所有记录
1.按专业查询
```

```
2.插入记录
3.按姓名查询
4.修改
5.删除
6.退出
请选择(0-6)
6
```

本程序共定义了两个类,其中 useoperatedb 是主类,建立了一个简单菜单,根据需要选择调用相应方法来完成题目要求;operatedb 类中定义了对数据库基本操作的方法,并定义了构造器。把用户名和密码作为构造器的参数,在创建 operatedb 对象时通过实参给出用户名和密码。方法 anyoperate()可以嵌入任意 SQL 语句,这是因为它将 SQL 语句嵌入 execute()方法中,在主类 useoperatedb 中分别调用方法 anyoperate()完成添加、修改和删除操作;方法 insert()中创建了 PreparedStatement 对象,以实现对 SQL 语句的预编译,在添加姓名为"王五"的记录时,在主类中构造的 insert 语句的 values 值全部用?代替,在方法 insert()中,用 PreparedStatement 的方法 setString(),用数组 values 中的值分别代替了 insert 语句的?。方法 query()用来处理查询语句,并对结果集中的数据按行输出。

当然这个例子只是测试性地完成了题目的要求,读者可以完善它,可以结合前面图形界面中的知识,把主类改为图形界面,提高程序的实用性。

在本例运行中,如果输入的中文信息出现乱码,可以在编译和运行时增加相应参数进行处理,具体如下所示。

```
javac -encoding gbk useoperatedb.java
java -Dfile.encoding=gbk useoperatedb
```

习题 12

1. 选择题

(1) 下面的类或接口属于 java.sql 包的是(　　)。

A. Class　　B. URL

C. Connection　　D. Integer

(2) 下列哪些选项的对象可以发送 SQL 语句?(　　)

A. Connection　　B. Statement

C. ResultSet　　D. PreparedStatement

(3) 对于 ResultSet 及其方法 next(),下列说法正确的是(　　)。

A. 一个 ResultSet 对象包含了执行某个 SQL 查询语句后满足条件的所有行(记录)

B. ResultSet 光标最初位于第一行之前

C. 第一次调用 next()方法使第一行成为当前行

D. 当调用 next()方法返回 true 时,光标位于最后一行的后面

(4) 下列方法返回值为 ResultSet 的是(　　)。

A. CreatStatement()　　B. executeQuery()

C. execute()　　　　　　　　　　　D. executeUpdate()

2. 下面为一个在数据库中插入数据的程序片断，请将其补全。

要访问的数据库名称为 student，数据库登陆帐户为 sa，密码为 123。插入语句为向 sc 表中插入一条元组。

```
Class.________("sun.jdbc.odbc.JdbcOdbcDriver");
Connection conn = DriverManager.________("jdbc: sqlserver: //localhost: 1433;
DatabaseName = ________", "sa", "________");
________ stmt = conn.createStatement();
stmt.________("insert INTO sc VALUES('070811111','080110B',100) ");
```

3. 写出 java 与 MySQL 的连接步骤。

4. 在例 12-4 的基础上完善程序，增加如下要求。

(1) 再增加一张成绩表，表中存 5 门课成绩以及总成绩。

(2) 在图形界面上做一个菜单，在其中有多个选项如“添加”、“修改”、“删除”、“查询”等，能对学生基本信息以及成绩进行上述操作，根据用户的选择完成相关功能。

第13章 Servlet

Java Servlet 是服务器端的小程序，与 Java Application 程序不同，Servlet 程序有着自己的特点。本章主要介绍 Servlet 程序的概念，编写 Servlet 程序需要进行的环境配置，Servlet 程序的应用举例，最后介绍 Session 对象的特点及应用。

13.1 Servlet 简介

13.1.1 概念

Java Servlet 是服务器小程序，不是完整的 Java 程序，是不能独立运行的，它运行在请求/响应模式的 Web 服务器上，如目前流行的 Tomcat、Apache 等等，它扩展了 Web 服务器功能。同时，服务器也就变成了 Servlet 的容器，即服务器包含支持 Servlet 的 Java 虚拟机，负责启动和执行 Servlet 程序。

所谓请求/响应方式是指客户向服务器端程序发送需要服务器处理的请求，服务器程序接收客户端的请求，并将处理结果发送给客户端，作为对客户端的响应。

Servlet 能完成的工作有：创建具有动态内容的完整的 HTML 页面，并能发送给客户端；创建 HTML 片段，并嵌入到现有 HTML 中；与数据库和其他 Java 应用程序对话；使服务器与客户端连接。

由于 Servlet 是 Java 编写的一种特殊的程序，因此它仍然保留了 Java 的跨平台性。

13.1.2 Java Servlet API 简介

编写 Servlet 程序，要用到有关类和接口。Java Servlet API 2.2 的类和接口组成两个包，即 javax.servlet 和 javax.servlet.http。

1. javax.servlet 包含的常用类和接口

(1) interface Servlet

定义所有 Servlet 要实现的方法。

(2) interface ServletConfig

包含了 Servlet 初始化时，由服务器传递给 Servlet 的信息和参数。

(3) interface ServletRequest

包含了向 Servlet 传递的客户请求信息。Servlet 可以利用 ServletRequest 对象获取由客户端传送的参数名称、客户端正在使用的协议等。

(4) interface ServletResponse

提供了一系列用于向客户端发送各种反馈信息的方法。

(5) class GenericServlet

是一个实现了 Servlet 接口的抽象类，这个类与协议无关。

2. javax.servlet.http 包含的常用类和接口

(1) class HttpServlet

HttpServlet 是继承了 GenericServlet 的一个抽象类，支持 Http 协议，并通过 HTML 表单来发送和接收数据。

(2) interface HttpServletRequest

继承了 ServletRequest 接口，为 HttpServlet 提供请求信息。

(3) interface HttpServletResponse

继承了 ServletResponset 接口，为 HttpServlet 输出响应信息提供支持。

(4) interface HttpSession

为维护 Http 用户的会话状态提供支持。

(5) class Cookie

在 Servlet 中使用 Cookie 技术。

13.1.3 Servlet 程序的结构

1. Servlet 程序的主类

Servlet 程序中，主类必须是实现了 Servlet 接口的类。主类可以直接实现 Servlet 接口，也可以通过下面的方式间接实现 Servlet 接口。

(1) 由于 GenericServlet 类已经实现了 Servlet 接口，因此，Servle 程序的主类可以通过继承 GenericServlet 类的方式间接实现 Servlet 接口。但要注意的是 GenericServlet 是抽象类。

(2) 抽象类 HttpServlet 是 GenericServlet 类的直接子类。除了实现 Servlet 接口外，还提供了处理 HTTP 协议的一些功能。因此，Servle 程序的主类可以通过继承 HttpServle 类的方式间接实现 Servlet 接口。

2. Servlet 接口中的方法

(1) service()方法：其作用是处理来自浏览器的请求。该方法由 Servlet 容器执行处理客户端的请求。这个方法包括两个参数，一个是请求信息，另一个是响应信息。在 HttpServlet 类中的 service() 方法为：service(HttpServletRequest req, HttpServlet Response rep)。

(2) init()方法：在 Servlet 第一次装载之后，开始处理请求之前，init()方法就会马上被

Servlet 调用以进行初始化。如建立网络连接、数据库连接等。该方法在 Servlet 生命周期中只执行一次。

(3) destroy()方法：Servlet 程序在被卸载之前，由 destroy()方法进行一些必要的清理工作，如关闭数据库连接、关闭打开的文件和关闭网络连接等。

(4) GetServletConfig()方法：返回一个 ServletConfig 对象，该对象中包括该 Servlet 的初始化信息和启动参数。

(5) GetServletInfo()方法：返回该 Servlet 的作者、版本和版权信息。

3. HttpServlet 类中的方法

(1) doGet(HttpServletRequest req, HttpServletResponse rep)由服务器调用，允许 Servlet 处理 GET 请求。

(2) doPost(HttpServletRequest req, HttpServletResponse rep)由服务器调用，允许 Servlet 处理 POST 请求。

13.1.4 Servlet 的生命周期

Servlet 的生命周期开始于将它装入 Web 服务器的内存时，到它的生命终止共分为如下几个阶段。

(1) 装载阶段

Servlet 可以在不同的时间装载，如服务器启动时，系统管理员要求服务器装载 Servlet 时，浏览器试图访问 Servlet 时。

(2) 初始化阶段

服务器装载 Servlet 时，运行 Servlet 的 init()方法对 Servlet 进行初始化。可以把诸如建立数据库连接、打开文件等操作放在 init()方法中，如果无特殊初始化要求，也可以用默认的 init()方法。创建 Servlet 对象和运行 init()方法初始化只在开始时执行一次，一旦 Servlet 运行后，则进入执行时期，一直驻留在服务器内存中，直到生命终止时，如关闭服务器或被服务器卸载。

(3) 执行阶段

Servlet 被初始化以后，就处于能够响应户请求的就绪状态。每个针对 Servlet 的请求由 ServletRequest 对象代表(也可以是其子类对象，如 HttpServletRequest)，其中包含了客户端发来的各种数据；Servlet 对于客户端的响应则由 ServletResponse 对象代表(也可以是其子类对象，如 HttpServletResponse)，其中提供了一系列的方法，用于向客户端发出各种反馈信息。当客户端发送一个请求时，服务器把上述两个对象传给 Servlet，并根据请求的不同而调用不同的方法，同时将这两个对象作为参数传递给相应的方法。例如，客户端提交的是数据查询的 GET 请求，则执行 doGet()方法；客户端提交表单而发出一个 POST 请求时，doPost()方法就被调用。执行阶段是一个重复的操作过程，只要有客户发来请求，就调用相应的方法处理请求，并将处理结果发送给客户端。这个时期将一直持续到 Servlet 的生命终止。

(4) 结束阶段

当 Servlet 不再被需要时，如关闭服务器时，服务器将运行 destroy()方法，收回在 init()

方法中使用的资源，如关闭文件、数据库连接等。

13.2 环境配置

由于 Servlet 是依赖它的容器（支持它的服务器）来执行的，因此要运行 Servlet 程序，首先要安装配置支持 Servlet 的服务器。本书以目前常用的服务器 Tomcat 7 为例说明服务器的安装配置。Tomcat 7 安装在 Windows 10 平台上，并且与数据库 MySQL 5.7 连接，实现基于 Web 的数据库操作。

1. Tomcat 简介

Tomcat 是 Apache 软件基金会（Apache Software Foundation）的 Jakarta 项目中的一个核心项目，由 Apache、Sun 和其他一些公司及个人共同开发而成。由于有了 Sun 的参与和支持，最新的 Servlet 和 JSP 规范总是能在 Tomcat 中得到体现，Tomcat 7 支持 Servlet 3.0 和 JSP 2.2，并且可以运行在 Windows 10 平台上。因为 Tomcat 技术先进、性能稳定，而且免费，因而深受 Java 程序员的喜爱并得到了部分软件开发商的认可，成为目前比较流行的 Web 应用服务器。又由于 Tomcat 是一个轻量级应用服务器，因此在中小型系统和并发访问用户不是很多的场合下被普遍使用，是开发和调试 Servlet 及 JSP 程序的首选。

2. 下载并安装 Tomcat 7

由于 Tomcat 是免费的，它又是目前比较流行的 Web 应用服务器，因此很容易在网上下载。下载后的 Tomcat 7 是个扩展名为 exe 的可执行文件，因此安装时执行它即可。当安装结束后，可以启动 tomcat 进行测试，在 IE 中访问 http://localhost：8080，如果看到图 13-1 所示的 tomcat 欢迎页面则说明安装成功。

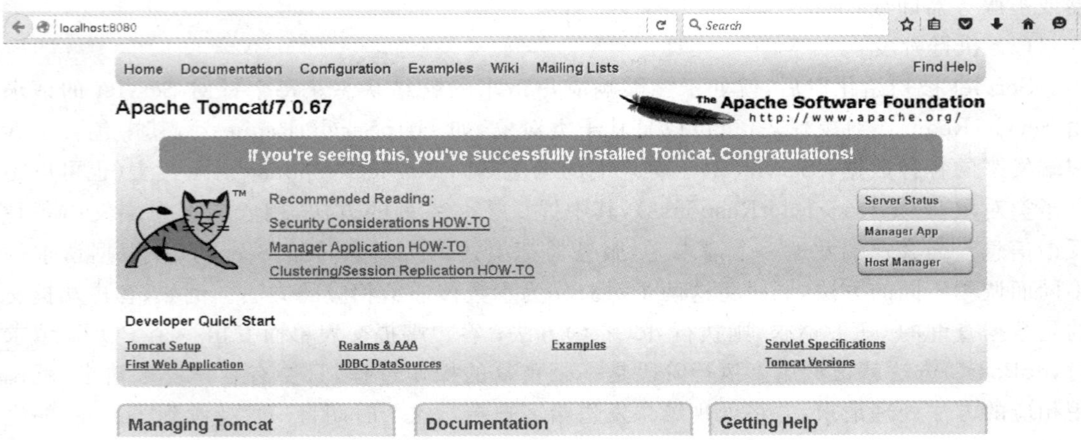

图 13-1 Tomcat 7 主页

3. 编译 Servlet 程序

编译 Servlet 源程序需要 HttpServlet、HttpServletRequest 等类，但 JDK 内置包中并不包含这些类。对于 Tomcat 来说，上述类包含在 servlet-api. jar 文件中，因此需要进行 classpath 设置，把 C:\Program Files (x86)\Apache Software Foundation\Tomcat 7.0\lib\servlet-api. jar 添加到 classpath 值域中，可以通过编辑环境变量来设置。

接下来先写一个 Servlet 程序进行编译测试。

例 13-1 一个简单的 Servlet 程序

```
//hw.java
import java.io. * ;
import javax.servlet. * ;
import javax.servlet.http. * ;
public class hw extends HttpServlet{
    public void doGet(HttpServletRequest request,HttpServletResponse response)throws
    ServletException,IOException{
        response.setContentType("text/html");      //设置了输出的文档类型为 HTML
        PrintWriter out = response.getWriter();     //创建服务器到客户端的输出流
        out.println("<html><head><title>");
        out.println("This is my first Servlet");
        out.println("</title></head><body>");
        out.println("<h1>Hello,World!</h1>");
        out.println("</body></html>");
    }
}
```

这个程序的主类继承了 HttpServlet 类，重写了方法 doGet()。通过 response 对象中的方法 setContentType()设置了输出的文档类型为 text/html，是 HTML 类型。如果需要生成 JPEG 类型，就要设置成 image/jpeg。后续的代码就是向客户端发送的 HTML 文件的内容。

接下来对这个程序进行编译，但编译时出现错误，提示为：软件包 javax. servlet 和 javax. servlet. http 不存在，即不能正常执行加载语句 import javax. servlet. * 和 import javax. servlet. http. * 。改进措施是把 servlet-api. jar 复制到 C:\Program Files\Java\jdk1.6.0_12\jre\lib\ext 目录下，再进行编译就可以了。

4. 运行 Servlet 程序

上面 Servlet 程序的正确运行，应完成下面的配置。

1）放置 Servlet 程序编译后的 class 文件到特定目录

在 Tomcat 安装后，生成图 13-2 所示目录结构。其中，目录 webapps 表示当发布 Web 应用程序时，通常把 Web 应用程序的目录及文件放到这个目录下。即所有的项目都在 webapps 目录里面，ROOT 是其中的子目录，http://localhost：8080/默认访问 ROOT 项目。

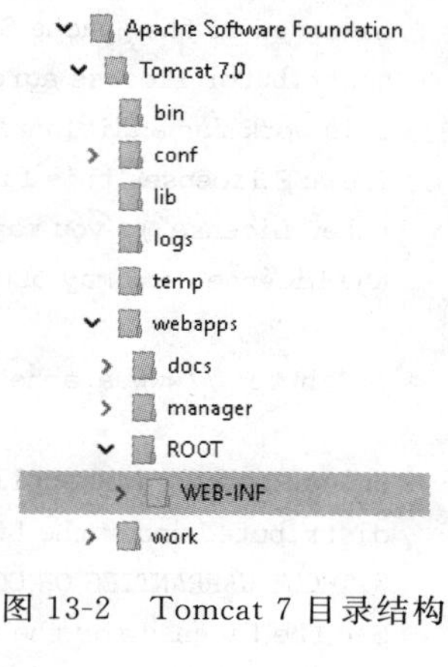

图 13-2 Tomcat 7 目录结构

在目录 Web-INF 中创建一个新目录 classes，这个目录专门用来存放 Servlet 程序中的类，把上面 Servlet 程序编译后生成的 hw.class 复制到这个 classes 目录中。classes 目录是默认存放 Servlet 程序类的，如果换成其他名字将出错。

2）配置 web.xml 文件

一个 Servlet 程序要正确运行，必须配置 Web-INF 目录中的 web.xml 文件。配置需要用到：

```
<servlet>
    <servlet-name>hw</servlet-name>
    <servlet-class>hw</servlet-class>
</servlet>
<servlet-mapping>
    <servlet-name>hw</servlet-name>
    <url-pattern>/hw</url-pattern>
</servlet-mapping>
```

其中：

<servlet></servlet>表示配置的是一个 Servlet 程序。

<servlet-name>hw</servlet-name>表示此 Servlet 配置的名称，与后面<servlet-mapping>的相同，表示是一组。

<servlet-class>hw</servlet-class>表示 Servlet 所在的包.类名，这里没有包名，只给出了类名 hw。

<servlet-mapping></servlet-mapping>表示外部浏览器要访问这个 Servlet 时所需要输入的路径地址。其中的<servlet-name>hw</servlet-name>与<servlet>中的一致，表示名为 hw 的 Servlet 配置做映射。

<url-pattern>/hw</url-pattern>指出具体的映射地址，表示在根目录下通过/hw 就可以访问到这个 Servlet 了，即在浏览器中输入 http://localhost：8080/hw 就可以访问这个 servlet。如果写为<url-pattern>/aaa/hw</url-pattern>，需在浏览器中输入 http://localhost：8080/aaa/hw，方可访问这个 servlet。

用编辑器打开文件 web.xml，添加上述配置。修改后的 web.xml 文件如下。

```
<?xml version="1.0" encoding="ISO-8859-1"?>
<!--
  Licensed to the Apache Software Foundation (ASF) under one or more
  contributor license agreements. See the NOTICE file distributed with
  this work for additional information regarding copyright ownership.
  The ASF licenses this file to You under the Apache License, Version 2.0
  (the "License"); you may not use this file except in compliance with
  the License. You may obtain a copy of the License at

      http://www.apache.org/licenses/LICENSE-2.0

  Unless required by applicable law or agreed to in writing, software
  distributed under the License is distributed on an "AS IS" BASIS,
  WITHOUT WARRANTIES OR CONDITIONS OF ANY KIND, either express or implied.
  See the License for the specific language governing permissions and
```

```
  limitations under the License.
-->

<web-app xmlns="http://java.sun.com/xml/ns/javaee"
  xmlns:xsi="http://www.w3.org/2001/XMLSchema-instance"
  xsi:schemaLocation="http://java.sun.com/xml/ns/javaee
                      http://java.sun.com/xml/ns/javaee/web-app_3_0.xsd"
  version="3.0"
  metadata-complete="true">

  <display-name>Welcome to Tomcat</display-name>
  <description>
     Welcome to Tomcat
  </description>
<servlet>
   <servlet-name>hw</servlet-name>
   <servlet-class>hw</servlet-class>
</servlet>
<servlet-mapping>
   <servlet-name>hw</servlet-name>
   <url-pattern>/hw</url-pattern>
  </servlet-mapping>
</web-app>
```

在修改完 web.xml 之后，重新启动 Tomcat，然后在浏览器中输入 http://localhost:8080/hw，则在页面中出现“Hello,World!”，表示这个 Servlet 程序运行成功，也就证明前面的配置成功了。要注意，每次修改 web.xml 后，都要重启 Tomcat。

5. 建立一个与 ROOT 同级的目录 dyp

如果要发布另一个项目，或者不希望发布的项目在 ROOT 中，则可以在目录 webapps 下建立一个子目录，如名为 dyp 的子目录，放置 dyp 后目录结构如图 13-3 所示。

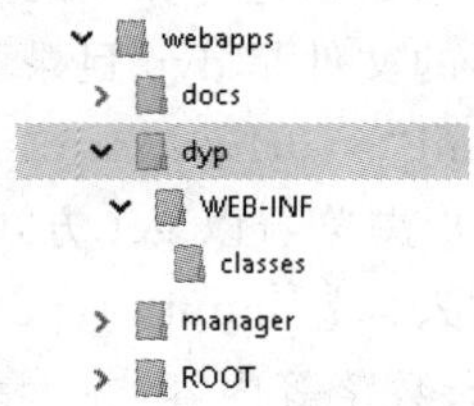

图 13-3 增加 dyp 后的目录结构

把 ROOT 中的子目录 WEB-INF 及其下的文件和子目录都复制到 dyp 下，然后再输入 http://localhost:8080/dyp/hw，按 Enter 键就可以了。注意这里的文件夹 dyp 是实际文件夹，而且不是 Tomcat 默认访问的，因此它出现在访问路径中。

13.3 Servlet 应用举例

13.3.1 处理表单

Servlet 可以对用户提交的表单内容进行处理，并根据情况做相应的反馈。这是 Servlet 的常用方式。

1. 制作 html 文件

表单属于网页的内容，目前有许多工具可以制作网页。本例只是通过编辑器制作一个简单的表单，来说明 Servlet 是如何处理表单的。

```
<meta http-equiv="Content-Type" content="text/html; charset=utf-8" />
<form action=/dyp/servt1s method=get>
  输入姓名：<input type=text name=xx><br>
  输入年龄：<input type=text name=yy><br>
  <input type=submit value="提交">
</form>
```

给这个表单文件取名为 t1.html，把它放置到 dyp 目录下。

该表单中各个标记的含义如下。

(1) <meta>标签位于文档的头部，其属性定义了与文档相关联的名称/值对。其中，http-equiv 相当于 http 的文件头，它可以向浏览器传回一些有用的信息，以帮助正确地显示网页内容，与之对应的属性值为 content。http-equiv 属性语法格式是：<meta http-equiv=参数 content=参数变量值>；在 t1.html 中<meta>标签行的含义就是设置了一个名为 Content-Type 的参数，它的值为"text/html；charset=utf-8"，即表示 html 文件，并且它的字符集为 utf-8。

(2) 表单中的属性。通过标签<form>…</form>可以制作表单，表单中的元素由下面的元素构成。

动作属性 action 和确认按钮：当用户单击确认按钮时，表单的内容会被传送到目的文件。表单的动作属性定义了目的文件的文件名。由动作属性定义的这个文件通常会对接收到的输入数据进行相关的处理。文件 t1.html 中的 action=/dyp/servt1s 是一个相对路径，表示目的文件是 dyp 目录下的一个名为 servt1s 的 Servlet 程序，这里的 servt1s 是配置文件 web.xml"<url-pattern>/servt1s</url-pattern>"定义的 Servlet 映射。Method 值为 get，是指浏览器以 get 方式访问服务器。

输入标签 input：type 是指输入类型，当它为 text 时，表示文本型，即用户要在表单中键入字母、数字等内容，在大多数浏览器中，文本域的默认宽度是 20 个字符。name 属性用于对提交到服务器后的表单数据进行标识，例如在 Servlet 程序中是通过 name 属性指定的名字来获取表单中的数据的。当 type 为 submit 时，要创建一个按钮，单击该按钮即提交表单。

2. 编写处理表单的 Servlet 程序

例 13-2 处理表单的 Servlet 程序

```
// servt1.java
import javax.servlet.*;
import javax.servlet.http.*;
import java.io.*;
public class servt1 extends HttpServlet{
      public  void  service  ( HttpServletRequest  rq,  HttpServletResponse  rp )  throws
```

```
ServletException,IOException{
        rp.setContentType("text/html");
        PrintWriter out = rp.getWriter();
        out.println("Your name is " + rq.getParameter("xx"));
        out.println("Your age is " + rq.getParameter("yy"));
        System.out.println(rq.getParameter("xx"));
    }
}
```

这个程序通过方法 getParameter()返回 xx 和 yy 的值。把这个文件编译后生成的 class 文件放置到…\ dyp\Web-INF\classes 目录下。

3. 修改 Web.xml 程序

在 Web.xml 中增加如下配置

```
<servlet>
    <servlet-name>s</servlet-name>
    <servlet-class>servt1</servlet-class>
  </servlet>
  <servlet-mapping>
    <servlet-name>s</servlet-name>
    <url-pattern>/servt1s</url-pattern>
</servlet-mapping>
```

保存 Web.xml 后,重启 Tomcat。在浏览器中输入 http://localhost:8080/dyp/t1.html 按 Enter 键,可以看到图 13-4 所示页面。

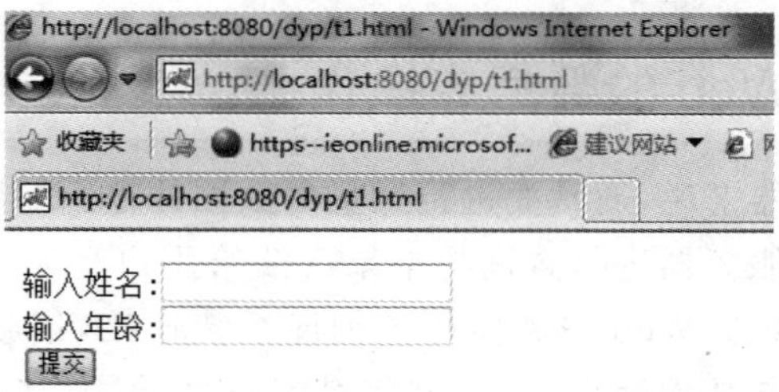

图 13-4 t1.html 页面

在这个表单中按要求分别输入姓名和年龄,如在姓名栏中输入 Tom,在年龄栏中输入 23,单击提交按钮后,可以得到图 13-5 反馈页面。

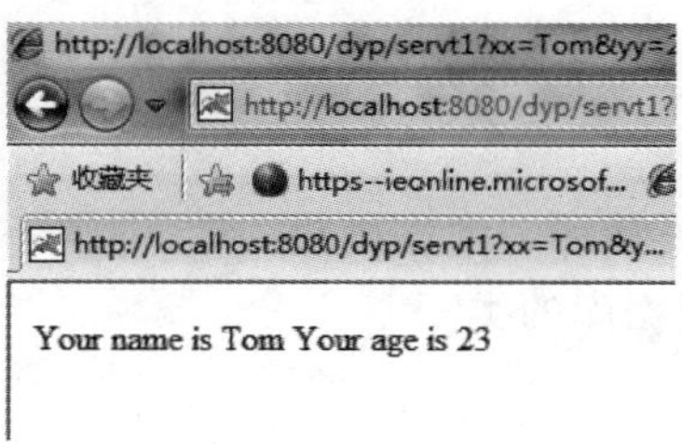

图 13-5 反馈页面

13.3.2 处理中文

上面的例子在图 13-4 页面中的姓名栏中输入英文没问题，如果输入汉字，如“张三”，则会出现乱码。将 Servlet 程序改进，可以解决乱码问题。

例 13-3 处理中文的 Servlet 程序

```
// servt2.java
import javax.servlet.*;
import javax.servlet.http.*;
import java.io.*;
public class servt2 extends HttpServlet{
    public void service(HttpServletRequest rq,HttpServletResponse rp) throws Servlet
    Exception,IOException{
        rp.setContentType("text/html; charset = gbk");
        PrintWriter out = rp.getWriter();
        String s1 = new String(rq.getParameter("xx").getBytes("iso - 8859 - 1"),"gbk");
        String s2 = new String(rq.getParameter("yy").getBytes("iso - 8859 - 1"),"gbk");
        out.println("your name is " + s1);
        out.println("your aeg is " + s2);
    }
}
```

这个程序首先通过 setContentType()把反馈到浏览器的内容设置为 html 文件类型，并且采用中文字符集 GBK 编码。从浏览器传来的参数 xx 和 yy 的值先按 ISO-8859-1 解码为字节数据，再对这些字节数据按中文字符集 GBK 重新生成字符串，把新生成的字符串传到浏览器，这时就不会出现乱码了。

13.3.3 基于 Web 的数据库操作

对于一个 Web 服务器来说，通常要进行大量的数据处理。如用户在浏览器中输入关键词并将其发送到服务器，服务器进行查询将结果反馈给用户。为了解决大量数据处理的问题，当然要用到数据库系统。Web 服务器与数据库系统连接，接收用户发来的请求以及相关信息，通过对数据库操作从而得到结果，并将结果反馈给用户。Servlet 程序就可以帮助 Web 服务器实现上述功能。

Java 独立运行的应用程序连接数据库并操作的问题在第 12 章已经介绍了，数据库的配置与前面相同，就不再赘述了。有了前面的基础，在 Servlet 中实现基于 Web 的数据库操作就比较容易了。

1. 数据库连接

为了后面操作方便，专门设计一个类连接数据库。

例 13-4 专门用于连接数据库的类

```
import java.sql.*;
public class operatedb1
{
```

```
    String driverName = "com.mysql.jdbc.Driver";
    String dbURL = "jdbc: mysql: //127.0.0.1: 3306/student";
    static int flag = 0;
    static Connection dbConn;
    public operatedb1(String userName,String userPwd){
        try{
            Class.forName(driverName);
            dbConn = DriverManager.getConnection(dbURL, userName, userPwd);
            flag = 1;
        }catch (Exception e) {
            System.out.println("connection error!");
            e.printStackTrace();
        }
    }
}
```

2. 添加数据

用户在表单中填写数据并把表单发送到服务器,服务器启动 Servlet 程序将这些数据添加到所连接的数据库中。

(1) 表单文件(test|2|.html)

```
<meta http-equiv = "Content-Type" content = "text/html; charset = gbk" />
<form action = addweb method = get >
学号: <input type = text name = no ><br>
姓名: <input type = text name = nm ><br>
性别: <input type = text name = sx ><br>
年龄: <input type = text name = ag ><br>
专业: <input type = text name = dp ><br>
<input type = submit value = "提交">
</form>
```

(2) 修改 Web.xml 程序

在 Web.xml 中增加如下配置。

```
<servlet>
    <servlet-name>adds</servlet-name>
    <servlet-class>addwebs1</servlet-class>
  </servlet>
  <servlet-mapping>
    <servlet-name>adds</servlet-name>
    <url-pattern>/addweb</url-pattern>
  </servlet-mapping>
```

(3) Servlet 程序

例 13-5 添加数据的 Servlet 程序

```
import java.sql.*;
import javax.servlet.*;
import javax.servlet.http.*;
```

```
import java.io.*;
public class addwebs1 extends HttpServlet{
    public void service(HttpServletRequest rq,HttpServletResponse rp) throws Servlet
    Exception,IOException{
        String userName = "root";                   //默认用户名
        String userPwd = "123456";                  //密码
        Connection dbConn;
        rp.setContentType("text/html;charset = gbk");
        PrintWriter out = rp.getWriter();
        //获取表单的数据
        String no = new String(rq.getParameter("no").getBytes("iso - 8859 - 1"));
        String nm = new String(rq.getParameter("nm").getBytes("iso - 8859 - 1"),"GB2312");
        String sx = new String(rq.getParameter("sx").getBytes("iso - 8859 - 1"),"GB2312");
        String ag = new String(rq.getParameter("ag").getBytes("iso - 8859 - 1"));
        String dp = new String(rq.getParameter("dp").getBytes("iso - 8859 - 1"),"GB2312");
        try{
            if(operatedb1.flag == 0)
            { new operatedb1(userName,userPwd);   //生成 operatedb1 的对象,连接数据库
              out.println("flag == 0");
            }
            out.println("flag == " + operatedb1.flag);
            if(operatedb1.flag == 1){
                out.println("Connection Successful!");
                                        //如果连接成功,控制台输出 Connection Successful!
                Statement stmt = operatedb1.dbConn.createStatement();
                String s1 = "insert into st1 values('";
                s1 = s1 + no + "','" + nm + "','" + sx + "','" + ag + "','" + dp + "')";
                out.println(s1);
                stmt.executeUpdate(s1);
            }
        }catch(Exception e){}
        out.println("Thank you ");
    }
}
```

HTML、class 文件部署与前面的例子相同，部署完成后，在浏览器中输入 http://localhost:8080/dyp/test121.html，即可显示表单，在表单中输入数据后，一条记录就添加到了数据库的指定表中。

3. 查询数据

(1) 表单文件(test|3|.html)

```
<meta http - equiv = "Content - Type" content = "text/html; charset = gbk" />
<form action = showweb method = get>
输入姓名: <input type = text name = xx><br>
<input type = submit value = "查询">
</form>
```

(2) 修改 Web.xml 文件

在 Web.xml 中增加如下配置。

```
<servlet>
    <servlet-name>shows</servlet-name>
    <servlet-class>showwebs</servlet-class>
  </servlet>
  <servlet-mapping>
    <servlet-name>shows</servlet-name>
    <url-pattern>/showweb</url-pattern>
  </servlet-mapping>
```

(3) Servlet 程序

例 13-6 实现数据库查询的 Servlet 程序

```
import java.sql.*;
import javax.servlet.*;
import javax.servlet.http.*;
import java.io.*;
public class showwebs extends HttpServlet{
    public void service(HttpServletRequest rq,HttpServletResponse rp) throws ServletException,
    IOException{
        String userName = "root";                    //默认用户名
        String userPwd = "123456";                   //密码
        rp.setContentType("text/html;charset=gbk");
        PrintWriter out = rp.getWriter();
        String nm = new String(rq.getParameter("xx").getBytes("iso-8859-1"),"GB2312");
        try{
            if(operatedb1.flag == 0)
            { new operatedb1(userName,userPwd);  //生成 operatedb1 的对象,连接数据库
                out.println("flag == 0");
            }
            if(operatedb1.flag == 1){
                out.println("Connection Successful!");
                                     //如果连接成功,控制台输出 Connection Successful!
                Statement stmt = operatedb1.dbConn.createStatement();
                String s1 = "select * from st1 where name = '";
                String s = s1 + nm + "'";
                out.println(s);
                ResultSet rset = stmt.executeQuery(s);
                while(rset.next()){
                    out.println("OK");
                    out.println(rset.getString(1) + " " + rset.getString(2) + " " + rset.
                    getString(3));
                }
            }
        }
        catch(Exception e){out.println(e);}
        out.println("Thank you ");
    }
}
```

相关文件部署完成后,在浏览器中输入 http://localhost:8080/dyp/test131.html,即可显示表单,并在表单中输入姓名,就可以完成基于 Web 的数据库查询了。

13.4 Session

Session 是指一个用户与交互系统通信的时间间隔，通常指从注册进入系统到注销退出系统所经过的时间，Session 机制指一类用来在客户端与服务器之间保持状态的解决方案，是一种服务器端的机制，服务器使用一种类似于散列表的结构来保存信息。

通过 HttpServletRequest 类的 getSession()可以创建一个 HttpSession 对象，其 putValue()方法可以将一对“名称/值”写入会话，getValue()可以获取指定名称的值。下面给出一个记录所选购物品的实例。

1. HTML 文件

```
<meta http-equiv="Content-Type" content="text/html; charset=gbk" />
<form action=sessioncart method=get>
选购商品: <input type=text name=choose>
<input type=Submit value="提交">
</form>
```

该文件名为 t31.html。

2. 修改 Web.xml 文件

在 Web.xml 中增加如下配置。

```
<servlet>
    <servlet-name>session</servlet-name>
    <servlet-class>sessioncart</servlet-class>
  </servlet>
  <servlet-mapping>
    <servlet-name>session</servlet-name>
    <url-pattern>/sessioncart</url-pattern>
  </servlet-mapping>
```

3. Session 程序

例 13-7 Session 的建立

```
import javax.servlet.*;
import javax.servlet.http.*;
import java.io.*;
public class sessioncart extends HttpServlet{
    public void service(HttpServletRequest rq,HttpServletResponse rp) throws Servlet
    Exception,IOException
    {
        rp.setContentType("text/html;charset=gbk");
        PrintWriter out=rp.getWriter();
        HttpSession s=rq.getSession();            //生成一个 Session 对象
        String s1=rq.getParameter("choose");
```

```
            String now = new String(s1.getBytes("iso - 8859 - 1"),"UTF8");
            String old;
            old = (String) s.getValue("choose");          //获取名为 choose 的 Session 的值
            if (old == null) old = "";
            out.println("购物记录" + old + " -- " + now);
            s.putValue("choose",old + " -- " + now);
                  //先把新选购的物品名称连接到原 Session 的值,再把修改后的名值对写入 Session
        }
    }
```

在浏览器器中输入：http：//localhost：8080/dyp/t31. html，可以看到图 13-6 所示的物品选购页面。

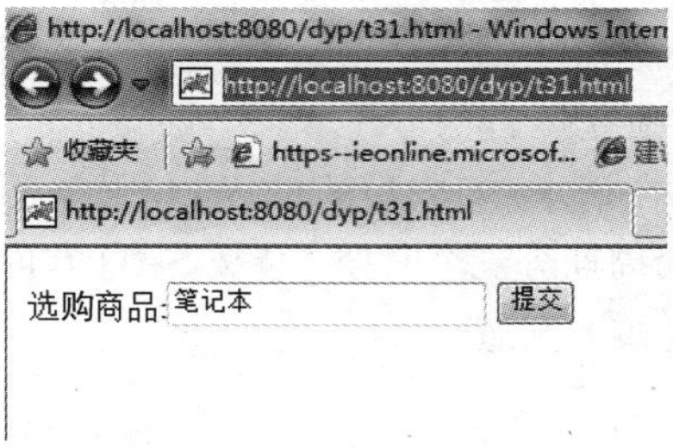

图 13-6 物品选购页面

单击提交按钮后，可以看到反馈页面如图 13-7 所示。

图 13-7 购物记录页面

习题 13

1. 选择题

(1) HTTP 的中文含义为(   )。

A. 统一资源定位器　　B. 简单邮件传输协议

C. 超文本传输协议　　D. 网络套接字

(2) Tomcat 服务器的默认端口为(   )。

A. 8888　　B. 8001　　C. 8080　　D. 80

(3) request 对象可以使用(   )方法获取表单中某输入框提交的信息。

A. getParameter(String s)　　B. getValue(String s)

C. getParameterNames(String s)　　D. getParameterValue(String s)

(4) 如果表单使用 post 方式提交，则 servlet 可使用(　　)方法来对应处理用户的请求。

A. post()　　B. doPost()　　C. service()　　D. init()

(5) Servlet 的初始化参数只能在 Servlet 的(　　)方法中获取。

A. doPost()　　B. doGet()　　C. init()　　D. destroy()

(6) Java Servlet 的主类可以通过下列(　　)方式建立。

A. 实现 Servlet 接口　　B. 继承 GenericServlet 类

C. 继承 HttpServle 类　　D. 继承 ServletConfig

(7) 关于 Java Servlet 判断下面说法正确的是(　　)。

A. Java Servlet 是服务器小程序

B. Java Servlet 是能独立运行的

C. Java Servlet 运行在请求/响应模式的 Web 服务器上

D. Java Servlet 的生命周期分三个时期：装载 Servlet，创建一个 Servlet 实例，销毁。

2. 在 Web.xml 文件中做如下配置：

```
    <servlet>
    <servlet-name>hw</servlet-name>
    <servlet-class>hw</servlet-class>
</servlet>
<servlet-mapping>
    <servlet-name>hw</servlet-name>
    <url-pattern>/hw</url-pattern>
</servlet-mapping>
```

若在浏览器中要输入 http://localhost:8080/aaa/hw，方可访问这个 servlet，需要修改下面哪些行？

A. <servlet-name>hw</servlet-name>

B. <servlet-class>hw</servlet-class>

C. <url-pattern>/hw</url-pattern>

D. <servlet-mapping>

3. 将习题 12 的第 4 题程序改为网络版。

第14章 Java分布式编程

本章主要介绍 Java 分布式编程的概念、实现的流程及具体实例。

14.1 概念

Java 的 RMI(Remote Method Invocation)技术是指远程方法调用，即在一台计算机上的 Java 程序可以远程执行另一台计算机上对象的方法，也就是把一个 class 放在 A 机器上，然后可在 B 机器上调用这个 class 的方法。它是一种最容易的远程对象访问方案，而且是一种纯 Java 解决方案。

要正确实现 Java 分布式编程，需要如下组成部分：被远程调用方法的定义(接口)、实现、生成存根，注册服务器，服务器程序和客户端程序等。

14.2 RMI 实现流程

14.2.1 编写被远程调用的方法

1）定义 java.rmi.Remote 的子接口

被远程调用的方法应该定义在 Remote 的子接口中，并需要声明抛出 java.rmi.RemoteException 异常。

```
// FacServ.java
import java.rmi.Remote;
import java.rmi.RemoteException;
public interface FacServ extends Remote{
    public int fac(int n) throws RemoteException;      //fac()是需要被远程调用的方法
}
```

接口 FacServ 是 Remote 的子接口，在这个接口中声明了可以被远程调用的方法 fac()，这个方法声明抛出 RemoteException 异常。

2）编写一个类实现接口

```
//FacServImpl.java
import java.rmi.*;
import java.rmi.server.*;
```

```
public class FacServImpl extends UnicastRemoteObject implements FacServ
{
  public FacServImpl()throws RemoteException{
    super();
  }
  public int fac(int n) throws RemoteException{
    System.out.println("A remote call!");
    int p = 1,i;
    for(i = 1;i <= n;i++)
        p = p * i;
    return(p);
  }
}
```

FacServImpl 类实现了接口 FacServ，并给出了 fac()的方法体，实现了 n 的阶乘的计算。FacServImpl 还继承了类 UnicastRemoteObject，该类用于导出带 JRMP（远程方法协议）的远程对象和获得与该远程对象通信的 stub（存根）。

3）编译

将上述接口和类分别编译，编译生成两个 class 文件：FacServ.class 和 FacServImpl.class。

4）生成存根

用户可以通过存根（Stub）远程操作服务器上的对象。用 RMIC 命令可以生成远程调用对象的类的存根和框架，具体如下。

```
RMIC FacServImpl
```

该命令执行后，可以看到当前目录下多了一个文件 FacServImpl_Stub.class，这就是存根，用户可以通过存根远程操作服务器上的对象，即通过存根向服务器发送方法调用信息。注意，这是在 JDK6.0 版本生成的结果，只有存根。在 JDK 较低的版本中，会生成两个文件，一个是存根，另一个是框架（Skeleton），一般是在类名后面加后缀_Skel，框架是放在服务器端的，服务器通过框架接收客户端发来的远程调用的请求。

14.2.2 编制服务器程序

FacServImpl 类定义好后，需要编制服务器程序创建 FacServImpl 类的对象，并进行注册，以便客户机程序可以调用。代码如下。

```
// RmiServer.java
import java.rmi.*;
import java.rmi.server.*;
public class RmiServer {
  public static void main(String args[]) {
    try {
        FacServImpl fs = new FacServImpl();
        Naming.rebind("//127.0.0.1: 1099/ factorial",fs);
        System.out.println("server bound");
```

```
        }catch(Exception e){System.err.println(e);}
    }
}
```

服务器程序很简单，首先创建预远程访问的对象 fs，然后把这个对象通过 RMI 协议将对象向 RMI 注册服务器注册，也就是把 fs 与一个字符串 factorial 通过 rebind()方法绑定，并将绑定后的字符串和对象存储在远程注册服务器中。当客户端访问远程对象时，通过把这个字符串传递给服务器来说明它要访问哪个对象。本例中，注册服务器的 IP 地址是 127.0.0.1，端口号为 1099。

14.2.3 编写客户端程序

```
// RmiClient.java
//16 - 4
import java.rmi.*;
import java.net.*;
public class RmiClient {
    public static void main(String args[]) {
      try {
          FacServ f = (FacServ)Naming.lookup("rmi://127.0.0.1/factorial");
          int p = f.fac(5);
          System.out.println(p);
      }catch(Exception e){System.err.println(e);}
    }
}
```

客户端程序通过 lookup()方法获取远程调用对象，该方法的参数是远程对象的完整 URL，由三部分构成：协议、注册服务器 IP 地址、远程对象绑定的字符串。当成功找到远程对象后，lookup()方法返回一个 Object 类型的对象，需要根据前面定义的远程对象的类型进行强制类型转换。这里转换为 FacServ 类型。然后通过对象句柄执行远程对象中的方法 fac()，并将结果显示在客户端。

14.2.4 编译、放置和执行程序

将上面服务器程序和客户端程序分别进行编译，由于本实验是在同一台机器上完成，因此，建立两个目录 server 和 client 分别代表服务器端目录和客户端目录。服务器端和客户端分别放置所需的程序。

1. 放置程序

将接口 FacServ.class、接口的实现 FacServImpl.class 和服务器程序 FacServ.class 放到服务器端的目录 server 中；把接口 FacServ.class、存根 FacServImpl_Stub.class 和客户端程序 RmiClient.class 放到客户端的目录 client 中。

2. 运行注册服务器

在运行服务器程序前首先要运行注册服务器，因为注册服务器中存储了所有绑定的数

据。打开一个CMD的窗口(1号窗口)并将当前目录置为server目录(这是必须的,否则后面的服务器程序运行时会出错),运行注册服务器,执行如下命令。

```
start rmiregistry
```

注意,当注册服务器执行后,又弹出一个空白的DOS提示符窗口,这表明注册服务器正在运行,不用关闭该窗口,以备后面的程序能正常运行。

3. 运行服务器程序

再打开一个CMD的窗口(2号窗口)并将当前目录置为server目录,运行服务器程序,执行如下命令。

```
java RmiServer
```

服务器程序成功运行后,在该窗口中显示server bound,这是由服务器程序中的一个输出语句输出的,以显示服务器的运行状态。

4. 运行客户端程序

再打开一个CMD的窗口(3号窗口)并将当前目录置为client目录,运行客户端程序,执行如下命令。

```
java RmiClient
```

客户端程序执行后在客户端窗口中输出了120,这是调用服务器中的方法fac()求得的5的阶乘。由于fac()是在类FacServImpl中实现的,这个类是存在于服务器端的,客户端只有接口FacServ,所以方法fac()的运行是在服务器端进行的,客户端只是获得了这个方法执行的结果。

通常情况下,在使用分布式编程技术时,客户端和服务器端在不同的机器上,并且还需要一个Web服务器或FTP服务器,把客户端需要的类文件放置到这个服务器上,供用户下载使用。

习题14

1. 选择题

(1) 在Java分布式编程中,编写被远方调用的方法需要下列(　　)步骤。

A. 定义java.rmi.Remote的子接口

B. 编写一个类实现选项A中的接口

C. 编译A和B选项中的接口和类

D. 生成存根

(2) 在分布式编程中下面(　　)类应该放置到服务器端。

A. java.rmi.Remote的子接口　　B. 实现(A)中接口的类

C. 服务器程序　　D. 存根

(3) 在分布式编程中下面(　　)类应该放置到服务器端。

A. java.rmi.Remote 的子接口　　B. 实现(A)中接口的类
C. 客户端程序　　D. 存根

2. 什么是 Java 分布式编程？

3. 解释下面语句的含义：

（1）编制服务器程序时用到的语句

```
Naming.rebind("//127.0.0.1: 1099/factorial",fs);
```

（2）编制客户端程序时用到的语句

```
FacServ f = (FacServ)Naming.lookup("rmi: //127.0.0.1/factorial");
```

参 考 文 献

[1] 徐迎晓. Java 语法及网络应用设计. 北京：清华大学出版社，2002

[2] 陈孝勇，郎洪，马春龙. Java 程序设计实用教程. 北京：清华大学出版社，2008

[3] 姜志强. Java 语言程序设计. 北京：电子工业出版社，2007

[4] 王克宏. Java 技术及其应用. 北京：高等教育出版社，2007

[5] 印旻. Java 语言与面向对象程序设计. 北京：清华大学出版社，2000

[6] 孙卫琴，李洪成. Java2 认证考试指南与试题解析. 上海：上海科学技术出版社，2002

[7] Bruce Eckel. Java 编程思想. 京京工作室译. 北京：机械工业出版社，1999

[8] John lewis，William Loftus. Java Software Solutions：Fundations of Program Design，Fifth Edition. 北京：电子工业出版社，2007

[9] Douglas Bell，Mike Parr. Java for Students，Fifth Edition. New York：Prentice Hall，2006

[10] Cay S. Horstmann，Gary Cornell . Java 核心技术（第八版）. 叶乃文，祁劲筠，杜永萍译. 北京：机械工业出版社，2008

[11] 邵欣欣，蒋晶晶. Java 面向对象程序设计实训教程. 北京：清华大学出版社，2013